建筑工程管理与测绘技术应用

闫艳军　赵立中　王　恒◎著

吉林科学技术出版社

图书在版编目（CIP）数据

建筑工程管理与测绘技术应用 / 闫艳军, 赵立中, 王恒著. -- 长春 : 吉林科学技术出版社, 2024.3

ISBN 978-7-5744-1200-2

Ⅰ. ①建… Ⅱ. ①闫… ②赵… ③王… Ⅲ. ①建筑工程—工程管理②建筑测量 Ⅳ. ①TU71②TU198

中国国家版本馆CIP数据核字(2024)第066120号

建筑工程管理与测绘技术应用

著　闫艳军　赵立中　王　恒
出 版 人　宛　霞
责任编辑　高千卉
封面设计　古　利
制　　版　长春美印图文设计有限公司
幅面尺寸　185mm×260mm
开　　本　16
字　　数　280 千字
印　　张　17.75
印　　数　1~1500 册
版　　次　2024 年3 月第1 版
印　　次　2024年10月第1次印刷

出　　版　吉林科学技术出版社
发　　行　吉林科学技术出版社
地　　址　长春市福祉大路5788 号出版大厦A 座
邮　　编　130118
发行部电话/传真　0431-81629529 81629530 81629531
81629532 81629533 81629534
储运部电话　0431-86059116
编辑部电话　0431-81629510
印　　刷　廊坊市印艺阁数字科技有限公司

书　　号　ISBN 978-7-5744-1200-2
定　　价　90.00元

前言

随着社会对基础建筑工程的重视和要求逐步提高，各大建筑企业、施工单位也紧随市场形势而不断发展。一方面，部分施工企业一味着眼于赶工程进度、追求经济层面的发展，完全忽视了建筑工程的过程管理和质量把控。另一方面，建筑类工程项目巨大，部分施工单位没有进行合理的造价预算，导致施工所需成本增加，最后导致企业低利润或无利润，限制了企业的发展。基于目前的形势，应严抓工程管理，做好造价控制，实现建筑工程的最大效益化。

随着社会的不断发展及科学技术的不断进步，我国建筑行业取得了快速的发展和进步，测绘工程作为施工管理的重要内容，也越来越受到学者和专家的重视。完善的测绘技术，能够有效加快施工进度，保证施工质量。正是因为测绘技术的重要性逐步体现，不论是施工企业还是建设单位，都会在这项技术方面投入更多资金，从而强化测绘信息和数据的准确性和科学性，保证工程项目的顺利实施。

在具体的工程项目施工管理过程中，测绘技术的应用对工程项目有着非常大的影响，发挥着重要的作用。对于测绘工作人员来说，不仅要有良好的职业操守，同时在具体测绘工具的使用和方法的应用方面，都要引起足够的重视。通过完善、科学的测绘管理，为工程项目施工管理人员提供更为准确、科学的数据与信息，在确保工程项目进度与质量的前提下，最大限度地降低工程项目风险，从而实现施工管理中相关数据的科学应用，确保工程项目的顺利实施与管理。

本书由闫艳军（鹤壁市工程质量监督站）；赵立中（河北省水文工程地质勘查院（河北省遥感中心））；王恒（重庆医科大学附属第一医院）；王志强（湖南省第二测绘院）；李磊（信阳市城市管理局）；许标正（金华市建设技工学校）；成万载（重庆市风岚建筑工程有限公司）；张璐（合肥浦发建设集团有限公司）；钱维亮（淮南新启昂建设工程有限公司）；熊时衡（安徽九华山旅游发展股份有限公司）；赵瑞彤（安达市不动产登记中心）；姚家俊（黄河勘测规划设计研究院有限公司）共同撰写。

本书是一本关于建筑工程管理与测绘技术应用方面的书，旨在为相关工作者提供有益的参考和启示，适合对此感兴趣的读者阅读。本书详细介绍了建筑工程项目管理基础，让读者对建筑工程管理有初步的认知；深入分析了建筑工程材料、建筑工程项目成本与进度管理、建筑工程安全管理等内容，让读者对建筑工程项目管理内容有深入的了解；着重强调了遥感测绘原理及应用，以理论与实践相结合的方式呈现。本书论述严谨，结构合理，条理清晰，内容丰富新颖，具有前瞻性。希望本书能够为从事相关行业的读者们提供有益的参考和借鉴。

目 录

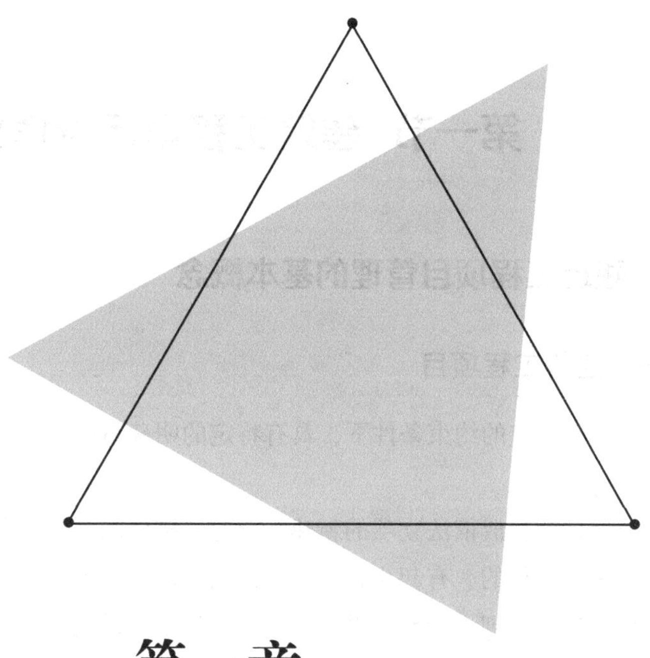

第一章

建筑工程项目管理基础

第一节 建筑工程项目管理概述

一、建筑工程项目管理的基本概念

（一）建筑工程项目

项目是指在一定的约束条件下，具有特定的明确目标和完整的组织结构的一次性任务或活动。

建设项目是为完成依法立项的新建、改建、扩建的各类工程（土木工程、建筑工程及安装工程等）而进行的、有起止日期的、达到规定要求的由一组相互关联的受控活动组成的特定过程，包括策划、勘察、设计、采购、施工、试运行、竣工验收和移交等，有时也简称为项目。

建筑工程项目是建设项目的主要组成内容，也称建筑产品。建筑产品的最终形式为建筑物和构筑物，它除具有建设项目所有的特点外，还具有下述特点。

1.建筑产品的特点

（1）庞大性。

建筑产品与一般的产品相比，从体积、占地面积和自重看相当庞大，从耗用的资源品种和数量看也是巨大的。

（2）固定性。

建筑产品相当庞大，移动非常困难。因其为人类主要的活动场所，不仅需要舒适，更要满足安全、耐用等功能的要求，这就要求其固定地与大地连在一起，和地球一同自转和公转。

（3）多样性。

建筑产品的多样性体现在功能不同、承重结构不同、建造地点不同、参与建设的人员不同、使用的材料不同等，使建筑产品具有人一样的个性，即多样性。如按使用性质的不同，建筑物可分为居住建筑、公共建筑、工业建筑和农业建筑4大类；按结构的不同，建筑物一般分为砖木结构、砖混结构、钢筋混凝土结构、钢结构等。

（4）持久性。

建筑产品因其庞大性和建筑工艺的要求而建造时间很长，因其是人们生活和工作的主要场所而使用时间更长。房屋建筑的合理使用年限短则几十年，长则上百年，有些建筑距今已有几百年的历史，但仍然完好。

2.建筑产品施工的特点

（1）季节性。

由于建筑产品的庞大性，整个建筑产品的建造过程受到风吹、雨淋、日晒等自然条件的影响，工程施工包括冬季施工、夏季施工和雨季施工等。

（2）流动性。

由于建筑产品具有固定性，就给施工生产带来了流动性。这是因为建筑的房屋是不动的，所需要的劳动力、材料、设备等资源均需要从不同的地点流动到建设地点。这给建筑工人的生活、劳动带来很多不便。

（3）复杂性。

由于建筑产品的多样性，建筑产品的施工应该根据不同的地质条件、不同的结构形式、不同的地域环境、不同的劳动对象、不同的劳动工具和不同的劳动者去组织实施。因此，整个建造过程相当复杂，随着工程进展，施工工作需要不断调整。

（4）连续性。

一般情况下，人们把建筑物分成基础工程、主体工程和装饰工程3个部分。一个功能完善的建筑产品则需要完成所有的工作步骤才能使用。另外，工艺上要求不能间断施工，如混凝土的浇筑等，从而使施工过程具有一定的连续性。

3.施工管理的特点

（1）多变性。

建筑产品的建造时间长，建造地质和地域存在差异，以及环境变化、政策变化、价格变化等因素，使得整个过程充满变数和变化。

（2）广交性。

在整个建筑产品的施工过程中参与的单位和部门繁多，项目管理者要上与国家机关各部门的领导、下与施工现场的操作工人打交道，需要协调各方面和各层次之间的关系。

（二）建筑工程项目管理

项目管理作为20世纪50年代发展起来的新领域，现已成为现代管理学的一个重要分支，越来越受到重视。运用项目管理的知识和经验，可以极大地提高管理人员的工作效率。按照传统的做法，当企业设定了一个项目后，参与这个项目的至少会有几个部门，如财务部门、市场部门、行政部门等。不同部门在运作项目过程中不可避免地会产生摩擦，须进行协调，这些无疑会增加项目的成本，影响项目实施的效率。项目管理的做法则不同。不同职能部门的成员因为某一个项目而组成团队，项目经理则是项目团队的领导者，他所肩负的责任就是领导他的团队准时、优质地完成全部工作，在不超出预算的情况下实现项目目标。项目的管理者不仅仅是项目的执行者，他还参与项目的需求确定、项目选择、计划直至收尾的全过程，并在时间、成本、质量、风险、合同、采购、人力资源等各个方面对项目进行全方位的管理。因此，项目管理可以帮助企业处理需要跨领域解决的复杂问题，并实现更高的运营效率。

建设工程项目管理是组织运用系统的观点、理论和方法，对建设工程项目进行的计划、组织、指挥、协调和控制等专业化活动。而建筑工程项目管理是针对建筑工程，在一定约束条件下，以建筑工程项目为对象、以最优实现建筑工程项目目标为目的、以建筑工程项目经理负责制为基础、以建筑工程承包合同为纽带，对建筑工程项目高效率地进行计划、组织、协调、控制和监督等系统管理活动。

（三）建筑工程项目管理的周期

工程项目管理周期，是人们长期在工程建设实践、认识、再实践、再认识的过程中，对理论和实践的高度概括和总结。工程项目周期是指一个工程项目由筹划立项开始，直到项目竣工投产收回投资，达到预期目标的整个过程。

工程项目管理的周期实际上就是工程项目的周期，也就是一个建设项目的建设周期。建筑工程项目管理周期相对于工程项目管理周期来说，面比较窄，但周期是一致的，当然对于不同的主体来讲周期是不同的。如作为项目发包人来说，从整个项目的投资决策到项目报废回收称为全寿命周期的项目管理，而对于项目承包人来说是合同周期或法律规定的责任周期。

参与建筑工程项目建设管理的各方（管理主体）在工程项目建设中均存在项目管理。项目承包人受业主委托承担建设项目的勘察、设计及施工，他们有义务对建筑工程项目进行管理。一些大、中型工程项目，发包人（业主）因缺乏项目管理经验，也可委托项目管理咨询公司代为进行项目管理。

在项目建设中，业主、设计单位和施工项目承包人处于不同的地位，对同一个项目各自承担的任务不同，其项目管理的任务也是不相同的。如在费用控制方面，业主要控制整个项目建设的投资总额，而施工项目承包人考虑的是控制该项目的施工成本；在进度控制方面，业主应控制整个项目的建设进度，而设计单位主要控制设计进度，施工项目承包人控制所承包部分工程的施工进度。

（四）工程项目建设管理的主体

在项目管理规范中明确了管理的主体分为项目发包人（以下简称发包人）和项目承包人（以下简称承包人）。项目发包人是按合同约定、具有项目发包主体资格和支付合同价款能力的当事人，以及取得该当事人资格的合法继承人。项目承包人是按合同约定、被发包人接受的具有项目承包主体资格的当事人，以及取得该当事人资格的合法继承人。有时，承包人也可以作为发包人出现，如在项目分包过程中。

1.项目发包人

（1）国家机关等行政部门；
（2）国内外企业；
（3）在分包活动中的原承包人。

2.项目承包人

（1）勘察设计单位。
①建筑专业设计院；
②其他设计单位（如林业勘察设计院、铁路勘察设计院、轻工勘察设计院等）。
（2）中介机构。
①专业监理咨询机构；
②其他监理咨询机构。
（3）施工企业。
①综合性施工企业（总包）；
②专业性施工企业（分包）。

（五）建筑工程项目管理的分类

在建筑工程项目实施过程中，每个参与单位依据合同或多或少地进行了项目管理，这里的分类则是按项目管理的侧重点而分。建筑工程项目管理按管理的责任可以划分为咨询公司（项目管理公司）的项目管理、工程项目总承包方的项目管理、施工方的项目管理、业主方的项目管理、设计方的项目管理、供应商的项目管理及建设管理部门的项目管理。在我国，目前还有采用工程指挥部代替有关部门进行的项目管理。

在工程项目建设的不同阶段，参与工程项目建设各方的管理内容及重点各不相同。在设计阶段的工程项目管理分为项目发包人的设计管理和设计单位的设计管理两种；在施工阶段的工程管理则主要分为业主的工程项目管理、承包商的工程项目管理、监理工程师的工程项目管理。下面对工程项目管理实践中常见的管理类型进行介绍。

1.工程项目总承包方的项目管理

业主在项目决策后，通过招标择优选定总承包商，全面负责建设工程项目实施的全过程，直至最终交付使用功能和质量符合合同文件规定的工程项目。因此，总承包方的项目管理是贯穿于项目实施全过程的全面管理，既包括设计阶段，也包括施工安装阶段，以实现其承建工程项目的经营方针和项目管理的目标，取得预期的经营效益。显然，总承包方必须在合同条件的约束下，依靠自身的技术和管理优势，通过优化设计及施工方案，在规定的时间内，保质保量并且安全地完成工程项目的承建任务。从交易的角度看，项目业主是买方，总承包单位是卖方，两者的地位和利益追求是不同的。

2.施工方（承包人）项目管理

项目承包人通过工程施工投标取得工程施工承包合同，并以施工合同所界定的工程范围组织项目管理，简称施工项目管理。从完整的意义说，这种施工项目应该指施工总承包的完整工程项目，包括其中的土建工程施工和建筑设备工程施工安装，最终成果能形成独立使用功能的建筑产品。然而，从工程项目系统分析的角度，分项工程、分部工程也是构成工程项目的子系统。按子系统定义项目，既有其特定的约束条件和目标要求，而且也是一次性任务。

因此，工程项目按专业、按部位分解发包的情况，承包方仍然可以按承包合同界定的局部施工任务作为项目管理的对象，这就是广义的施工企业的项目管理。

二、建筑工程项目管理的基本内容

建筑工程项目管理的基本内容应包括编制项目管理规划大纲和项目管理实施规划、项目组织管理、项目进度管理、项目质量管理、项目职业健康安全管理、项目环境管理、项目成本管理、项目采购管理、项目合同管理、项目资源管理、项目信息管理、项目风险管理、项目沟通管理、项目收尾管理。

建筑工程项目是最常见、最典型的工程项目类型，建筑工程项目管理是项目管理在建筑工程项目中的具体应用。建筑工程项目管理是根据各项目管理主体的任务对以上各内容的细分。承包商的项目管理是对所承担的施工项目目标进行的策划、控制和协调，项目管理的任务主要集中在施工阶段，也可以向前延伸到设计阶段，向后延伸到动工前准备阶段和保修阶段。

（一）施工方项目管理的内容

为了实现施工项目各阶段目标和最终目标，承包商必须加强施工项目管理工作。在投标、签订工程承包合同以后，施工项目管理的主体是以施工项目经理为首的项目经理部

（项目管理层），管理的客体是具体的施工对象、施工活动及相关的劳动要素。

管理的内容包括：建立施工项目管理组织，进行施工项目管理规划，进行施工项目的目标控制，劳动要素管理和施工现场管理，施工项目的组织协调，施工项目的合同管理、信息管理及施工项目管理总结等。现将上述各项内容简述如下。

1.建立施工项目管理组织

由企业采用适当的方式选聘称职的施工项目经理；根据施工项目组织原则，选用适当的组织形式，组建施工项目管理机构，明确责任、权限和义务；在遵守企业规章制度的前提下，根据施工项目管理的需要，制定施工项目管理制度。

2.进行施工项目管理规划

施工项目管理规划是对施工项目管理组织、内容、方法、步骤、重点进行预测和决策，作出具体安排的纲领性文件。施工项目管理规划的内容主要有：

（1）进行工程项目分解，形成施工对象分解体系，以便确定阶段性控制目标，从局部到整体进行施工活动和施工项目管理。

（2）建立施工项目管理工作体系，绘制施工项目管理工作体系图和施工项目管理工作信息流程图。

（3）编制施工管理规划，确定管理点，形成文件，以便执行。该文件类似于施工组织设计。

3.进行施工项目的目标控制

施工项目的目标有阶段性目标和最终目标。实现各项目标是施工项目管理的目的，所以应当坚持以控制论原理和理论为指导，进行全过程的科学控制。施工项目的控制目标包括进度控制目标、质量控制目标、成本控制目标和安全控制目标。

在施工项目目标的控制过程中会不断受各种客观因素的干扰，各种风险因素都有可能发生，故应通过组织协调和风险管理对施工项目目标进行动态控制。

4.劳动要素管理和施工现场管理

施工项目的劳动要素是施工项目目标得以实现的保证，主要包括劳动力、材料、机械设备、资金和技术（合称“5M”）。施工现场的管理对于节约材料、节省投资、保证施工进度、创建文明工地等方面都至关重要。

这部分的主要内容有：

（1）分析各劳动要素的特点；按照一定的原则、方法对施工项目劳动要素进行优化配置，并对配置状况进行评价。

（2）对施工项目的各劳动要素进行动态管理；进行施工现场平面图设计，做好现场的调度与管理。

5.施工项目的组织协调

组织协调为目标控制服务，其内容包括人际关系的协调、组织关系的协调、配合关系的协调、供求关系的协调、约束关系的协调。

6.施工项目的合同管理

由于施工项目管理是在市场条件下进行的特殊交易活动的管理，这种交易活动从招标、投标工作开始，并持续于项目管理的全过程，必须依法签订合同，进行履约经营。合同管理体制的好坏直接涉及项目管理及工程施工的技术经济效果和目标实现。因此，要从招标、投标开始，加强工程承包合同的签订、履行管理。合同管理是一项执法、守法活动，市场包括国内市场和国际市场，合同管理势必涉及国内和国际上有关法规和合同文本、合同条件，在合同管理中应予以高度重视。为了取得经济效益，还必须重视工程索赔，讲究方法和技巧，为获取索赔提供充分的证据。

7.施工项目的信息管理

现代化管理要依靠信息。施工项目管理是一项复杂的现代化管理活动。进行施工项目管理、施工项目目标控制、动态管理，必须依靠信息管理，而信息管理又要依靠电子计算机辅助进行。

8.施工项目管理总结

从管理的循环来说，管理的总结阶段既是对管理计划、执行、检查阶段经验和问题的提炼，又是进行新的管理所需信息的来源，其经验可作为新的管理标准和制度，其问题有待于下一循环管理解决。施工项目管理由于其一次性的特点，更应注意总结，依靠总结不断提高管理水平，丰富和发展工程项目管理学科。

（二）业主方项目管理（建设监理）

业主方的项目管理是全过程、全方位的，包括项目实施阶段的各个环节，主要有组织协调，合同管理，信息管理，投资、质量、进度、安全4大目标控制，人们把它通俗地概括为“一协调二管理四控制”或“四控制二管理一协调”。

工程项目的实施是一次性任务，因此，业主方自行进行项目管理往往具有很大的局限性。首先，在技术和管理方面，缺乏配套的力量，即使配备了管理班子，没有连续的工程任务也是不经济的。在计划经济体制下，每个项目发包人都建立了一个筹建处或基建处来负责工程建设，这不符合市场经济条件下资源的优化配置和动态管理，而且也不利于建设经验的积累和应用。因此，在市场经济体制下，工程项目业主完全可以依靠发达的咨询业为其提供项目管理服务，这就是建设监理。监理单位接受工程业主的委托，提供全过程监理服务。由于建设监理的性质属于智力密集型的咨询服务，它可以向前延伸到项目投资决策阶段，包括立项和可行性研究等。这是建设监理和项目管理在时间范围、实施主体和所处地位、任务目标等方面的不同之处。

（三）项目相关方管理

1.设计方项目管理

设计单位受业主委托承担工程项目的设计任务，以设计合同所界定的工作目标及其责任义务作为该项工程设计管理的对象、内容和条件，通常简称设计项目管理。设计项目管理也就是设计单位对履行工程设计合同和实现设计单位经营方针目标而进行的设计管理。尽管其地位、作用和利益追求与项目业主不同，但它也是建设工程设计阶段项目管理的重要方面。

只有通过设计合同，依靠设计方的自主项目管理，才能贯彻业主的建设意图和实施设计阶段的投资、质量和进度控制。

2.供货方的项目管理

从建设项目管理的系统分析角度看，建设物资供应工作也是工程项目实施的一个子系统，它有明确的任务和目标，明确的制约条件以及项目实施子系统的内在联系。因此，制造厂、供应商同样可以将加工生产制造和供应合同所界定的任务，作为项目进行目标管理和控制，以适应建设项目总目标控制的要求。

3.建设管理部门的项目管理

建设管理部门的项目管理就是对项目实施的可行性、合法性、政策性、方向性、规范性、计划性进行监督管理。

第二节　建设项目程序与策划

一、建设项目的建设程序

（一）建设项目的建设程序分析

建设项目的建设程序，是指建设项目建设全过程中各项工作必须遵循的先后顺序。建设程序是指建设项目从设想、选择、评估、决策、设计、施工到竣工验收、投入生产整个建设过程中，各项工作必须遵循的先后次序的法则。按照建设项目发展的内在联系和发展过程，建设程序分成若干阶段，这些发展阶段有严格的先后次序，不能任意颠倒，否则就违反了它的发展规律。

在我国按现行规定，建设项目从建设前期工作到建设、投产一般要经历以下几个阶段的工作程序：

第一，根据国民经济和社会发展长远规划，结合行业和地区发展规划的要求，提出项目建议书。

第二，在勘察、试验、调查研究及详细技术经济论证的基础上编制可行性研究报告。

第三，根据项目的咨询评估情况，对建设项目进行决策。

第四，根据可行性研究报告编制设计文件。

第五，初步设计经批准后，做好施工前的各项准备工作。

第六，组织施工，并根据工程进度，做好生产准备工作。

第七，项目按批准的设计内容建成并经竣工验收合格后，正式投产，交付生产使用。

第八，生产运营一段时间后（一般为两年），进行项目后评价。

以上程序可由项目审批主管部门视项目建设条件、投资规模做适当合并。

目前，我国基本建设程序的内容和步骤主要有前期工作阶段（主要包括项目建议书、可行性研究、设计工作）、建设实施阶段（主要包括施工准备、建设实施）、竣工验收阶段和后评价阶段。每一阶段都包含着许多环节和内容。

1.前期工作阶段

（1）项目建议书。

项目建议书是要求建设某一具体项目的建议文件，是基本建设程序中最初阶段的工作，是投资决策前对拟建项目的轮廓设想。项目建议书的主要作用是推荐一个拟进行建设项目的初步说明，论述其建设的必要性、条件的可行性和获得的可能性，供基本建设管理部门选择并确定是否进行下一步工作。

项目建议书报经有审批权限的部门批准后，可以进行可行性研究工作，但这并不表明项目非上不可，项目建议书不是项目的最终决策。

项目建议书的审批程序：项目建议书首先由项目建设单位通过其主管部门报行业归口主管部门和当地发展计划部门（其中工业技改项目报经贸部门），由行业归口主管部门提出项目审查意见（着重从资金来源、建设布局、资源合理利用、经济合理性、技术可行性等方面进行初审），发展计划部门参考行业归口主管部门的意见，并根据国家规定的分级审批权限负责审批、报批。凡行业归口主管部门初审未通过的项目，发展计划部门不予审批、报批。

（2）可行性研究。

可行性研究阶段包括以下3项主要工作：

①可行性研究工作的实施。项目建议书一经批准，即可着手进行可行性研究。可行性研究是指在项目决策前，通过对项目有关的工程、技术、经济等各方面条件和情况进行调查、研究、分析，对各种可能的建设方案和技术方案进行比较论证，并对项目建成后的经济效益进行预测和评价的一种科学分析方法，由此考察项目技术上的先进性和适用性、经济上的盈利性和合理性、建设的可能性和可行性。可行性研究是项目前期工作的重要内容，它从项目建设和生产经营的全过程考察分析项目的可行性，其目的是回答项目是否有必要建设，是否可能实施建设和如何进行建设的问题，其结论为投资者的最终决策提供直接的依据。因此，凡大中型项目及国家有要求的项目，都要进行可行性研究，其他项目有条件的也要进行可行性研究。

②可行性研究报告的编制。可行性研究报告是确定建设项目、编制设计文件和项目最终决策的重要依据，要求必须有相当的深度和准确性。承担可行性研究工作的单位必须是经过资格审定的规划、设计和工程咨询单位，要有承担相应项目的资质。

③可行性研究报告的审批。可行性研究报告经评估后按项目审批权限由各级审批部门进行审批。其中，大中型和限额以上项目的可行性研究报告要逐级报送国家发展和改革委员会审批；同时，要委托有资格的工程咨询公司进行评估。小型项目和限额以下项目，一般由省级发展计划部门、行业归口管理部门审批。受省级发展计划部门、行业主管部门的授权或委托，地区发展计划部门可以对授权或委托权限内的项目进行审批。可行性研究报告批准后即国家同意该项目进行建设，一般先列入预备项目计划。列入预备项目计划并不等于列入年度计划，何时列入年度计划，要根据其前期工作进展情况、国家宏观经济政策和对财力、物力等因素进行综合平衡后决定。

（3）设计工作。

一般建设项目（包括工业、民用建筑、城市基础设施、水利工程、道路工程等），设计过程划分为初步设计和施工图设计两个阶段。对技术复杂而又缺乏经验的项目，可根据不同行业的特点和需要，增加技术设计阶段。对一些水利枢纽、农业综合开发、林区综合开发项目，为解决总体部署和开发问题，还需进行规划设计或编制总体规划，规划审批后编制具有符合规定深度要求的实施方案。

①初步设计（基础设计）。初步设计的内容依项目的类型不同而有所变化，一般来说，它是项目的宏观设计，即项目的总体设计、布局设计、主要的工艺流程、设备的选型和安装设计、土建工程量及费用的估算等。初步设计文件应当满足编制施工招标文件、主要设备材料订货和编制施工图设计文件的需要，是下一阶段施工图设计的基础。

初步设计（包括项目概算）根据审批权限，由发展计划部门委托投资项目评审中心组织专家审查通过后，按照项目实际情况，由发展计划部门或会同其他有关行业主管部门审批。

②施工图设计（详细设计）。施工图设计的主要内容是根据批准的初步设计，绘制出正确、完整和尽可能详细的建筑、安装图纸。施工图设计完成后，必须由施工图设计审查单位审查并加盖审查专用章后使用。审查单位必须是取得审查资格且具有审查权限要求的设计咨询单位。经审查的施工图设计还必须经有权审批的部门进行审批。

2.建设实施阶段

（1）施工准备。

施工准备主要包括以下两个项目的准备：

①建设开工前的准备。主要内容包括征地、拆迁和场地平整；完成施工用水、电、路等工程；组织设备、材料订货；准备必要的施工图纸；组织招标投标（包括监理、施工、设备采购、设备安装等方面的招标投标）并择优选择施工单位，签订施工合同。

②项目开工审批。建设单位应在工程建设项目可行性研究报告被批准、建设资金已落实、各项准备工作都就绪后，向当地建设行政主管部门或项目主管部门及其授权机构申请项目开工审批。

（2）建设实施。

建设实施包括以下3个关键环节：

①项目开工建设时间。开工许可审批之后即进入项目建设施工阶段。开工之日按统计部门规定是指建设项目设计文件中规定的任何一项永久性工程（无论生产性或非生产性）第一次正式破土开槽开始施工的日期。公路、水库等需要进行大量土方、石方工程的，以开始进行土方、石方工程的日期作为正式开工日期。

②年度基本建设投资额。国家基本建设计划使用的投资额指标，是以货币形式表现的基本建设工作，是反映一定时期内基本建设规模的综合性指标。年度基本建设投资额是建设项目当年实际完成的工作量，包括用当年资金完成的工作量和动用库存的材料、设备等

内部资源完成的工作量；而财务拨款是当年基本建设项目实际货币支出。投资额以构成工程实体为准，财务拨款以资金拨付为准。

③生产或使用准备。生产准备是生产性施工项目投产前所要进行的一项重要工作。它是基本建设程序中的重要环节，是衔接基本建设和生产的桥梁，是建设阶段转入生产经营的必要条件。使用准备是非生产性施工项目正式投入运营使用所要进行的工作。

3.竣工验收阶段

（1）竣工验收的范围。

根据国家规定，所有建设项目按照上级批准的设计文件所规定的内容和施工图纸的要求全部建成，工业项目经负荷试运转和试生产考核能够生产合格产品，非工业项目符合设计要求，能够正常使用且都要及时组织验收。

（2）竣工验收的依据。

按国家现行规定，竣工验收的依据是经过上级审批机关批准的可行性研究报告、初步设计或扩大初步设计（技术设计）、施工图纸和说明、设备技术说明书、招标投标文件和工程承包合同、施工过程中的设计修改签证、现行的施工技术验收标准及规范，以及主管部门有关的审批、修改、调整文件等。

（3）竣工验收的准备。

竣工验收的准备主要有4个方面的工作。

①整理技术资料。各有关单位（包括设计、施工单位）应将技术资料进行系统整理，由建设单位分类立卷，交生产单位或使用单位统一保管。技术资料主要包括土建方面、安装方面、各种有关的文件、合同和试生产的情况报告等。

②绘制竣工图纸。竣工图必须准确、完整、符合归档要求。

③编制竣工决算。建设单位必须及时清理所有财产、物资和未花完或应收回的资金，编制工程竣工决算，分析预（概）算执行情况，考核投资效益，报规定的财政部门审查。

④必须提供的资料文件。一般的非生产项目的验收要提供以下文件资料：项目的审批文件、竣工验收申请报告、工程决算报告、工程质量检查报告、工程质量评估报告、工程质量监督报告、工程竣工财务决算批复、工程竣工审计报告、其他需要提供的资料。

（4）竣工验收的程序和组织。

按国家现行规定，建设项目的验收根据项目的规模大小和复杂程度可分为初步验收和竣工验收两个阶段进行。规模较大、较复杂的建设项目应进行初步验收，然后进行全部建设项目的竣工验收。规模较小、较简单的项目，可以一次进行全部项目的竣工验收。

建设项目全部完成，经过各单项工程的验收，符合设计要求，并具备竣工图表、竣工决算、工程总结等必要文件资料，由项目主管部门或建设单位向负责验收的单位提出竣工验收申请报告。竣工验收的组织要根据建设项目的重要性、规模大小和隶属关系而定，大中型和限额以上基本建设和技术改造项目，由我国发展和改革委员会或由发展和改革委员会委托项目主管部门、地方政府部门组织验收，小型项目和限额以下基本建设和技术改造项目由项目主管部门和地方政府部门组织验收。竣工验收要根据工程的规模大小和复杂程度组成验收委员会或验收组。验收委员会或验收组负责审查工程建设的各个环节，听取各有关单位的工作总结汇报，审阅工程档案并实地查验建筑工程和设备安装，并对工程设计、施工和设备质量等方面作出全面评价。不合格的工程不予验收；对遗留问题提出具体解决意见，限期落实完成。最后，经验收委员会或验收组一致通过，形成验收鉴定意见书。验收鉴定意见书由验收会议的组织单位印发，各有关单位执行。

生产性项目的验收根据行业不同有不同的规定。工业、农业、林业、水利及其他特殊行业，要按照国家相关的法律法规及规定执行。上述程序只是反映项目建设共同的规律性程序，不可能完全反映各行业的差异性。因此，在建设实践中，还要结合行业项目的特点和条件，有效地贯彻执行基本建设程序。

4.后评价阶段

建设项目后评价是工程项目竣工投产、生产运营一段时间后，再对项目的立项决策、设计施工、竣工投产、生产运营等全过程进行系统评价的一种技术经济活动。通过建设项目后评价以达到肯定成绩、总结经验、研究问题、吸取教训、提出建议、改进工作、不断提高项目决策水平和投资效果的目的。

我国目前开展的建设项目后评价一般都按3个层次组织实施，即项目单位的自我评价、项目所在行业的评价和各级发展计划部门（或主要投资方）的评价。

（二）建筑工程施工程序

施工程序，是指项目承包人从承接工程业务到工程竣工验收一系列工作必须遵循的先后顺序，是建设项目建设程序中的一个阶段。它可以分为承接业务签订合同、施工准备、正式施工和竣工验收4个阶段。

1.承接业务签订合同

项目承包人承接业务的方式有3种：国家或上级主管部门直接下达；受项目发包人委托而承接；通过投标中标而承接。不论采用哪种方式承接业务，项目承包人都要检查项目的合法性。

承接施工任务后，项目发包人与项目承包人应根据《中华人民共和国民法典》（以下简称《民法典》）和《中华人民共和国招标投标法》（以下简称《招标投标法》）的有关规定及要求签订施工合同。施工合同应规定承包的内容、要求、工期、质量、造价及材料供应等，明确合同双方应承担的义务和职责，以及应完成的施工准备工作（土地征购、申请施工用地、施工许可证、拆除障碍物，接通场外水源、电源、道路等内容）。施工合同经双方负责人签字后具有法律效力，必须共同履行。

2.施工准备

施工合同签订以后，项目承包人应全面了解工程性质、规模、特点及工期要求等，进行场址勘察、技术经济和社会调查，收集有关资料，编制施工组织总设计。施工组织总设计经批准后，项目承包人应组织先遣人员进入施工现场，与项目发包人密切配合，共同做好各项开工前的准备工作，为顺利开工创造条件。根据施工组织总设计的规划，对首批施工的各单位工程，应抓紧落实各项施工准备工作。如图纸会审，编制单位工程施工组织设计，落实劳动力、材料、构件、施工机具及现场“三通一平”等。具备开工条件后，提出开工报告并经审查批准，即可正式开工。

3.正式施工

施工过程是施工程序中的主要阶段，应从整个施工现场的全局出发，按照施工组织设计，精心组织施工，加强各单位、各部门的配合与协作，协调解决各方面的问题，使施工活动顺利开展。

在施工过程中，应加强技术、材料、质量、安全、进度等各项管理工作，落实项目承包人项目经理负责制及经济责任制，全面做好各项经济核算与管理工作，严格执行各项技术、质量检验制度，抓紧工程收尾和竣工工作。

4.进行工程验收、交付使用

这是施工的最后阶段。在交工验收前，项目承包人内部应先进行预验收，检查各分部分项工程的施工质量，整理各项交工验收的技术经济资料。在此基础上，由项目发包人组织竣工验收，经相关部门验收合格后，到主管部门备案，办理验收签证书，并交付使用。

二、建设工程项目管理策划

（一）建设项目目标管理

目标管理，就是将工作任务和目标明确化，同时建立目标系统，以便统筹兼顾进行协调，然后在执行过程中予以对照和控制，及时进行纠偏，努力实现既定目标。工程项目的目标管理作为工程项目管理中重要的工作内容，因其涉及内容繁杂、利益方众多、建设周

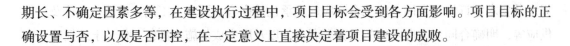

期长、不确定因素多等，在建设执行过程中，项目目标会受到各方面影响。项目目标的正确设置与否，以及是否可控，在一定意义上直接决定着项目建设的成败。

1.工程建设项目中目标系统的建立

（1）项目目标确定的依据。

在工程项目决策之初，无论投资方、承建方、协作方或政府，均会有一定的目的或利益期望，这些目的与利益期望，只要可行，经过项目的控制和协调后是可以实现的，也可以认为是项目目标的雏形。其中，可能包含项目建设的费用投入与收益、资源投入、质量要求、进度要求、健康/安全/环境（HSE）、风险控制率、各利益方满意度，以及其他特殊目标和要求。此外，目标的确定还应遵循在政策法规之下的原则。

由于每个项目均有其唯一性，每个项目目标的侧重点不尽相同，但HSE、质量、费用与进度在绝大多数工程项目中，都是重要的控制要求。

（2）有效目标的特征。

有意义的目标应该具备以下特点，即明确、具体、可行（可操作）、可度量和一定的挑战性，而且这些目标也需要得到上级或相关利益方的认可，即与其他方的目标一致。项目目标应该有属性（如成本）、计算单位或一个绝对或相对的值。对于成功完成的项目来说，没有量化的目标通常隐含较高的风险。

（3）总目标与目标系统。

工程项目涉及面广，在很多方面均会有控制要求，需要设立多个总目标，而且在总目标之下，也需要设立多个子目标用以支撑或说明各类控制要求和建设期望。比如，项目的投资、产能、质量、进度、环保等要求就属于总目标之列；在化工建设中，就投资控制而言，这些投资可能由几个工段组成，而在这几个工段中，包含设计费、采购费、建安费、管理费等，这些分项控制要求均属于项目投资总目标下的子目标。又如，在设计变更控制目标下，则又可分解为不同专业的目标。再如，拟订进度总目标后，则可能分解为项目策划决策期、项目准备期、项目实施期和项目试运行期等。项目总目标与多个子目标就构成了一个目标系统，成为项目建设研究和管理的对象。

2.目标系统的建立方法

（1）完整列出该项目的各类期望和要求。

其中可能包含的方面：生产能力（功能）、经济效益要求、进度要求、质量保证、产业与社会影响、生态保护、环保效应、安全、技术及创新要求、试验效果、人才培养与经验积累及其他功能要求。详细研究工作范围，建立工作分解结构（WBS）。准确研究和确定项目工作范围；按照工程固有的特点，沿可执行的方向，对项目范围进行分解，层层细

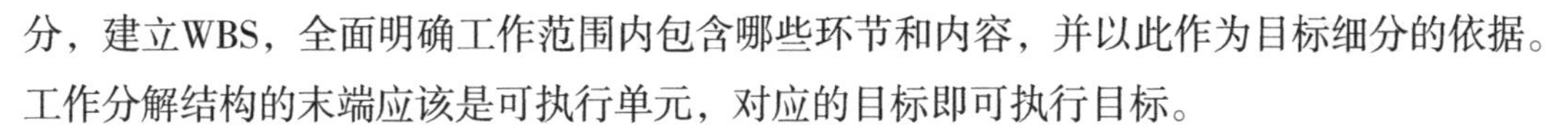

分，建立WBS，全面明确工作范围内包含哪些环节和内容，并以此作为目标细分的依据。工作分解结构的末端应该是可执行单元，对应的目标即可执行目标。

（2）建立目标矩阵。

以项目期望目标为列，以WBS结构为行，建立目标矩阵。识别目标矩阵中重要因素，作为重要控制目标；根据重要控制目标情况，设置相关专职或兼职岗位。项目目标矩阵及重要控制目标识别是项目职能岗位设置及团队组建的基础，即组织分解机构（OBS）组建的依据。

3.项目管理目标责任书

在项目实施之前，由法定代表人或其授权人与项目管理机构负责人协商制定项目管理目标责任书，责任书应属于组织内部明确责任的系统性管理文件，其内容应符合组织制度要求和项目自身特点。

项目管理目标责任书应根据下列信息制定：项目合同文件，组织管理制度，项目管理规划大纲，组织经营方针和目标，项目特点和实施条件与环境。项目管理目标责任书宜包括下列内容：项目管理实施目标；组织和项目管理机构职责、权限和利益的划分；项目现场质量、安全、环保、文明、职业健康和社会责任目标；项目设计、采购、施工、试运行管理的内容和要求；项目所需资源的获取和核算办法；法定代表人向项目管理机构负责人委托的相关事项；项目管理机构负责人和项目管理机构应承担的风险；项目应急事项和突发事件处理的原则和方法；项目管理效果和目标实现的评价原则、内容和方法；项目实施过程中相关责任和问题的认定和处理原则；项目完成后对项目管理机构负责人的奖惩依据、标准和办法；项目管理机构负责人解职和项目管理机构解体的条件及办法；缺陷责任期、质量保修期及之后对项目管理机构负责人的相关要求。

组织应对项目管理目标责任书的完成情况进行考核和认定，并根据考核结果和项目管理目标责任书的奖惩规定，对项目管理机构负责人和项目管理机构进行奖励或处罚。同时，项目管理目标责任书应根据项目实施变化进行补充和完善。

（二）项目管理策划

项目管理策划是对项目实施的任务分解和任务组织工作的策划，包括设计、施工、采购任务的招投标，合同结构，项目管理机构设置、工作程序、制度及运行机制，项目管理组织协调，管理信息收集、加工处理和应用等。项目管理策划视项目系统的规模和复杂程度，分层次、分阶段地展开，从总体的轮廓性、概略性策划，到局部的实施性详细策划逐步深化。

1.一般规定

（1）管理过程。

项目管理策划应包括下列管理过程：分析、确定项目管理的内容与范围；协调、研究、形成项目管理的策划结果；检查、监督、评价项目管理的策划过程；履行其他确保项目管理策划的规定责任。

（2）实施程序。

项目管理策划应遵循下列程序：识别项目管理范围；进行项目工作分解；确定项目的实施方法；规定项目需要的各种资源；测算项目成本；对各个项目管理过程进行策划。

（3）控制要求。

项目管理策划过程应符合下列规定：项目管理范围应包括项目的全部内容，并与各相关方的工作协调一致；项目工作分解结构应根据项目管理范围，以可交付成果为对象实施；应根据项目实际情况与管理需要确定详细程度，确定工作分解结构；提供项目所需资源，应保证工程质量和降低项目成本的要求进行方案比较；项目进度安排应形成项目总进度计划，宜采用可视化图表表达；宜采用量价分离的方法，按照工程实体性消耗和非实体性消耗测算项目成本；应进行跟踪检查和必要的策划调整，项目结束后宜编写项目管理策划的总结文件。

2.项目管理规划大纲

（1）编制目的与步骤。

项目管理规划大纲应是项目管理工作中具有战略性、全局性和宏观性的指导文件。编制项目管理规划大纲应遵循下列步骤：明确项目需求和项目管理范围；确定项目管理目标；分析项目实施条件，进行项目工作结构分解；确定项目管理组织模式、组织结构和职责分工；规定项目管理措施；编制项目资源计划；报送审批。

（2）编制依据、内容及要求。

①编制依据。项目管理规划大纲编制依据应包括下列内容：项目文件、相关法律法规和标准；类似项目经验资料；实施条件调查资料。

②编制内容。项目管理规划大纲编制内容应包括下列方面，可根据需要在其中选定：项目概况；项目范围管理；项目管理目标；项目管理组织；项目采购与投标管理；项目进度管理；项目质量管理；项目成本管理；项目安全生产管理；绿色建造与环境管理；项目资源管理；项目信息管理；项目沟通与相关方管理；项目风险管理；项目收尾管理。

③编制要求。项目管理规划大纲编制要求应具备下列内容：项目管理目标和职责规定；项目管理程序和方法要求；项目管理资源的提供和安排。

3.项目管理实施规划

（1）编制步骤。

项目管理实施规划应对项目管理规划大纲的内容进行细化。编制项目实施规划应遵循下列步骤：了解相关方的要求；分析项目具体特点和环境条件；熟悉相关的法规和文件；实施编制活动；履行报批手续。

（2）编制依据与内容。

①编制依据。项目管理实施规划编制依据可包括下列内容：适用的法律法规和标准；项目合同及相关要求；项目管理规划大纲；项目设计文件；工程情况与特点；项目资源和条件；有价值的历史数据；项目团队的能力和水平。

②编制内容。项目管理实施规划编制内容应包括下列方面：项目概况；项目总体工作安排；组织方案；设计与技术措施；进度计划；质量计划；成本计划；安全生产计划；绿色建造与环境管理计划；资源需求与采购计划；信息管理计划；沟通管理计划；风险管理计划；项目收尾计划；项目现场平面布置图；项目目标控制计划与技术经济指标。

③编制要求。项目管理实施规划编制要求应具备下列内容：项目大纲内容应得到全面深化和具体化；实施规划范围应满足实现项目目标的实际需求；实施项目管理规划的风险处于可以接受的水平。

4.项目管理配套策划

（1）编制依据与内容。

①编制依据。项目管理配套策划编制依据应包括下列内容：项目管理制度；项目管理规划；实施过程需求；相关风险程度。

②编制内容。项目管理配套策划编制内容应包括下列方面：确定项目管理规划的编制人员、方法选择与时间安排；安排项目管理策划各项规定的具体落实途径；明确可能影响项目管理实施绩效的风险应对措施。

（2）策划过程。

①要求与规定。项目管理机构应确保项目管理配套策划过程满足项目管理的需求，并应符合下列规定：界定项目管理配套策划的范围、内容、职责和权利；规定项目管理配套策划的授权、批准和监督范围。确定项目管理配套策划的风险应对措施；总结评价项目管理配套策划水平。

②基础工作过程。组织应建立下列保证项目管理配套策划有效性的基础工作过程：积累以往项目管理经验；制定有关消耗定额；编制项目基础设施配套参数；建立工作说明书和实施操作标准；规定项目实施的专项条件；配置专用软件；建立项目信息数据库；进行项目团队建设。

第三节　建设项目管理制度

一、建设项目法人责任制

（一）建设项目法人

国有单位经营性大中型建设工程必须在建设阶段组建项目法人。项目法人可设立有限责任公司（包括国有独资公司）和股份有限公司等。

（二）建设项目法人的设立

1.设立时间

新上项目在项目建议书被批准后，应及时组建项目法人筹备组，具体负责项目法人的筹建工作。筹备组主要由项目投资方派代表组成。

申报项目可行性研究报告时，需同时提出项目法人组建方案。否则，其可行性研究报告不予审批。项目可行性报告经批准后，正式成立项目法人，并按有关规定确保资金按时到位，同时及时办理公司设立登记。

2.备案

国家重点建设项目的公司章程须报国家发改委备案，其他项目的公司章程按项目隶属关系分别向有关部门、地方发改委备案。

3.要求

项目法人组织要精干。建设管理工作要充分发挥咨询、监理、会计师和律师事务所等各类社会中介组织的作用。由原有企业负责建设的基建大中型项目，需新设立子公司的，要重新设立项目法人，并按上述规定的程序办理；只设分公司或分厂的，原企业法人即项目法人。对这类项目，原企业法人应向分公司或分厂派遣专职管理人员，并实行专项考核。

（三）组织形式和职责

1.组织形式

国有独资公司设立董事会。国有控股或参股的有限责任公司、股份有限公司设立股东会、董事会和监事会。

2.建设项目董事会职权

负责筹措建设资金；审核上报项目初步设计和概算文件；审核上报年度投资计划并落实年度资金；提出项目开工报告；研究解决建设工程中出现的重大问题；负责提出项目竣工验收申请报告；审定偿还债务计划和生产经营方针，并负责按时偿还债务；聘任或解聘项目总经理，并根据总经理的提名，聘任或解聘其他高级管理人员。

3.总经理职权

组织编制项目初步设计文件，对项目工艺流程、设备选型、建设标准、总图布置提出意见，提交董事会审查；组织工程设计、施工监理、施工队伍和设备材料采购的招标工作，编制和确定招标方案、标底和评标标准，评选和确定投、中标单位。实行国际招标的项目，按现行规定办理；编制并组织实施项目年度投资计划、用款计划、建设进度计划；编制项目财务预、决算；编制并组织实施归还贷款和其他债务计划；组织工程建设实施，负责控制工程投资、工期和质量；在项目建设过程中，在批准的概算范围内对单项工程的设计进行局部调整（凡引起生产性质、能力、产品品种和标准变化的设计调整及概算调整，需经董事会决定并报原审批单位批准）；根据董事会授权处理项目实施中的重大紧急事件，并及时向董事会报告；负责生产准备工作和培训有关人员；负责组织项目试生产和单项工程预验收；拟订生产经营计划、企业内部机构设置、劳动定员定额方案及工资福利方案；组织项目后评价，提出项目后评价报告；按时向有关部门报送项目建设、生产信息和统计资料；提请董事会聘任或解聘项目高级管理人员。

4.任职条件和任免程序

董事长及总经理的任职条件，除按《中华人民共和国公司法》的规定执行外，还应具备以下条件：

（1）能力要求。

熟悉国家有关投资建设的方针、政策和法规，有较强的组织能力和较高的政策水平；具有大专以上学历；总经理还应具备建设项目管理工作的实际经验，或担任过同类建设项目施工现场高级管理职务，并经实践证明是称职的项目高级管理人员。

（2）建立项目高级管理人员培训制度。

总经理、副总经理在项目批准开工前，应经过国家发改委或有关部门、地方发改委专门项目建设工程项目管理程序与制度培训。未经培训不得上岗。

（3）国有项目董事长与总经理任免制度。

国有独资和控股项目董事长的任免，先由主要投资方提出意见，在报经项目主管政府部门批准后，由主要投资方任免；国家参股项目，其董事长在任免前须报项目主管政府部门认可。国有独资和控股项目总经理的任免，由董事会提出意见，经项目主管政府部门批准后，由董事会聘任或解聘；国家参股项目的总经理，董事会在聘任或解聘前须报项目主管政府部门认可。国家重点建设项目的董事会、监事会成员及所聘请的总经理须报国家发改委备案，同时抄送有关部门或地方发改委。在项目建设期间，总经理和其他高级管理人员应保持相对稳定。董事会成员可以兼任总经理。国家公务人员不得兼任项目法人的领导职务。

5.考核和奖惩

（1）项目考核与监督制度。

①建立对建设项目和有关领导人的考核和监督制度。项目董事会负责对总经理进行定期考核；各投资方负责对董事会成员进行定期考核。国务院各有关部门、各地发改委负责对有关项目进行考核。必要时，国家发改委组织有关单位进行专项检查和考核。

②考核的主要内容：国家发布的固定资产投资与建设的法律法规的执行情况；国家年度投资计划和批准设计文件的执行情况；概算控制、资金使用和工程组织管理情况；建设工期、施工安全和工程质量控制情况；生产能力和国有资产形成及投资效益情况；土地、环境保护和国有资源利用情况；精神文明建设情况；其他需要考核的事项。

（2）项目奖惩制度。

根据对建设项目的考核结论，由投资方对董事会成员进行奖罚，由董事会对总经理奖罚。建立对项目董事长、总经理的在任和离任审计制度。审计办法由审计部门负责另行制定。根据对项目的考核，在工程造价、工期、质量和施工安全得到有效控制的前提下，经投资方同意，董事会可决定对为项目建设做出突出成绩的领导和有关人员进行适当奖励。奖金可从工程投资结余或按项目管理费的一定比例从项目成本中提取；对工期较长的项目，可实行阶段性奖励，奖金从单项工程结余中提取。凡在项目建设管理和生产经营管理中，因人为失误给项目造成重大损失浪费及在招标中弄虚作假的董事长、总经理，应分别予以撤换和解聘，同时要给予必要的经济和行政处罚，并在3年内不得担任国有单位投资项目的高级管理职务。构成犯罪的，要追究法律责任。

二、项目管理责任制度

项目管理责任制度是项目管理的基本制度之一。项目管理机构负责人制度是项目管理责任制度的核心内容。项目管理机构负责人取得相应资格，并按规定取得安全生产考核合格证书，应根据法定代表人的授权范围、期限和内容，对项目实施全过程及全面管理。

（一）项目建设相关责任方管理

项目建设相关责任方应在各自的实施阶段和环节，明确工作责任，实施目标管理，确保项目正常运行。项目管理机构负责人应按规定接受相关部门的责任追究和监督管理，在工程开工前签署质量承诺书，并报相关工程管理机构备案。项目各相关责任方应建立协同工作机制，宜采用例会、交底及其他沟通方式，避免项目运行中的障碍和冲突。建设单位应建立管理责任排查机制，按项目进度和时间节点，对各方的管理绩效进行验证性评价。

（二）项目管理机构与项目团队建设

1.项目管理机构建立与活动

项目管理机构应承担项目实施的管理任务和实现目标的责任，由项目管理机构负责人领导，接受组织职能部门的指导、监督、检查、服务和考核，负责对项目资源进行合理使用和动态管理。项目管理机构应在项目启动前建立，在项目完成后或按合同约定解体。

项目管理机构建立应遵循下列规定：结构应符合组织制度和项目实施要求；应有明确的管理目标、运行程序和责任制度；机构成员应满足项目管理要求及具备相应资格；组织分工应相对稳定并可根据项目实施变化进行调整；应确定机构成员的职责、权限、利益和需承担的风险。

项目管理机构建立步骤：第一，根据项目管理规划大纲、项目管理目标责任书及合同要求明确管理任务；第二，根据管理任务分解和归类，明确组织结构；第三，根据组织结构，确定岗位职责、权限及人员配置；第四，制定工作程序和管理制度；第五，由组织管理层审核确认。

项目管理机构的管理活动应符合下列要求：执行管理制度，履行管理程序，实施计划管理，保证资源的合理配置和有序流动，注重项目实施过程的指导、监督、考核和评价。

2.项目团队建设

项目建设相关责任方均应实施项目团队建设，明确团队管理原则，规范团队运行。项目建设相关责任方的项目管理团队之间应围绕项目目标协同工作并有效沟通。项目团队建设应符合下列规定：建立团队管理机制和工作模式；各方步调一致，协同工作；制定团队成员沟通制度，建立畅通的信息沟通渠道和各方共享的信息平台。同时，项目管理建设应开展绩效管理，利用团队成员集体的协作成果。

项目管理机构负责人应对项目团队建设和管理负责，组织制定明确的团队目标、合理高效的运行程序和完善的工作制度，定期评价团队运作绩效。同时，项目管理机构负责人应统一团队思想，增强集体观念，和谐团队氛围，提高团队运行效率。

（三）项目管理机构负责人职责与权限

建设工程项目各实施主体和参与方法定代表应书面授权委托项目管理机构负责人，并实行项目负责人负责制。项目管理机构负责人应根据法定代表人的授权范围、期限和内容，履行管理职责。

1.履行管理职责

项目管理机构负责人应履行下列职责：项目管理目标责任书中规定的职责；工程质量安全责任承诺书中应履行的职责；组织或参与编制项目管理规划大纲、项目管理实施规划，对项目目标进行系统管理；主持制定并落实质量、安全技术措施和专项方案，负责相关的组织协调工作；对各类资源进行质量监控和动态管理；对进场的机械、设备、工器具的安全、质量和使用进行监控；建立各类专业管理制度，并组织实施；制定有效的安全、文明和环境保护措施并组织实施；组织或参与评价项目管理绩效；进行授权范围内的任务分解和利益分配；按规定完善工程资料，规范工程档案文件，准备工程结算和竣工资料，参与工程竣工验收；接受审计，处理项目管理机构解体的善后工作；协助和配合组织进行项目检查、鉴定和评审申报；配合组织完善缺陷责任期的相关工作。

2.执行管理权限

项目管理机构负责人应具有下列权限：参与项目招标、投标和合同签订；参与组建项目管理机构；参与组织对项目各阶段的重大决策；主持项目管理机构工作；决定授权范围内的项目资源使用；在组织制度的框架下制定项目管理机构管理制度；参与选择并直接管理具有相应资质的分包人；参与选择大宗资源的供应单位；在授权范围内与项目相关方进行直接沟通；法定代表人和组织授予的其他权利。

三、建设项目承发包制度

建筑工程承发包方式又称“工程承发包方式”，是指建筑工程承发包双方之间经济关系的形式，交易双方为项目业主和承包商，双方签订承包合同，明确双方各自的权利与义务，承包商为业主完成工程项目的全部或部分项目建设任务，并从项目业主处获取相应的报酬。

建筑工程承发包制度是我国建筑经济活动中的一项基本制度。

（一）范围和内容

按承发包的范围和内容，可分为全过程承包、阶段承包和专项承包。全过程承包又称“统包”“一揽子承包”“交钥匙”，是指承包单位按照发包单位提出的使用要求和竣工期限，对建筑工程全过程实行总承包，直到建筑工程达到交付使用要求。《建设项目工程总承包管理规范》（GB/T 50358—2017）对建设项目工程总承包涉及的项目管理组织、设计管理、施工管理、采购管理、试运行管理、进度管理、费用管理、质量管理、风险管理、安全管理、资源管理、沟通信息管理、合同管理与收尾管理等方面进行详细规定。阶段承包，是指承包单位承包建设过程中某一阶段或某些阶段工程的承包形式，如勘察设计阶段、施工阶段等。专项承包，又称专业承包，是指承包单位对建设阶段中某一专业工程进行的承包，如勘察设计阶段的工程地质勘察、施工阶段的分部分项工程施工等。

（二）相互结合关系

按承发包中相互结合的关系，可分为总承包、分承包、独家承包、联合承包等。总承包，也称“总包”，是指由一个施工单位全部、全过程承包一个建筑工程的承包方式；分承包，也称“二包”，是指总包单位将总包工程中若干专业性工程项目分包给专业施工企业施工的方式；独家承包，是指承包单位必须依靠自身力量完成施工任务，而不实行分包的承包方式；联合承包，是指由两个以上承包单位联合向发包单位承包一项建筑工程，由参加联合的各单位统一与发包单位签订承包合同，共同对发包单位负责的承包方式。

（三）合同类型和计价方法

按承发包合同类型和计价方法，可分为施工图预算包干、平方米造价包干、成本加酬金包干、中标价包干等。施工图预算包干，是指以建设单位提供的施工图纸和工程说明书为依据编制的预算，是一次包干的承包方式。这种方式通常适用于规模较小、技术不太复杂的工程。平方米造价包干，也称“单价包干”，是指按每平方米最终建筑产品的单价承包的承包方式。成本加酬金包干，是指按工程实际发生的成本，加上商定的管理费和利润来确定包干价格的承包方式。中标价包干，是指投标人按中标的价格和内容进行承包的承发包方式。不同的承发包方式有不同的特点，不论采取哪一种方式，均应遵循公开、公正、平等竞争的原则，协商一致，互惠互利。

四、建设项目招投标制度

建设工程招标投标是建设单位对拟建的建设工程项目通过法定的程序和方法吸引承包单位进行公平竞争，并从中选择条件优越者来完成建设工程任务的行为。

（一）招投标概念

建筑工程招标，是指建筑单位（业主）就拟建的工程发布通告，用法定方式吸引建筑项目的承包单位参加竞争，进而通过法定程序从中选择条件优越者来完成工程建筑任务的一种法律行为。

建筑工程投标，是指经过特定审查而获得投标资格的建筑项目承包单位，按照招标文件的要求，在规定的时间内向招标单位填报投标书，争取中标的法律行为。

工程招投标制度也称为工程招标承包制，它是指在市场经济的条件下，采用招投标方式以实现工程承包的一种工程管理制度。工程招投标制的建立与实行是对计划经济条件下单纯运用行政办法分配建设任务的一项重大改革措施，是保护市场竞争、反对市场垄断和发展市场经济的一个重要标志。

（二）招投标范围与标准

1.招投标法

《招标投标法》规定，在中华人民共和国境内进行下列工程建设项目，包括项目的勘察、设计、施工、监理及与工程建设有关的重要设备、材料等的采购，必须进行招标：大型基础设施、公用事业等关系社会公共利益、公众安全的项目；全部或者部分使用国有资金投资或者国家融资的项目；使用国际组织或者外国政府贷款、援助资金的项目。对于依法必须招标的具体范围和规模标准以外的建设工程项目，可以不进行招标，采用直接发包的方式。

2.相关规定

①涉及国家安全、国家秘密或者抢险救灾而不适宜招标的；

②属于利用扶贫资金实行以工代赈需要使用农民工的；

③施工主要技术采用特定的专利或者专有技术的；

④施工企业自建自用的工程，且该施工企业资质等级符合工程要求的；

⑤在建工程追加的附属小型工程或主体加层工程，原中标人仍具备承包能力的；

⑥法律、行政法规规定的其他情形。

3.最新要求

2018年中华人民共和国国家发展和改革委员会令第16号《必须招标的工程项目规定》，对《招标投标法》中有关招投标工程项目进行具体规定：

①全部或者部分使用国有资金投资或者国家融资的项目包括：使用预算资金200万元人民币以上，并且该资金占投资额10%以上的项目；使用国有企业事业单位资金，并且该资金占控股或者主导地位的项目。

②使用国际组织或外国政府贷款、援助资金的项目包括：使用世界银行、亚洲开发银

行等国际组织贷款、援助资金的项目；使用外国政府及其机构贷款、援助资金的项目。

③符合上述规定范围内的项目，其勘察、设计、施工、监理及与工程建设有关的重要设备、材料等的采购达到下列标准之一的，必须招标：施工单项合同估算价在400万元人民币以上；重要设备、材料等货物的采购，单项合同估算价在200万元人民币以上；勘察、设计、监理等服务的采购，单项合同估算价在100万元人民币以上。

同一项目中可以合并进行的勘察、设计、施工、监理及与工程建设有关的重要设备、材料等的采购，合同估算价合计达到前款规定标准的，必须招标。

④不属于上述规定情形的大型基础设施、公用事业等关系社会公共利益、公众安全的项目，必须招标的具体范围由国务院发展改革部门会同国务院有关部门按照确有必要、严格限定的原则制定，报国务院批准。

（三）招投标的流程与步骤

《招标投标法》规定，招标分为公开招标和邀请招标。招标投标活动应当遵循公开、公平、公正和诚实信用的原则。建设工程招标的基本程序主要包括落实招标条件、委托招标代理机构、编制招标文件、发布招标公告或投标邀请书、资格审查、开标、评标、中标和签订合同等。一般来说，招标投标需经过招标、投标、开标、评标与定标等程序。

（四）规范要求

《建设工程项目管理规范》（GB/T 50326—2017）对建筑工程投标管理有如下规定。

1.招标计划

项目招标前，应进行投标策划，确定投标目标，依据规定程序形成投标计划，经过授权批准后实施。同时，应识别和评审下列与招投标项目有关的要求：招标文件和发包方明示的要求；发包方未明示但应满足的要求；法律法规和标准规范要求；组织的相关要求。

根据投标项目需求进行分析，确定招标计划内容主要包括：招标目标、范围、要求与准备工作安排；招标工作各过程及进度安排；投标所需要的文件和资料；与代理方及合作方的协作；投标风险分析及信息沟通；投标策略与应急措施；投标监控要求。

2.投标文件

根据招标和竞争需求编制包括下列内容的投标文件：响应招标要求的各项商务规定；有竞争力的技术措施和管理方案；有竞争力的报价。应保证投标文件符合发包方及相关要求，经过评审后投标，并保存投标文件评审的相关记录。评审应包括下列内容：商务标满足招标要求的程度；技术标和实施方案的竞争性；投标报价的经济性；投标风险的分析与应对。

3.其他

依法与发包方或其他代表有效沟通，分析投标过程的变更信息，形成必要记录。应识别和评价投标过程风险，并采取相关措施以确保实现投标目标要求。中标后，应根据相关规定办理有关手续。

五、建设项目合同制度

（一）相关法律规定

1.《建筑法》

《中华人民共和国建筑法》（以下简称《建筑法》）第十五条规定，“建筑工程的发包单位与承包单位应当依法订立书面合同，明确双方的权利和义务。发包单位和承包单位应当全面履行合同约定的义务。不按照合同约定履行义务的，依法承担违约责任”。

2.《民法典》

建设工程合同是合同的一种，因此其签订、履行、变更和消灭除了受《建筑法》的约束外，也受《民法典》的约束。《民法典》规定，建设工程合同是承包人进行工程建设，发包人支付价款的合同。建设工程合同实质上是一种特殊的承揽合同。《民法典》第十八章建设工程合同第八百零八条规定：“本章没有规定的，适用承揽合同的有关规定。”建设工程合同可分为建设工程勘察合同、建设工程设计合同、建设工程施工合同。建设工程施工合同的内容包括工程范围、建设工期、中间交工工程的开工和竣工时间、工程质量、工程造价、技术资料交付时间、材料和设备供应责任、拨款和结算、竣工验收、质量保修范围和质量保证期、双方相互协作等条款。

（二）建设工程合同的分类

①工程范围和承包关系。按照承包的工程范围和承包关系，建设工程合同分为建设工程总承包合同（设计—建造及交钥匙承包合同）、建设工程承包合同和建设工程分包合同。

②合同标的性质。按照建设工程合同标的性质，建设工程合同分为建设工程勘察合同、建设工程设计合同、建设工程施工合同和建设工程监理合同。

③计价方式。按照承包工程计价方式，建设工程合同分为固定价格合同、可调价格合

同、工程成本加酬金确定的价格合同。

（三）规范要求

《建设工程项目管理规范》（GB/T 50326—2017）对合同管理的有关规定如下。

1.一般规定

建设工程项目管理组织应建立项目合同管理制度，明确合同管理责任，设立专门机构或人员负责合同管理工作；组织应配备符合要求的项目合同管理人员，实施合同的策划和编制活动，规范项目合同管理的实施程序和控制要求，确保合同订立和履行过程的合规性；严禁通过违法发包、转包、分包、挂靠方式订立和实施建设工程合同。

项目合同管理应遵循下列程序：合同评审；合同订立；合同实施计划；合同实施控制；合同管理总结。

2.合同评审

合同订立前，项目管理职责应进行合同评审，完成对合同条件的审查、认定和评估工作。以招标方式订立合同时，组织应对招标文件和投标文件进行审查、认定和评估。合同评审应包括：合法性、合规性评审；合理性、可行性评审；合同严密性、完整性评审；与产品或过程有关要求的评审；合同风险评估。合同内容涉及专利、专有技术或著作权等知识产权时，应对其使用权的合法性进行审查。合同评审中发现的问题，应以书面形式提出，要求予以澄清或调整。根据需要进行合同谈判，细化、完善、补充、修改或另行约定合同条款和内容。

3.合同订立

应依据合同评审和谈判结果，按程序和规定订立合同。合同订立应符合下列规定：合同订立应是组织的真实意思表示；合同订立应采用书面形式，并符合相关资质管理与许可管理的规定；合同应由当事方的法定代表人或其授权的委托代理人签字或盖章；合同主体是法人或其他组织时，应加盖单位印章；法律、行政法规规定需办理批准、登记手续的合同生效时，应依照规定办理；合同订立后应在规定期限内办理备案手续。

4.合同实施计划

①项目管理组织应规定合同实施工程程序，编制合同实施计划。合同实施计划应包括下列内容：合同实施总体安排；合同分解与分包策划；合同实施保证体系的建立。

②合同实施保证体系应与其他管理体系协调一致。应建立合同文件沟通方式、编码

系统和文档系统。承包人应对其承接的合同作总体协调安排。承包人自行完成的工作及分包合同的内容，应在质量、资金、进度、管理架构、争议解决方式方面符合总包合同的要求。分包合同实施应符合法律和组织有关合同管理制度的要求。

5.合同实施控制

项目管理机构应按约定全面履行合同。合同实施控制的日常工作应包括下列内容：合同交底；合同跟踪与诊断；合同完善与补充；信息反馈与协调；其他应自主完成的合同管理工作。

合同实施前，组织的相关部门和合同谈判人员应对项目管理机构进行合同交底。合同交底应包括下列内容：合同的主要内容；合同订立过程中的特殊问题及合同待定问题；合同实施计划及责任分配；合同实施的主要风险；其他应进行交底的合同事项。

项目管理机构应在合同实施过程中定期进行合同跟踪和诊断。合同跟踪和诊断应符合下列要求：对合同实施信息进行全面收集、分类处理，查找合同实施中的偏差；定期对合同实施中出现的偏差进行定性、定量分析，通报合同实施情况及存在的问题。

项目管理机构应根据合同实施偏差结果制定合同纠偏措施或方案，经授权人批准后实施。实施需要其他相关方配合时，项目管理机构应事先征得各相关方的认同，并在实施中协调一致。项目管理机构应按规定实施合同变更的管理工作，将合同变更文件和要求传递至相关人员。合同变更应当符合下列条件：变更内容应符合合同约定或法律规定。变更超过原设计标准或者批准规模时，应由组织按照规定程序办理变更审批手续；变更或变更异议的提出，应符合合同约定或法律法规规定的程序和期限；变更应经组织或授权人员签字或盖章后实施；变更对合同价格及工期有影响时，相应调整合同价格和工期。

项目管理机构应控制和管理合同中止行为。合同中止应按照下列方式处理：合同中止履行前，应书面通知对方并说明理由。因对方违约导致合同中止履行时，在对方提供适当担保时应恢复履行；中止履行后，对方在合理期限内未恢复履行能力并未提供相应担保时，应报请组织决定是否解除合同。合同中止或恢复履行，如依法需要向有关行政主管机关报告或履行核验手续，应在规定的期限内履行有关手续。合同中止后不再恢复履行时，应根据合同约定或法律规定解除合同。

项目管理机构应按照规定实施合同索赔的管理工作。索赔应符合下列条件：索赔应依据合同约定提出。合同没有约定或者约定不明确时，按照法律法规规定提出。索赔应全面、完整地收集和整理索赔资料。索赔意向通知及索赔报告应按照约定或法定的程序和期限提出。索赔报告应说明索赔理由，提出索赔金额及工期。

合同实施过程中产生争议时，应按下列方式解决：双方通过协商达成一致；请求第三方协调；按照合同约定申请仲裁或向人民法院起诉。

6.合同管理总结

项目管理机构应进行项目合同管理评价，总结合同订立和执行过程中的经验和教训，提出总结报告。合同总结报告应包括下列内容：合同订立情况评价；合同履行情况评价；合同管理工作评价；对本项目有重大影响的合同条款评价；其他经验和教训。组织应根据合同总结报告确定项目合同管理改进要求，制定改进措施，完善合同管理制度，并按照规定保存合同总结报告。

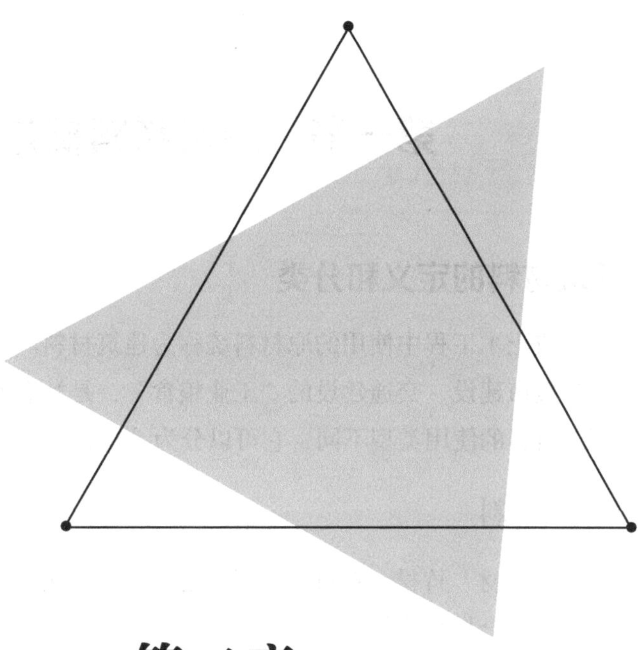

第二章

建筑工程材料

第一节　建筑材料概述

一、建筑材料的定义和分类

在建筑工程或土木工程中使用的原材料统称为建筑材料。建筑材料是我国现代化建设的物质基础，是城市建设、交通建设的“工业粮食”，是社会发展和进步、物质生活改善的功臣。按照原材料的使用类型不同，它可以分为结构材料、装饰材料和专用材料等。

（一）结构材料

结构材料包括木材、竹材、石材、水泥、混凝土、金属、砖瓦、软瓷、陶瓷、板材、玻璃、工程塑料和复合材料等材料。

（二）装饰材料

装饰材料包括各种涂料（船舶涂料、轻工涂料、汽车涂料、建筑涂料）、油漆（乳胶漆、水性漆、防水油漆、防火漆、硝基漆、聚氨酯漆）、窗帘（布艺窗帘、窗帘配件布艺、家居布艺、沙发布艺）、门窗（实木门、塑钢门）、镀层、贴面、各色瓷砖、具有特殊效果的玻璃、砌块（普通砖、多孔砖、空心砖、黏土砖、煤矸砖、免烧砖、混凝土砌块）等。

（三）专用材料

专用材料指用于防水、防潮、防腐、防火、阻燃、隔音、隔热、保温、密封等的材料。建筑材料长期承受风吹、日晒、雨淋、磨损、腐蚀等，性能会逐渐变弱，因此，建筑材料的合理选用至关重要。

二、建筑材料在工程中的地位和应用

建筑材料是楼房、道路、桥梁等建筑工程实体和各种装修、点缀的物质基础，也是机车、机床等的材料来源，是构筑现代化发展躯体的血肉，也是文明和历史推动的物质力量。

在现代化建设中，建筑材料被大量使用，从架构的搭建到内外表面的装修，从最初建构到后期维护，都需要不同的建筑材料，“劳苦功高而又默默无闻”，担负着支撑交通运输、楼房建设、零件设备制造、机电车床制造的物质来源。

建筑材料作为建筑工业产业链的最初端，是后面其他产业发展的先决条件、资源保障，供给产业链的发展和正常运转。近年来，随着建筑技术的迅速发展，新型建筑材料逐渐问世并被应用，它可以使复杂结构和力学的建筑工程得以实现，比如轻型、延伸性更好、韧性更好、化学性质稳定、重量承受能力强的素材，能够使楼层更高，其他内部结构复杂的建筑更容易建造。

三、建筑材料的检测与标准化

（一）建筑材料的检测

建筑材料作为构建起建筑工程的一个个细胞，它的健康与否直接关系到楼房、桥梁等的安全，即使只有某一处使用劣质的材料也有可能出现“千里之堤，溃于蚁穴”的悲剧，所以对建筑材料进行严格的质量把关，具有重要意义，并应作为长期和持久的一项工程任务。检测具体内容包括质量管理（对材料的成分、来源、生产过程、生产环境、成品质量的考察与追溯）、合理选择合适厂家的材料、材料的堆放、存储的安全等，并制定相应的法律法规，或者采取行政手段、备案措施等来保证产品质量。

1.建筑材料以往的检测方法与现代发展

电子信息技术出现之前，材料质量监督靠施工单位自觉，自己对自己的材料进行控制和检测，以质量监督站作为质量控制体系的主体和“政治中心”，用人工填表的方式统计一项项原材料的编号、数量、厂家、生产标准、成分及详细的生产流程等，任务繁重，包括大量细心的工作内容和分类、续接，以及大量的计算、判断，而且很容易出错，耗费时间长，严重影响工作效率。

随着工程质量检测管理程序的开发，软件代替人工，从业务和管理两方面入手，快速而准确地完成对材料的质量检测和管理，很好地适应了当前工程质量管理工作的飞速发展对大数据的处理要求。

2.建筑材料质量检测的程序与方法

施工现场所用的建筑材料品种繁多，进行检测势在必行，试验材料的检验项目要服从国家、行业及当地建设主管部门（或所属有关部门）的规定。比如混凝土用的水泥，需按批检验其安定性、强度、凝结时间和细度。

取样试样要有代表性，可以参照概率论与数理统计中关于样本点取的方式，一般从同一厂商的同一批材料的不同部位随机抽取一定数量的样品，确保在相同的外界环境（酸碱、湿度、天气）下，此外还有横向对比（同一厂商不同批次的同一种建筑材料）和纵向对比（不同厂商生产的同一种该建筑材料），尽量使所取样本具有代表性，数量不要太小，取样方法尽量符合规范。

同一组样品数据相差悬殊，或各项性能指标相互矛盾时，可以多测几组数据再进行观察，或者依据标准规定对数据进行取舍，抛去最大值和最小值，或者与实际情况相差比较大的数据，再进行计算、统计。

3.建筑材料的质量控制措施

统筹工程设计文件、施工图、施工组织设计等，考虑材料品种、规格、型号、强度等级、生产厂家与商标的规定和要求是否与项目的实施珠联璧合。对于材料的质量标准，要充分了解材料的基本性质、应用特性、适用范围，必要时对主要材料、设备、构配件等依自己的要求向厂商提出生产标准。从原材料来源、加工过程了解材料，有助于保证工程质量，减少安全事故和后期的维护。

所有原材料、半成品、构配件及设备在规格、型号、品种、编号上都必须通过审计后方可进入施工现场，不同品种、不同种类、不同型号、不同厂家、不同批号的材料分门别类，区分管理，这样防止鱼目混珠，提高施工安全，对分析事故的原因也有很大帮助。

（二）建筑材料的标准化

1.国家标准

国家标准可分为四部分：标准名称、标准发布机构的组织代号、标准编号和标准颁布时间。如《钢筋混凝土用热轧光圆钢筋》（GB 1499.1—2008），其中，“钢筋混凝土用热轧光圆钢筋”为该标准名称，“GB”为国家标准的代号，“1499.1”为标准编号，“2008”为标准颁布时间。

2.行业标准

行业标准分为建筑材料（JC）、建筑工程（JGJ）、石油工业（SY）和冶金工业（YB）四类。如《水泥工业用热风阀》（JC/T 1001—2006），其中“JC”为颁布此标准的建材行业标准代号，“T”代表为推荐标准，“1001”为该技术标准的二级类目序列号，“2006”为标准颁布时间。

3.地方标准

地方标准即区域标准，在没有国家标准和行业标准时，由省、自治区、直辖市行政主管部门制定，用以规范工业产品的安全、卫生要求的标准规范，在国家标准或行业标准制定后应该取消。

4.企业标准

企业标准也是在没有国家或行业标准时由企业自身制定，代号为“QB”，后面要注明企业代号、标准序列号、指定时间等。

第二节　新型建筑材料与生态环境

一、新型建筑材料与生态环境的关系

建筑材料给人类带来了物质文明并推动着人类文明的进步。然而，在传统建材的开发与生产过程中不仅消耗大量的资源和能源，而且给生态环境带来污染的负面影响，在一定程度上又妨碍了人类文明的进步。因此，研究开发出对环境友好的新型建筑材料至关重要，从生态环境角度出发，必须研究材料的环境问题或材料的环境影响及其特性。所谓环境影响，主要包括资源摄取量、能源消耗量、污染物排放量及其危害、废弃物排放量及其回收、处置的难易程度等因素。

新型建筑材料是从原料开采、制造、使用至废弃的整个过程中，对资源和能源消耗最少、生态环境影响最小、再生循环利用率最高，或可分解使用的具有优异使用性能的系列生态建材。它具有三大特性：①先进性，既可以拓展人类的生活领域，又能为人类开辟更广阔的活动空间；②环境协调性，既能减少对环境的污染危害，从社会持久发展及进步的观点出发，使人类的活动范围和外部环境尽可能协调，又在其制造过程中最低限度地消耗物质与能源，使废弃物的产生和回收处理量小，产生的废弃物能被处理、回收和再生利用，并且这一过程不产生污染；③舒适性，既能创造与大自然和谐的健康生活环境，又能使人类在更加美好、舒适的环境中生活。

（一）新型建筑材料的研究意义

大多数传统建筑材料追求的是材料的使用性能而忽视了环境协调性和舒适性。几十年来，我国建筑材料工业走的是一条高投入、高能耗、高污染、高资源消耗的道路，它是一个大气环境污染较严重、自然资源消耗较大的行业。传统建筑材料难以充分回收和再生利用，具有较差的生态环境协调性。所以，新型建筑材料的研究与生态环境的改善已刻不容缓。

新型建筑材料追求的不仅是具有先进的使用性能，而且是从材料的制造、使用、废弃直到再生的整个生命周期中必须具备与生态环境的协调性及舒适性。因此，新型建筑材料实质上就是赋予传统建筑材料优异的环境协调性和舒适性的建筑材料，或者是指那些直接具有净化和修复环境的生态建材。

我们要积极开展对新型建筑材料的基础理论研究，促进材料工作者和全民的生态环境意识；同时，在建筑设计和传统建筑材料的设计、生产、使用、废弃和再生中重视生态环境问题，更多地考虑保护环境的措施，努力减轻传统建筑材料的环境负面影响，逐步改善传统建筑材料的环境协调性，研究各类新型建筑材料，使之既有优良的功能性又有环境协调性和舒适性。

（二）树立可持续发展的生态理念

传统建筑材料环境协调性差是人们在经济增长理论指导下的发展观、价值观不当造成的。开发新型建筑材料是一项系统工程，不仅要求建筑材料的生产方式变革，而且要求建材工业的工艺设计、生产过程质量控制及科技开发体系发生重大改变，要从经济运行机制本身找出路，推行生态经济的良性循环机制。

传统建材生产—使用—废弃的过程，可以说是一种将大量资源提取出来，再将大量废弃物排回到环境中去的恶性循环过程。因此，提出生态建筑材料的概念，就要求研究开发新型建筑材料的材料科学工作者在观念上发生根本性转变，牢固树立可持续发展的生态理念。

树立可持续发展的生态建筑材料观，首先就要求在建筑材料的设计、制造中从人类社会的长远利益出发，以满足人类社会的可持续发展为最终目标。在这个大前提下考虑与建筑材料生产、使用、废弃密切相关的自然资源和生态环境问题，即如何从建筑材料的设计、制造阶段就考虑到材料的再生循环利用，如何定量地评价建筑材料生命周期中的环境负荷进而将其减小，如何在建筑材料使用后尽可能完全地对材料和物质进行再利用和再生循环利用，以便使材料的生产、使用过程和地球生态圈达到尽可能协调的程度，从根本上解决资源日益短缺、大量废弃物造成生态环境日益恶化等问题，以保证人类社会的可持续发展。

树立可持续发展的生态建筑材料观，为今后传统建筑材料的创新、新型建筑材料规划与设计、人居环境的改善与创新指明了目标、方向与途径。树立正确的、符合客观发展规律的生态环境建筑材料设计与规划指导思想非常重要。在发达国家的城市和住宅建设中，使用具有净化功能和抗菌功能的生态建筑材料和家具成为迫切需要。而在我国，建筑材料还只局限于架构和装饰作用，未能考虑环境作用方面的评价并忽视了室内生态环境、细菌环境的影响。随着我国经济的发展，人们的居住面积和生活条件有了较大的改善，建筑材料要改革和创新，从而为居民创造健康、舒适的生活环境，使人民安居乐业，已成为材料科学工作者不可回避的历史责任。

（三）新型建筑材料与生态环境的关系

如何既能很好地使用新型建筑材料，又不会给环境带来灾难，使人类社会实现可持续发展呢？这就需要研究新型建筑材料与生态环境的关系，新型建筑材料应该是有利于环境保护的一系列生态建筑材料，也是世界上用得最多的材料，特别是墙体材料和水泥，我国每年的用量为2×10^9 t以上，其原料来源于人类赖以生存的地球。在传统建筑材料的生产过程中不但造成土地的浪费，而且造成地球环境的不断恶化。因此，开发新型建筑材料迫在眉睫。新型建筑材料既要满足强度的要求，又要最大限度地利用废弃物，此外还要有利于人类身体健康。近年来，国内外研发出一些符合生态要求的建筑材料产品，如无毒涂料、抗菌涂料、光致变色玻璃、调节湿度的建筑材料、生态建筑涂料、胶漆装饰材料、生态地板、石膏装饰材料、净化空气的预制板和抗菌陶瓷等。随着人们对环境保护意识的提高，也必然会加深对新型建筑材料的认识并促进其发展。

二、新型建筑材料与生态环境的可持续发展

现代社会用于人们生活、生产、出行及娱乐等各种设施，包括住宅、厂房、学校、铁路、道路、桥梁、商店、影剧院、体育馆等，都是通过土木、建筑工程来实现的，而构成这些设施的物质基础是建筑材料。生态环境与建筑材料的关系非常密切。

（一）材料构筑了人类的物质文明

材料既是人类文明、文化进步的产物，又是社会生产力发展水平的标志。大自然中存在的木、草、土、石等天然材料，为人类营造自己的居所提供了基本的建筑材料。世界上宏伟的宫殿群建筑北京故宫，所用的材料主要是木材、汉白玉、琉璃瓦和青砖等。几千年来，人类使用这些天然的或人工的建筑材料，建造了许许多多宏伟的建筑物，为人类留下了宝贵的历史遗产，创造了灿烂辉煌的人类文明。

（二）新型建筑材料改善了人类的生存环境

人类从自然界中取得原材料，进行加工制造得到建筑材料，同时消耗一部分自然界的资源和能源，并产生一定量的废气、废渣和粉尘等对自然环境有害的物质。人类按照自己的设想进行设计，并使用建筑材料进行施工，得到所需要的建筑物或结构物（称为基础设施），服务于人类的生活、生产或社会公共活动。在进行施工的同时，还将产生粉尘、噪声等污染环境，这些人工建造的建筑物、结构物，以及从材料制造到使用过程中所产生的有害物质与被人类干预和改造过的自然环境一起，构成了总体的生态环境。

现在，工业化生产的建筑材料取得了长足的进步。19世纪钢铁、水泥、混凝土和钢筋混凝土等建筑材料的大量生产与应用，是建筑材料发展史上的革命。建筑材料在质和量

上的发展，使生活、生产、通信、国防等基础设施的建设步伐大大加快，极大地改善了人类的生存条件。如防水材料的使用，使得房屋的漏雨、漏水现象大大减少；玻璃作为透明材料的使用，使房间的采光效果大大改善；在墙体及顶棚中采用保温材料，既提高了房屋的热环境质量，改善了居住性，又节约了能源；各种装修材料的开发和使用，使建筑物具有美观性、健康性和舒适性；路面采用水泥混凝土、沥青混凝土材料，大大改善了交通条件，方便了人们的出行；通信设施的建设，使社会进入了信息化时代。

但是，建筑材料的大量生产加快了资源、能源的消耗并污染环境。例如，炼铁要采掘大量的铁矿石，生产水泥要使用石灰石和黏土类原材料，占混凝土体积大约80%的砂石骨料要开山采矿，挖掘河床，严重破坏了自然景观和自然生态。木材取自森林资源，而森林面积的减少，加剧了土地的沙漠化。烧制黏土砖要取土毁掉大片农田，这对于人均耕地面积本来就很少的我国来说是一个严峻的问题。与此同时，材料的生产制造要消耗大量的能量，并产生废气、废渣，对环境构成污染。

建筑材料在运输和使用过程中，也要消耗能量，并对环境造成污染和破坏。在建筑施工过程中，由于混凝土的振捣及施工机械的运转产生噪声、粉尘、妨碍交通等现象，对周围环境造成各种不良影响。

（三）建筑材料的性能影响了环境质量

建筑材料的性能影响环境质量。建筑材料的性能和质量，直接影响建筑物或结构物的安全性、耐久性、使用功能、舒适性、健康性和美观性。无论是生活、工作，还是出门旅行，现代人的生活离不开各种建筑物，人们每天都在接触建筑材料，所以材料的性能和质量，对人类生存环境的影响很大。

材料是人类与自然之间的媒介，是从事土木建筑活动的物质基础。材料的性能和质量决定了施工水平、结构形式和建筑物的性能，直接影响人类的居住环境、工作环境和城市景观。在现代社会，人类的生产活动和营造自身生存环境的土木建筑活动已经显示出对自然环境的巨大支配力。大量建造的社会基础设施对人类生存环境发挥着巨大的积极作用，同时也带来了不容忽视的消极作用，即大量地消耗地球的资源和能源，在相当程度上污染了自然环境、破坏了生态平衡。因此，建筑材料与生态环境的质量，与土木建筑活动的可持续发展密切相关，开发并使用性能优良、节省能耗的新型建筑材料，是人类合理地解决生存与发展，实现与自然和谐共生，保持可持续发展的一个重要方面。

（四）建筑材料的进步与人类生态环境的变化

在历史的发展进程中，社会的发展往往伴随着材料的进步。一种新材料的出现对生产力水平的提高和产业形态的改变会产生划时代的影响与冲击。建筑物作为人类文明、文化进步的标志，其结构形式、设计和施工水平在很大程度上受当时的建筑材料种类和性能的限制。因此，材料既决定建筑的水平，也是促进时代发展的重要因素。

从原始社会至今，人类利用材料的方式大致有两种：第一种是以物质为基础的利用方式，即利用现有的材料为人类的生产和生活服务。例如，人们利用自然界中存在着的木材、石材、土、草、竹等建造房屋、修筑堤坝、铺筑道路等。第二种是以需求为导向的利用方式，即根据实际生活的需求，希望具有某种性能的材料，为满足需求人类就要开动脑筋去寻找或开发研制材料。在人类漫长的历史进程中，建筑材料与社会的进步相辅相成。

除此之外，石膏板、矿棉吸声板等各种无机板材，可代替天然木材作内墙隔板、吊顶材料，使建筑物的保温性、隔声性能等功能更加完善。各种空心砖、加气混凝土砌块等墙体材料代替实心黏土砖，可节约土地资源。随着高效减水剂的开发成功，高性能混凝土应运而生，使混凝土材料又迈上一个新的台阶。各种涂料、防水卷材、嵌缝密封材料的开发利用，改善了建筑物的防水性和密闭性。各种壁纸用于建筑物的内墙装修，极大改善了建筑物的美观性、舒适性。各种陶瓷制品用于地面、墙面、洁具，耐酸、碱、盐等化学物质的侵蚀，容易清洁，使人们生活更加方便、舒适，生活质量得到了极大提高。

综上所述，在人类历史发展进程中，建筑材料的进步伴随着生产水平的提高，促进了建筑物尺寸规模的增大、结构形式的改变和使用功能的改善。各种新型建筑材料的出现和广泛应用，使人类的生活空间、生态环境变得越来越美好。

三、新型建筑材料的研究与开发

（一）轻质高强型材料

随着城市化进程加快，城市人口密度日趋加大，城市功能日益集中和强化，需要建造高层建筑，以解决众多人口的居住问题及行政、金融、商贸和文化等部门的办公空间，因此就要求结构材料朝轻质高强方向发展。目前的主要目标仍然是开发高强度钢材和高强混凝土，同时探讨将碳纤维及其他纤维材料与混凝土、聚合物等复合制造的轻质高强度结构材料。

（二）高耐久性材料

到目前为止，普通建筑物的寿命一般设定在50～100年。现代社会基础设施的建设日趋大型化、综合化。例如，超高层建筑、大型水利设施和海底隧道等大型工程，耗资巨大，建设周期长，维修困难，对其耐久性的要求越来越高。此外，随着人类对地下、海洋等苛刻环境的开发，也要求高耐久性材料。

材料的耐久性直接影响结构物的安全性和经济性。耐久性是衡量材料在长期使用条件下的安全性。造成结构物破坏的原因是多方面的，仅仅由于荷载作用产生破坏的事例并不多，而由于耐久性产生的破坏日益增多。尤其是处于特殊环境下的结构物，如水工结构物、海洋工程结构物，耐久性比强度更重要。同时，材料的耐久性直接影响着结构物的使用寿命和维修费用，长期以来，我国比较注重建筑物在建造时的初始投资，而忽略在使用过程中的维修、运行费用，以及使用年限缩短所造成的损失。在考虑建筑物的成本时，也往往片面地考虑建造费用，想方设法减少材料使用量，或者采用性能档次低的产品，其计算成本时也往往以此作为依据。但建筑物、结构物是使用时间较长的产品，其成本计算应包括初始建设费用，使用过程中的光、热、水、清洁和换气等运行费用，保养、维修费用，以及最后解体处理等全部费用。如果材料的耐久性能好，不仅使用寿命长，而且维修量小，将大大减少建筑物的总成本，所以应注重研发高耐久性材料，同时在规划设计时，需考虑建筑物的总成本，不要片面地追求节省初始投资。

目前，主要的开发目标有高耐久性混凝土、防锈钢筋、陶瓷质外壁贴面材料、氟碳树脂涂料、防虫蛀材料、耐低温材料，以及在地下、海洋和高温等苛刻环境下能长久保持的材料。

（三）新型墙体材料

两千多年以来，我国的房屋建筑墙体材料一直沿用传统的黏土砖。烧制这些黏土砖将破坏大面积的耕地。从建筑施工的角度来看，以黏土砖为墙体的房屋建筑运输重量大，施工速度慢。由于不设置保温层，北方地区外墙厚度为37 cm，东北地区甚至达到49 cm，降低了房屋的有效使用面积。同时，房屋的保温隔声效果、居住的热环境及舒适性差，用于建筑物取暖的能耗较大，能源利用效率只有30%左右。因此，墙体材料的改革已作为国家保护土地资源、节省建筑能耗的一个重要环节。国家已经制定了逐步在大中城市禁止使用实心黏土砖、大力发展新型墙体材料的政策。这样，全国新型墙体材料产量占墙体材料总量的比例将大幅提高，节约能源和土地，综合利用各种工业废渣，可以大大减少二氧化硫和二氧化碳等有害气体排放，为促进循环经济的发展做出巨大贡献。

（四）装饰、装修材料

随着社会经济水平的提高，人们越来越追求舒适、美观、清洁的居住环境。随着住房制度的改革，商品房、出租公寓的增多，人们开始注重装扮自己的居室，营造一个温馨的居住环境。一个普通城市的个人住宅，装修费用平均占房屋总价的1/3左右。而装修材料的费用大约占装修工程的1/2以上。各种综合的家居建筑材料商店、建筑材料城等应运而生，各类装修材料，尤其是中、高档次的材料使用量日益增大。

家庭生活在人们的全部生活内容中占1/2以上的时间，人们越来越重视家居空间的质量和舒适性、健康性，为了实现美好的居室环境，对房屋建筑的装饰、装修材料的需求仍将继续增大。

（五）环保型建筑材料

所谓环保型建筑材料，即考虑了地球资源与环境的因素，在材料的生产与使用过程中，尽量节省资源和能源，对环境保护和生态平衡具有一定的积极作用，并能为人类构造舒适环境的建筑材料。环保型建材应具有以下3个特性：

①满足结构物的力学性能、使用功能及耐久性的要求。

②对自然环境具有友好性、符合可持续发展的原则。即节省资源和能源，不产生或不排放污染环境、破坏生态的有害物质，减轻对地球和生态系统的负荷，实现非再生性资源的可循环使用。

③能够为人类构筑温馨、舒适、健康、便捷的生存环境。

现代社会经济发达、基础设施建设规模庞大，建筑材料的大量生产和使用为人类构筑了丰富、便捷的生活设施，同时也给地球环境和生态平衡造成了不良的影响，为了实现可持续发展的目标，将建筑材料对环境造成的负荷控制在最低限度内，需要开发研究环保型建筑材料。例如，利用工业废料（粉煤灰、矿渣、煤矸石等）生产水泥、砌块等材料；利用废弃的泡沫塑料生产保温墙体板材；利用废弃的玻璃生产贴面材料等。既可以减少固体废渣的堆存量，减轻环境污染，又可节省自然界中的原材料，对环保和地球资源的保护具有积极的作用。免烧水泥可以节省水泥生产所消耗的能量。高流态、自密实免振混凝土，在施工工程中无须振捣，既可节省施工能耗，又能减少施工噪声。

（六）路面材料

随着城市道路、市政建设步伐的加快，人行路、停车场、广场、住宅庭院与小区内道路的建设量也在逐年增大，城市的地面逐步被建筑物和灰色的混凝土路面所覆盖，使城市地面缺乏透水性，雨水不能及时渗透到地下，严重影响城市植物的生长和生态平衡。同时，由于这种路面缺乏透气性，对城市空间的温度、湿度的调节能力降低，产生所谓的城市“热岛现象”。因此，应开发具有透水性、排水性和透气性的路面材料，将雨水导入地下，调节土壤湿度，以利于植物生长，同时雨天不积水，夜间不反光，提高行车、行走的舒适性和安全性。多孔的路面材料能够吸收交通噪声，减轻交通噪声对环境的污染，是一种与环境协调的路面材料。此外，彩色路面、柔性路面等各种多彩多姿的路面材料，可增加道路环境的美观性，为人们提供赏心悦目的出行环境。

（七）景观材料

景观材料是指能够美化环境、协调人工环境与自然之间的关系，增加环境情趣的材

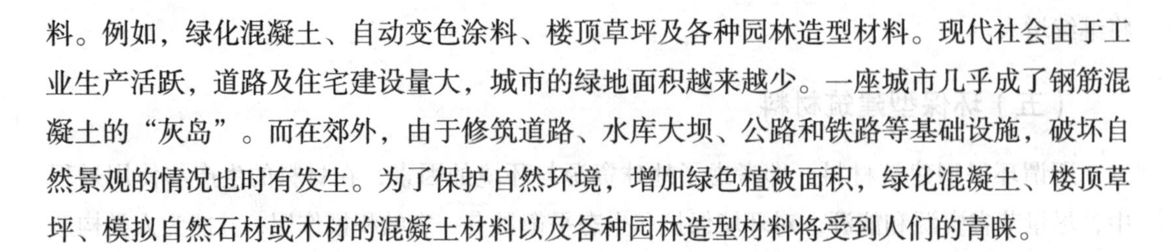

料。例如，绿化混凝土、自动变色涂料、楼顶草坪及各种园林造型材料。现代社会由于工业生产活跃，道路及住宅建设量大，城市的绿地面积越来越少。一座城市几乎成了钢筋混凝土的“灰岛”。而在郊外，由于修筑道路、水库大坝、公路和铁路等基础设施，破坏自然景观的情况也时有发生。为了保护自然环境，增加绿色植被面积，绿化混凝土、楼顶草坪、模拟自然石材或木材的混凝土材料以及各种园林造型材料将受到人们的青睐。

（八）耐火防火材料

现代建筑物趋向高层化，居住形式趋于密集化，加之城市生活能源设施逐步电气化与燃气化，使得火灾发生的概率增大，并且火灾发生时避难的难度增大。因此，火灾成为城市防灾的重要内容。对一些大型建筑物，要求使用不燃材料或难燃材料，小型的民用建筑也应采用耐火材料，所以要开发能防止火灾蔓延、燃烧时不产生毒气的建筑材料。

总之，为了提高生活质量，改善居住环境、工作环境和出行环境，人类一直在研发能够满足性能要求的建筑材料，使建筑材料的品种不断增多，功能不断完善，性能不断提高。随着社会的发展、科学技术的进步，人们对环境质量的要求将越来越高，对建筑材料的功能与性质也将提出更高的要求。这就要求人类不断地研发具有更高性能且与环境协调的建筑材料，在满足现代人日益增长的需求的同时，符合可持续发展的原则。

四、新型建筑材料对环境的影响评价

早期采用单因子方法来评价材料的环境影响，如测量材料的生产过程中的废气排放量，用以评价该材料对大气污染的影响；测量其废水排放量，评价材料对水污染的影响；测量其废渣的排放量，评价材料对固体废弃物污染的影响。后来发现，采用单因子评价不能反映材料对环境的综合影响，如全球温室效应、能耗、资源效率等，用如此多的单项指标比较起来不仅麻烦，而且有些指标根本无法进行平行比较。

（一）材料生命周期评价方法

按国际标准化组织定义：“生命周期评价是对一个产品系统的生命周期中输入、输出及其潜在环境影响的汇编和评价。”生命周期评价主要应用在通过确定和定量化研究能量和资源利用及由此造成的废弃物的环境排放来评估一种产品、工序和生产活动造成的环境负荷，评价能源、资源利用和废弃物排放的影响及评价环境改善的方法。

材料生命周期评价法，即MLCA（Materials Life Cycle Assessment）方法是通过确定和量化相关的资源、能源消耗、废气排放等来评价某种材料的环境负荷，评价过程包括该材料的寿命全过程，即原材料的提取与加工、材料的制造、运输分发、使用、废弃、循环再利用等影响。

生命周期评价的过程：首先辨识和量化整个生命周期阶段中能量和物质的消耗以及环境释放，然后评价这些消耗和释放对环境的影响，最后辨识和评价减少这些影响的机会。生命周期评价注重研究系统在生态健康、人类健康和资源消耗领域内的环境影响。

1.目标与范围定义

在开始进行MLCA评价之前，必须明确地表述评估的目标和范围，以界定该材料对环境影响的大小，这是整个评估过程的出发点和立足点。

MLCA评价目标主要包括界定评价对象、实施MLCA评价的原因、确定研究的范围和深度、研究方法、编目分析项目、确定数据类型及评价结果的输出方式。

2.编目分析

针对评价对象收集材料系统中定量或定性的输入数据和输出数据，并对这些数据进行分类整理和计算的过程称为编目分析，即对产品整个生命周期中消耗的原材料、能源及固体废弃物、大气污染物、水体污染物等，根据物质平衡和能量平衡进行正确的调查并获取数据的过程。

3.环境影响评估

环境影响评估是MLCA的核心部分，也是最大的一部分。环境影响评估建立在编目分析的基础上，其目的是更好地理解编目分析数据与环境的相关性，评价各种环境损害造成的总的环境影响的严重程度，即采用定量调查所得的环境负荷数据，定量分析对人体健康、生态环境、自然环境的影响及其相互关系，并根据这种分析结果再借助于其他评估方法对环境进行综合的评估。

目前，环境影响评估方法可分成两类，即定性法和定量法。

（1）定性影响评估方法。定性法操作简单，主要依靠专家打分，评估结果有一定的随意性和不可比性。

（2）定量影响评估方法。定量方法基本包含4个步骤，即分类、表征、归一化和评价。

4.评估结果解释

在MLCA方法刚提出时，MLCA第四部分称为环境改善评估，目的是寻找减少环境影响、改善环境状况的时机和途径，并对这个改善环境途径的技术合理性进行判断和评估，即对改换原材料及变更工艺等之后所引起的环境影响及改善效果进行解析的过程。

在新MLCA标准中，第四部分由环境改善评价修改为解释过程。主要是将编目分析和环境影响评估的结果进行综合，对该过程、事件或产品的环境影响进行阐述和分析，最终给出评估的结论及建议。

以上几个阶段是相互独立的，也是相互联系的。可以完成所有阶段工作，也可以完成部分阶段的工作，几个阶段在事实中通过反馈对前一阶段进行修正。MLCA作为一种有效的环境管理工具，已广泛地应用于生产、生活、社会、经济等各个领域和活动中，评估这些活动对环境造成的影响，寻求改善环境的途径，在设计过程中为减小环境污染提供最佳判断。

在MLCA评估过程中，要用到一定的数学模型和数学方法（MLCA评价模型）。

（二）MLCA的特点和存在的问题

与众多的环境评估方法相比较，MLCA无疑是更为全面的评估方法，表现在评估的科学性、评估的深度和广度：①可以进行从定性到定量的评估。②考虑产品的整个生命周期对环境的影响，而不单纯是产品生产阶段对环境的影响。③不但考虑对一个地域的影响，更考虑对生物圈的影响，同时考虑对将来潜在的影响，可全面、完整地反映当前的生态环境问题。

MLCA在评价范围、评价方法上也有局限性，包括以下几点：①MLCA所做的假设与选择带有主观性，同时受假设的限制，可能不适用所有潜在的影响；②研究的准确性可能受数据的质量和有效性的限制；③由于影响评估所用的清单数据缺少空间和时间尺度而产生不确定性。

（三）新型建筑材料评价体系的设想

新型建筑材料也必须是绿色建筑材料，因为它对环境和人类健康的影响非常重大。因此，应该分析评价建筑材料整个生命周期中的使用性能和环境性能。

目前，国际通行的ISO9000系列标准是评价材料产品质量的国际质量管理标准，是产品生产、贸易中重要的质量管理标准之一；ISO14000系列标准是国际环境管理标准，其中ISO14049是环境协调性评价，主要用于评价产品的环境表现。由此可见，新型建筑材料评价的指导思想应与绿色建筑材料的评价指导思想一致，即应为ISO9000和ISO14000的基本思想。

根据绿色建筑材料的定义和特点，绿色建筑材料需要满足4个目标，即基本目标、环保目标、健康目标和安全目标。基本目标包括功能、质量、寿命和经济性；环保目标要求从环境角度考核建筑材料生产、运输、废弃等各环节对环境的影响；健康目标考虑到建筑材料作为一类特殊材料与人类生活密切相关，在其使用过程中必须对人类健康无毒、无害；安全目标包括耐燃性和燃烧释放气体的安全性。

1.建筑材料体系

将所用建筑材料分为9大类，即水泥、混凝土及水泥制品、建筑卫生陶瓷、建筑玻璃、建筑石材、墙体材料、木材、金属材料（包括钢材、铝材）及化学建筑材料。

2.绿色建材评价体系

有以下10个指标对建筑材料进行评价：

（1）执行标准。

①目的：确保产品是国家产业政策允许生产的，且符合国家相关标准。

②要求：检查产品执行的标准、施工标准、验收标准，并提供相应的检验检测报告（必备条件）。

（2）资源消耗。

①目的：降低产品生产过程中的天然和矿产资源消耗，鼓励使用环境友好型原材料。

②要求：计算单位产品生产过程中的资源消耗量，低质原料、工业废渣及环境友好型原材料的使用比例等，以此评分。

（3）能源消耗。

①目的：降低产品生产过程中的能源消耗。

②要求：计算单位产品生产过程中的能源消耗量，包括原料运输、电能、燃料等，以此评分。

（4）废弃物排放。

①目的：降低产品生产过程中废弃物的排放量。

②要求：计算单位产品生产过程中废弃物的排放量，包括废气、废水、废料等，以此评分。

（5）工艺技术。

①目的：鼓励使用先进工艺、设备和洁净燃料；提高生产现场环境状况。

②要求：说明产品生产所用的工艺、设备、燃料及现场环境状况等，以此评分。

（6）本地化。

①目的：减少产品运输过程对环境的影响，促进当地经济发展。

②要求：计算产品生产现场到使用现场的距离，以此评分。

（7）产品特性。

①目的：鼓励生产和使用性能优异、使用寿命长、更换方便的新产品。

②要求：提供产品优异性能、使用寿命、更换方便等相关证明材料，以此评分。

（8）洁净施工。

①目的：鼓励洁净施工，改善施工环境。

②要求：提供产品施工说明书，评价能否实现洁净施工，以此评分。

（9）安全使用性。

①目的：鼓励生产和使用安全性能高、有益于人体健康的产品。

②要求：评价产品在使用周期内的安全性及对空气质量的影响，如放射性、有毒成分的释放量等，以此评分。

（10）再生利用性。

①目的：鼓励生产和使用再生利用性能好的产品。

②要求：评价产品达到使用寿命后的可再生利用性能，以此评分。

3.绿色建筑材料评价体系使用手册

对评估体系的使用、条文解释、得分标准、得分结果处理及评估结果进行详细说明，以便正确使用。

第三节　建筑材料的基本性质

建筑物中，不同的建筑部位所起到的作用各不相同，这就要求不同的建筑部位不能使用相同的建筑材料，要根据建筑部位所起的作用选用合适的建筑材料，因此了解建筑材料的各种性质就变得至关重要。

一、材料的组成、结构和构造

（一）材料的化学组成

材料化学组成的不同是造成其性能各异的主要原因。化学组成通常从材料的元素组成和矿物组成两方面分析研究。

材料的元素组成主要是指其化学元素的组成特点，如不同种类合金钢的性质不同，主要是其所含合金元素如C、Si、Mn、V、Ti的不同所致。硅酸盐水泥之所以不能用于海洋工程，主要是硅酸盐水泥石中所含的$Ca(OH)_2$与海水中的盐类（Na_2SO、$MgSO_4$等）会发生反应，生成体积膨胀或疏松无强度的产物。

材料的矿物组成主要是指元素组成相同，但分子团组成形式各异的现象。如黏土和由其烧结而成的陶瓷中都含SiO_2和Al_2O_3两种矿物，其所含化学元素相同，均为Si、Al和O元素，但黏土在焙烧中由SiO_2和Al_2O_3分子团结合生成的$3SiO_2 \cdot Al_2O_3$矿物，即莫来石晶体，使陶瓷具有了强度、硬度等特性。

（二）材料的微观结构

材料的微观结构主要是指材料在原子、离子、分子层次上的组成形式。材料的许多性质与材料的微观结构都有密切的关系。建筑材料的微观结构主要有晶体、玻璃体和胶体等形式。晶体的微观结构特点是组成物质的微观粒子在空间的排列有确定的几何位置关系。如纯铝为面心立方体晶格结构，而液态纯铁在温度降至1535 ℃时，可形成体心立方体晶格。强度极高的金刚石和强度极低的石墨，虽元素组成都为碳，但由于各自的晶体结构形式不同，而形成了性质上的巨大反差。一般来说，晶体结构的物质具有强度高、硬度较大、有确定的熔点、力学性质各向异性的共性。建筑材料中的金属材料（钢和铝合金）和非金属材料中的石膏及水泥石中的某些矿物（水化硅酸三钙、水化硫铝酸钙）等都是典型的晶体结构。

玻璃体微观结构的特点是组成物质的微观粒子在空间的排列呈无序混沌状态。玻璃体结构的材料具有化学活性高、无确定的熔点、力学性质各向同性的特点。粉煤灰、建筑用普通玻璃都是典型的玻璃体结构。

胶体是建筑材料中常见的一种微观结构形式，通常是由极细微的固体颗粒均匀分布在液体中形成的。胶体与晶体和玻璃体最大的不同点是可呈分散相和网状结构两种结构形式，分别称为溶胶和凝胶。溶胶失水后成为具有一定强度的凝胶结构，可以把材料中的晶体或其他固体颗粒黏结为整体，如气硬性胶凝材料水玻璃和硅酸盐水泥石中的水化硅酸钙与水化铁酸钙都呈胶体结构。

（三）材料的宏观结构

宏观结构（亦称构造）是指用放大镜或直接用肉眼即可分辨的结构层次。

1.按孔隙尺寸分类

按孔隙尺寸可分为以下3种结构：

（1）致密结构。如金属、玻璃、致密的天然石材等。

（2）微孔结构。如水泥制品、石膏制品及烧土制品等。

（3）多孔结构。如加气混凝土、泡沫塑料等。

2.按构成形态分类

按构成形体可分为以下几种结构：

（1）聚集结构。如水泥混凝土、砂浆、沥青混凝土、塑料等，这类材料是由填充性的集料被胶结材料胶结聚集在一起而形成的。其性质主要取决于集料及胶结材料的性质以及结合程度。

（2）纤维结构。如木材、玻璃纤维、矿棉等，这类材料的性质与纤维的排列秩序、疏密程度等密切相关。

（3）层状结构。如胶合板、纸面石膏板等，这类材料的性质与叠合材料性质及胶合程度有关。往往是各层材料在性质上有互补关系，从而增强了整体材料的性质。

（4）散粒结构。如砂、石及粉状或颗粒状的材料（粉煤灰、膨胀珍珠岩等）。它们的颗粒形状、大小以及不同尺寸颗粒的搭配比例对其堆积的疏密程度有很大影响。

材料的宏观构造对材料的工程性质如强度、抗渗性、抗冻性、隔热性能、吸声性能等都有显著影响。若组成和微观结构相同，宏观构造不同的材料会具有不同的工程性质，如玻璃砖与泡沫玻璃具有不同的使用功能；若组成和微观结构不同，但只要宏观结构相同，也可有相似的工程性质，如泡沫玻璃与泡沫塑料都可以作为绝热材料。

（四）建筑材料的孔隙

材料实体内部和实体间常常部分被空气所占据，一般称材料实体内部被空气所占据的空间为孔隙，而材料实体之间被空气所占据的空间称为空隙。孔隙状况对建筑材料的各种基本性质具有重要的影响。

孔隙一般由材料自然形成或人工制造过程中各种内、外界因素导致而产生，其主要形成原因有水的占据作用（如混凝土、石膏制品等）、火山作用（如浮石、火山渣等）、外加剂作用（如加气混凝土、泡沫塑料等）、焙烧作用（如陶粒、烧结砖等）等。

材料的孔隙状况由孔隙率、孔隙连通性和孔隙直径三个指标来说明。

孔隙率是指孔隙在材料体积中所占的比例。一般孔隙率越大，材料的密度越小、强度越低、保温隔热性越好、吸声隔声能力越高。

孔隙按其连通性可分为连通孔和封闭孔。连通孔是指孔隙之间、孔隙和外界之间都连通的孔隙（如木材、矿渣）；封闭孔是指孔隙之间、孔隙和外界之间都不连通的孔隙（如发泡聚苯乙烯、陶粒）；介于两者之间的称为半连通孔或半封闭孔。一般情况下，连通孔对材料的吸水性、吸声性影响较大，而封闭孔对材料的保温隔热性能影响较大。

孔隙按其直径的大小可分为粗大孔、毛细孔、极细微孔三类。粗大孔指直径大于mm级的孔隙，其主要影响材料的密度、强度等性能。毛细孔是指直径在μm～mm级的孔隙，这类孔隙对水具有强烈的毛细作用，主要影响材料的吸水性、抗冻性等性能。极细微孔的直径在μm以下，其直径微小，对材料的性能反而影响不大。矿渣、石膏制品、陶瓷马赛克分别以粗大孔、毛细孔、极细微孔为主。

二、材料的基本物理性质

（一）建筑材料与质量有关的性质

1.材料的密度

（1）密度。

材料的密度是指材料在绝对密实状态下单位体积的质量，按下式计算：

$$\rho = \frac{m}{V} \tag{2-1}$$

式中，ρ 为密度（g/cm^3或kg/m^3）；m为干燥状态下材料的质量（g或kg）；V 为材料的绝对密实体积（cm^3或m^3）。

“材料的绝对密实体积”是材料体积内固体物质所占的体积，是不包括孔隙在内的体积。

建筑材料中除了少数材料（如玻璃、钢材等）接近绝对密实状态以外，大多数材料都含有一定量的孔隙。在测定这些材料的密度时，必须将其磨细至粒径小于0.2 mm，以排除内部的孔隙，经干燥后用李氏密度瓶测定其体积。对于某些较为致密但形状不规则的材料，可以不经过磨细直接排水测得体积，计算得到的密度称为视密度。

（2）表观密度。

表观密度是指材料在自然状态下单位体积的质量，按下式计算：

$$\rho_0 = \frac{m}{V_0} \tag{2-2}$$

式中，ρ_0 为材料的表观密度（g/cm^3或kg/m^3）；V_0 为材料的表观体积（cm^3或m^3）；V_0 是指材料在自然状态下的体积，简称自然体积或表观体积，包括材料的固体体积 V 和孔隙体积 V_p（孔隙包括开口孔隙和闭口孔隙）之和。

有的材料（如砂、石子）在拌制混凝土时，因其内部的开口孔隙被水占据，材料体积只包括材料实体积及其闭口体积（以 V' 表示）。为了区别这两种情况，常将包括所有孔隙在内的密度称为表观密度；把只包括闭口孔隙在内的密度称为视密度，用 ρ' 表示，即 $\rho' = \frac{m}{V_0'}$。

由于材料含有水分时，其质量及体积均会发生改变，故在测定材料的表观密度时，须注明其含水状态。通常，材料的表观密度是指材料在气干状态（长期在空气中的干燥状态）下的表观密度。

（3）堆积密度。

堆积密度是指散粒状或粉末状材料，在自然堆积状态下（含颗粒间空隙体积）单位体积的质量，按下式计算：

$$\rho_0' = \frac{m}{V_0'} \tag{2-3}$$

式中，ρ_0'为材料的堆积密度（g/cm³或kg/m³）；V_0'为材料的堆积体积（cm³或m³）；V_0'是指材料在自然堆积状态下的体积，包括固体颗粒体积（V）和孔隙体积（V_p）以及颗粒之间的空隙体积（V_p'）。

在实际工程中，利用堆积密度可以计算材料的空隙率和砂石等散粒状材料的堆放空间。

材料的堆积密度大小取决于散粒材料的表观密度、含水率及堆积的疏密程度。按照装填的疏密程度可分为自然堆积（松堆积）状态和紧密堆积状态两种。在自然堆积状态下称为松堆积密度，在振实、压实状态下称为紧堆积密度。

2.自然状态下，材料的密实程度

（1）密实度。

密实度是指在材料体积内，被固体物质充实的程度。以D表示，即

$$D = \frac{V}{V_0} \cdot 100\% \text{ 或 } D = \frac{\rho_0}{\rho} \cdot 100\% \tag{2-4}$$

（2）孔隙率。

孔隙率是指在材料体积内，孔隙体积所占的比例。以P表示，即

$$P = \frac{V_0 - V}{V_0} \cdot 100\% = \left(1 - \frac{\rho_0}{\rho}\right) \cdot 100\% \tag{2-5}$$

可见，$D + P = 1$。

开口孔隙率（P_K）是指在常温常压下能被水所饱和的孔体积（开口孔体积V_K）与材料的体积之比，即

$$P_K = \frac{V_K}{V_a} \cdot 100\% \tag{2-6}$$

闭口孔隙率（P_B）是总孔隙率（P）与开口孔隙率（P_K）之差，即

$$P_B = P - P_K \tag{2-7}$$

3.散粒状材料在堆积体积内的疏密程度

空隙率是用来评定颗粒状材料在堆积体积内疏密程度的参数。它是指在颗粒状材料的堆积体积内，颗粒间空隙体积所占的比例。以P'表示，即

$$P' = \frac{V_0' - V'}{V_0'} \cdot 100\% = \left(1 - \frac{\rho_0'}{\rho}\right) \cdot 100\% \tag{2-8}$$

式中，V_0 为材料所有颗粒体积之总和，单位为m^3；ρ_0 为材料颗粒的体积密度，单位为kg/m^3。

（二）材料与水有关的性质

1.亲水性和憎水性

润湿就是水被材料表面吸附的情况，它和材料本身的性质有关。如材料分子与水分子间的相互作用力大于分子本身之间的作用力，则材料表面能被水所润湿。此时，在材料、水和空气三相的交点处，沿水滴表面所引的切线与材料表面所成的夹角（称润湿角）$\theta \leqslant 90°$，这种材料称亲水材料。

大多数建筑材料，如天然石材、砖、混凝土、钢材、木材等都属于亲水材料。憎水材料有沥青、某些油漆、石蜡等。憎水材料不仅可作防水材料用，而且可用于处理亲水材料的表面，以降低其吸水性，提高材料的防水、防潮性能。

2.吸水性和吸湿性

（1）吸水性。

材料能在水中吸收水分的性质称为吸水性。吸水性的大小用吸水率表示。吸水率按下式计算：

$$W=\frac{m_1-m}{m}\times 100\% \tag{2-9}$$

式中，W 为材料的重量吸水率（%）；m 为材料在干燥状态下的质量；m_1 为材料在吸水饱和状态下的质量。

材料的吸水性不仅取决于材料本身是亲水的还是憎水的，也与其孔隙率的大小及孔隙特征有关。如果材料具有细微而连通的孔隙，其吸水率就大。若是封闭孔隙，水分就难以渗入。粗大的孔隙，水分虽然容易渗入，但仅能润湿孔壁表面，而不易在孔隙内存留，所以有封闭或粗大孔隙的材料，它的吸水率是较低的。

（2）吸湿性。

材料不但能在水中吸收水分，也能在空气中吸收水分，所吸水分随空气中湿度的大小而变化。材料在潮湿空气中吸收水分的性质称为吸湿性。材料孔隙中含有水分时，则这部分水的质量与材料质量之比的百分数叫作材料的含水率。与空气湿度达到平衡时的含水率称为平衡含水率。木材吸收空气中的水分后，会降低强度，增加表观密度，导致体积膨胀。绝热材料吸收水分后，导热性能提高，绝热性能降低。

3.耐水性

材料长期在饱和水作用下不破坏，强度也无显著降低的性质称为耐水性。随着含水量的增加，由于材料内部分子间的结合力减弱，强度会有不同程度的降低。如花岗岩长期浸泡在水中，强度将降低3%左右；而普通黏土砖和木材所受的影响更为明显。材料的耐水性用软化系数表示：

$$软化系数=\frac{材料在吸水饱和状态下的抗压强度}{材料在干燥状态下的抗压强度}$$

软化系数的范围波动在0～1。位于水中和经常处于潮湿环境中的重要构件，须选用软化系数不低于0.75的材料。软化系数大于0.80的材料，通常认为是耐水的。

4.抗渗性

在压力水作用下，材料抵抗水渗透的性能称为抗渗性（或不透水性）。抗渗性的高低与材料的孔隙率及孔隙特征有关。绝对密实或具有封闭孔隙的材料，实际上是不透水的。此外，材料毛细管壁的亲水性或憎水性对抗渗性有一定的影响。

地下建筑、基础、管道等经常受到压力水或水头差的作用，所用材料应具有一定的抗渗性。各种防水材料对抗渗性均有要求。

5.抗冻性

抗冻性是材料在吸水饱和状态下，能经受多次冻结和融化作用（冻融循环）而不破坏，强度也无显著降低的性质。以试件能经受的冻融循环次数表示材料的抗冻等级。

冰冻对材料的破坏作用是由于材料孔隙内的水结冰时体积膨胀而引起的。材料抗冻性的高低取决于材料的吸水饱和程度和材料对结冰时体积膨胀所产生的压力的抵抗能力。

抗冻性良好的材料，对于抵抗温度变化、干湿交替等风化作用的性能也强。所以，抗冻性常作为矿物材料抵抗大气物理作用的一种耐久性指标。处于温暖地区的建筑物，虽无冰冻作用，为抵抗大气的风化作用，确保建筑物的耐久性，对材料往往也提出一定的抗冻性要求。

三、材料的力学性质

（一）材料的强度

材料在外力（荷载）作用下，抵抗破坏的能力称为强度。材料的强度是通过对标准试件在规定的实验条件下的破坏试验来测定的。根据受力方式不同，可分为抗压强度、抗拉强度、抗剪强度及抗弯强度等。

材料的强度主要取决于材料成分、结构及构造。不同种类的材料，其强度不同；即使是同类材料，由于组成、结构或构造的不同，其强度也有很大差异。疏松及孔隙率较大的材料，其质点间的联系较弱，有效受力面积减小，孔隙附近产生应力集中，故强度低。某些具有层状或纤维状构造的材料在不同方向受力时所表现强度性能不同，即所谓各向异性。

（二）材料的弹性和塑性

弹性和塑性是材料的变形性能，它们主要描述的是材料变形的可恢复特性。

弹性是指材料在外力作用下发生变形，当外力解除后，能完全恢复到变形前形状的性质，这种变形称为弹性变形或可恢复变形。

塑性是指材料在外力作用下发生变形，当外力解除后，不能完全恢复原来形状的性质。这种变形称为塑性变形或不可恢复变形。

完全弹性的材料实际是不存在的，大部分材料是弹性、塑性分阶段发生的。

（三）脆性和韧性

当材料受力达到一定程度后，突然破坏，而破坏时并无明显的塑性变形，材料的这种性质称为脆性。其特点是材料在外力作用下接近破坏时，变形仍很小。脆性材料的抗拉强度比抗压强度往往要低很多，仅为抗压强度的1/50～1/5。所以，脆性材料主要用于承受压力。

砖、石材、陶瓷、玻璃、普通混凝土、普通灰铸铁等都属于脆性材料。

在冲击或动力荷载作用下，材料能吸收较大的能量，同时也产生较大的变形而不致破坏的性质称为韧性（冲击韧性）。以材料破坏时单位面积所消耗的功表示。

脆性材料的冲击韧性很低。而钢材、木材属于韧性材料。钢材的抗拉和抗压强度都很高，它既适用于承受压力，也适用于承受拉力及弯曲。

（四）材料的硬度和耐磨性

硬度是指材料表面耐较硬物体刻划或压入而产生塑性变形的能力。木材、金属等韧性材料的硬度，往往采用压入法来测定。压入法硬度的指标有布氏硬度和洛氏硬度，它等于压入荷载值除以压痕的面积或密度。而陶瓷、玻璃等脆性材料的硬度往往采用刻划法来测定，称为莫氏硬度，根据刻划矿物（滑石、石膏、磷灰石、正长石、硫铁矿、黄玉、金刚石等）的不同分为10级。

耐磨性是指材料表面抵抗磨损的能力，用磨损率表示，它等于试件在标准试验条件下磨损前后的质量差与试件受磨表面积之商。磨损率越大，材料的耐磨性越差。

四、材料的耐久性

材料在使用环境中，在多种因素作用下能经久不变质，不破坏而保持原有性能的能力称为耐久性。

材料在环境中使用，除受荷载作用外，还会受周围环境的各种自然因素的影响，如物理、化学及生物等方面的作用。

物理作用包括干湿变化、温度变化、冻融循环、磨损等，都会使材料遭到一定程度的破坏，影响材料的长期使用。

化学作用包括受酸、碱、盐类等物质的水溶液及有害气体作用，发生化学反应及氧化作用、受紫外线照射等使材料变质或遭损。

生物作用是指昆虫、菌类等对材料的蛀蚀及腐朽作用。

实际上，影响材料耐久的原因是多方面因素作用的结果，即耐久性是一种综合性质。它包括抗渗性、抗冻性、抗风化性、耐蚀性、耐老化性、耐热性、耐磨性等诸方面内容。

不同种类的材料，其耐久性的内容各不相同。无机矿质材料（如石材、砖、混凝土等）暴露在大气中受风吹、日晒、雨淋、霜雪等作用产生风化和冻融，其主要表现为抗风化性和抗冻性，同时有害气体的侵蚀作用也会对上述破坏起促进作用；金属材料（如钢材）主要受化学腐蚀作用；木材等有机材料常因生物作用而遭损；沥青、高分子材料在阳光、空气、热的作用下逐渐老化等。

处在不同建筑部位及工程所处环境不同，其材料的耐久性也具有不同的内容，如寒冷地区室外工程的材料应考虑其抗冻性；处于有压力水作用下的水工工程所用材料应有抗渗性的要求；地面材料应有良好的耐磨性等。

为了提高材料的耐久性，首先应努力提高材料本身对外界作用的抵抗能力（提高密实度改变孔结构，选择恰当的组成原材料等）；其次，可用其他材料对主体材料加以保护（覆面、刷涂料等）；最后，应设法减轻环境条件对材料的破坏作用（对材料处理或采取必要的构造措施）。

对材料耐久性能的判断应在使用条件下进行长期的观察和测定。但这需要很长时间。通常是根据使用要求进行相应的快速试验如干湿循环、冻融循环、碳化、化学介质浸渍等，并据此对耐久性作出评价。

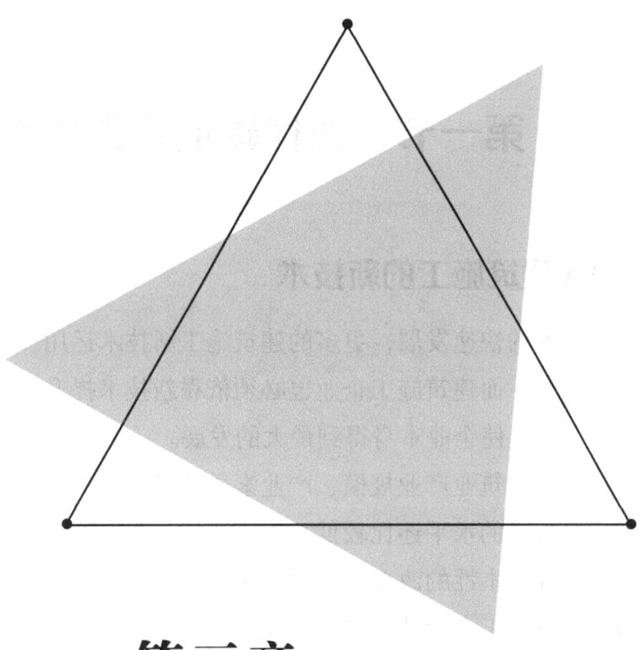

第三章

现代建筑施工技术

第一节 现代建筑施工基本理论

一、现代建筑施工的新技术

随着科学技术的快速发展，更多的建筑施工新技术运用在现代建筑施工中，推进了建筑施工水平的提升，而建筑施工企业也必须依靠新技术提升自身竞争力，在日益激烈的竞争中占有一席之地，使企业本身得到最大的发展。

近年来，随着建筑业产业规模、产业素质的发展和提高，我国建筑业取得不错成绩。但目前我国建筑技术的水平还比较低，建筑业作为传统的劳动密集型产业和粗放型经济增长方式，没有得到根本性的改变。在建筑工程领域加快科技成果转化，不断提高工程的科技含量，全面推进施工企业技术进步，促进建筑技术整体水平提高的唯一途径就是紧跟科技进步，将先进、可靠的新技术广泛地应用到工程中。

（一）我国当前建筑施工新技术

随着科学技术的不断发展，建筑施工技术也得到了不断提升，由原来单一的技术发展成多元化的施工技术，已经达到一个比较成熟的水平。尤其是近年来科学技术日新月异的发展，新的施工技术、新工艺、新设备不断涌现出来，使原来很多的难题都迎刃而解。

新的施工技术使施工成本大大降低，增加了单位时间能够完成的工作量；工程施工的安全度大大提升，将施工风险降低了更低的程度。目前，建设部推广的一些新技术，如深基坑支护技术、高强高性能混凝土技术、高效钢筋和预应力混凝土技术、建筑节能和新型墙体运用技术、新型建筑防水和塑料管运用等技术已经广泛应用于建筑工程施工中。

（二）在建筑施工中施工新技术的地位

在面对客观世界的复杂性时，需要考虑多种因素，综合应用多门学科的知识，采取可靠和经济的方法，寻求最佳的解决方案。由于自然资源是有限的，除了要有效节约利用现有资源外，还必须不断开发新的自然资源或利用新资源的技术，要充分重视与自然界和环境的协调友好，功利当代，造福子孙，实现可持续发展。现代工程与人类社会关系密切，与人类生存休戚相关，施工新技术问题的解决还应借助有关社会科学的知识。科学的成就往往不能一出现就得到应用，必须通过施工新技术转化为直接的社会生产力，才能创造出满足社会需要的物质财富。在建筑工程中使用新技术就是将技术科学运用到实际情况中，是创造社会财富的过程，也是施工企业提高经济效益的重要手段。

（三）当前施工新技术在建筑工程中的应用举例

1.当前建筑施工中防水新技术的应用

防水技术的根本实质就是指防水渗漏和有害性裂缝的防控技术，在实际操作中，必须坚持“质量第一，兼顾经济”的设计原则，选择最佳的防水材料，采用最合适的防水施工工艺。

一是从屋面防水工程来看，可以采用聚合物水泥基复合涂膜技术，采用此新技术必须做好基层处、板缝处和节点处的处理。

二是在进行塔楼及裙楼屋面施工时，应该采用多次涂布的方式进行涂膜，待第一次涂抹的涂料完全干燥变成膜之后，再进行第二遍涂料的涂布施工。涂料的铺设方向应该是互相垂直的，在最上面涂层进行施工时，应该严格控制涂层的厚度，其厚度必须大于1 mm，在涂膜防水层的收头处，必须多涂抹几遍，以防止发生流淌、堆积等问题。

三是在进行外墙防水施工时，为了严防抹灰层出现开裂和空鼓的问题，可以充分发挥加气砼砖墙的优势，在抹灰之前可以用钢丝网将两种材料隔离起来。在固定好钢丝网之后，再处理基面，将108胶水（20%）与水泥（15%）掺和起来，调配成浆体进行涂刷，待处理好基面后，再做抹灰层的施工。进行砌筑时，不可直接将干砖或含水过多的砖投入使用，不得采用随浇随砌的方式。

2.当前建筑施工中大体积混凝土技术的应用

大体积混凝土技术是一种新型的建筑施工技术，在当前的建筑工程中得到了广泛的应用，在进行大体积混凝土施工时，其中的水泥用量比较多。因此，其水化热作用十分强烈，混凝土内部温度会急剧升高。当温度应力超过极限时，就会致使混凝土产生裂缝。必须对混凝土浇筑的块体大小进行严格控制，切实有效地控制水化热而导致的温升问题，尽可能缩小混凝土块体里面与外面的温度差距。在具体施工中，应该根据实际情况以及温度应力进行计算，再考虑采用整浇或是分段浇筑，然后，做好混凝土运输、浇筑、振捣机械及劳动力相关方面的计算。

3.当前建筑施工中钢筋连接施工技术的应用

钢筋连接施工中有需要规范的问题，比如机连接、焊接，接头面积百分率按受拉区不

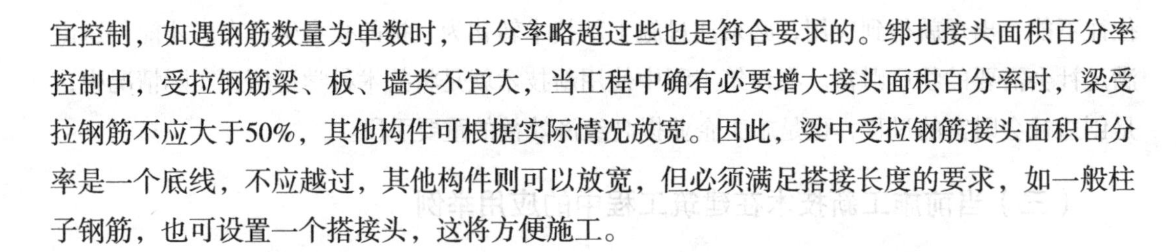
宜控制，如遇钢筋数量为单数时，百分率略超过些也是符合要求的。绑扎接头面积百分率控制中，受拉钢筋梁、板、墙类不宜大，当工程中确有必要增大接头面积百分率时，梁受拉钢筋不应大于50%，其他构件可根据实际情况放宽。因此，梁中受拉钢筋接头面积百分率是一个底线，不应越过，其他构件则可以放宽，但必须满足搭接长度的要求，如一般柱子钢筋，也可设置一个搭接头，这将方便施工。

（四）现代建筑施工新技术的发展趋势

以最小的代价谋求经济效益与生态环境效益的最大化，是现代建筑技术活动的基本原则。在这一原则的规范下，现代建筑技术的发展呈现出一系列重要趋势，剖析和揭示这些发展趋势有助于认识和推动建筑技术的进步。

1.建筑施工技术向高技术化发展

新技术革命成果向建筑领域的全方位、多层次渗透，是技术运动的现代特征，是建筑技术高技术化发展的基本形式。这种渗透推动着建筑技术体系内涵与外延的迅速拓展，出现了结构精密化、功能多元化、布局集约化、驱动电力化、操作机械化、控制智能化、运转长寿化的高新技术化发展趋势。建材技术向高技术指标、构件化、多功能建筑材料方向发展，在这种发展趋势中，工业建筑的施工技术也随之向着高科技方向发展，利用更加先进的施工技术，使整个施工过程合理化、高效化是工业建筑施工的核心理念。

2.建筑施工技术向生态化发展

生态化促使建材技术向着开发高质量、低消耗、长寿命、高性能、生产与废弃后的降解过程对环境影响最小的建筑材料的方向发展；要求建筑设计目标、设计过程及建筑工程的未来运行，必须考虑对生态环境的消极影响，尽量选用低污染、耗能少的建筑材料与技术设备，提高建筑物的使用寿命，力求使建筑物与周围生态环境和谐一致。在这样的趋势下，建筑的灵活性将成为工业建筑施工技术首要考虑的问题，在使用高科技材料的同时也要有助于周围生态的和谐发展，建筑使用价值结束后建筑本身对周围环境的影响也要在建筑施工的考虑之中。

3.建筑施工技术向工业化发展

工业化是现代建筑业的发展方向，它力图把互换性和流水线引入建筑活动，以标准化、工厂化的成套技术改造建筑业的传统生产方式。从建筑构件到外部脚手架等都可以由工业生产完成，标准化的实施带来建筑的高效率，为今后工业建筑施工技术的统一化提供了可能。

总之，现代施工新技术不断应用，对工程质量、安全都起到积极作用。因此，施工企业要充分认识到建筑施工技术创新的重要性和必要性，重视施工新技术的应用，让企业更快更好地发展。

二、现代建筑施工技术的特点

建筑业是一个古老的行业。及至现代，建筑业更成为社会进步的标志性产业。我国是人口大国，建筑业在我国发展迅速，施工技术日新月异。新技术的研发和应用是建筑企业和相关单位共同关注的问题，许多先进的技术已被我国采纳，并在实际应用中得到了实惠。新技术的应用不但提高了工程的质量，而且节约了建筑施工所消耗的资源，从而降低了工程所需成本。下面从我国建筑业的基本情况出发，分析施工过程中的相关问题，通过引进新技术来提高我国施工技术的水平，从而加速我国建筑业的发展，提高施工效率和经济效益。

（一）现阶段的建筑技术水平概述

近年来，随着城市化进程的不断加快，我国建筑业发展迅速。许多新型建筑技术被应用于施工中，并在使用过程中得到了发展和创新，同时也总结出许多宝贵经验。然而，新型建筑技术的推广在我国仍不广泛，简单分析原因有如下3点：①大多数建筑企业规模较小，缺乏必要的资金引进先进的技术和设备；②部分单位的技术人员业务能力相对较低，对新技术不能很好地理解和掌握，使新技术在施工中得不到充分运用；③一些单位对新技术不够重视，国家缺乏相关管理部门进行管理和推广。针对我国现有建筑业的实际发展情况，国家一定要充分重视新型施工技术的推广，让建筑行业充分认识到新技术的优越性：节约资源，节省工时，提高质量。因此，引进新技术是建筑行业发展的必然需求，是提高建筑企业竞争力的必然需要。

桩基技术：①沉管灌注桩。在振动、锤击沉管灌注桩的基础上，研制出新的桩型，如新工艺的沉管桩、沉管扩底桩（静压沉管夯扩灌注桩和锤击振动沉管扩底灌注桩）、直径500 mm以上的大直径沉管桩等。先张法预应力混凝土管桩逐步扩大应用范围，在防止由于起吊不当、偏打、打桩应力过高、挤土、超静水压力等原因而产生的施工裂缝方面，研究出了有效的措施。②挖孔桩。近年来已可开挖直径3.4 m，扩大头直径达6 m的超大直径挖孔桩。在一些复杂地质条件下，亦可施工深60 m的超深人工挖孔桩。③大直径钢管桩。在建筑物密集地区的高层建筑中应用广泛，有效防止挤土桩沉桩时对周围环境产生的影响。④桩检测技术。桩的检测包括成孔后检测和成桩后检测。后者主要是动力检测，我国检测的软硬件系统正在赶上或达到国际水平，已编制了“桩基低应变动力检测规程”和“高应变动力试桩规程”等，对桩的检测和验收起到指导作用。

混凝土工程技术：建筑施工过程中，混凝土技术占了较大的比例，对建筑工程施工也有重要的影响。我国建筑施工中混凝土技术现状：①混凝土作为建筑工程主要材料之一，施工技术及质量都是建筑企业非常重视的问题，也是具有研究意义的课题。传统的混凝土技术主要以强度大为目标，但随着科学技术的进步，施工技术不断革新，混凝土材料不仅要求强度大，更要求持久耐用。高强高性能混凝土、混凝土原材料、预拌混凝土，这些材料的制作技术都必须得到进步，比如混凝土外加添加剂的性能，由原来的单纯减水剂发展到早强、微膨胀、抗渗、缓凝、防冻等，这样就有效提高了混凝土质量。预拌混凝土的出现，减少了材料消耗，降低施工成本，改善劳动条件，提高工程质量。②模板工程。模板在混凝土施工中起到重要作用，我国建筑施工行业的技师，以多年的建筑施工经验，研究出一些科学、先进的混凝土支模技术，如平模板、全钢模板、竖向模板，而且每种模板都有自身独特的优势，比如全钢模板独特的优势有成型质量好、刚度高、承载能力较强等。③加强技术管理，严格检验入场的原材料。原材料是混凝土的重要组成部分，因此，要加强对原材料的把关，检验人员要严格按照相关标准和相关资料进行验收，杜绝不达标的材料入场。同时，加强人员的技术管理，在混凝土施工中的每一个环节都要技术交底，且要在施工前完成。在施工完成后，要做技术总结工作，对施工过程中出现的各种问题、产生的各种现象进行深入分析和研究，提出解决方案和措施。

（二）新技术在节约施工成本方面的作用

要想节约施工成本，就一定要熟悉施工过程中的所有环节。其内容包括采用技术及设备、设计方案和材料选取等。由此看出工程施工是一个复杂的工作，它需要各个环节的相互配合才能顺利完成。建筑物的顺利竣工，需要考虑以上所有因素。下面简单介绍一些工程施工过程中的主要方法。

合理调配施工中的人力资源。施工开始时，首先是提供施工地点，其次是组织人员合理开工。从这里可以发现，施工地点是固定不变的，而施工人数和材料设备是灵活多变的。因此，合理调配施工人员和材料设备是管理人员提高施工效率的重点。在一个特定区域进行施工时，要结合建筑物设计的特点，合理施工，合理调配资源，以投入最少的资源来达到最理想的目标，由此来避免施工过程中造成的资源浪费、人员闲置、秩序混乱等问题，从而在保证施工质量的基础上，使整个施工过程合理有序。

建筑物在不同地区其施工要求有所差异，不同的地域都有代表当地文化特色的建筑物。所以，不同地区的建筑施工也会大相径庭。不同类型的建筑要根据自身特点采用不同的施工方法及建筑材料进行施工。施工技术必须兼顾天时、地利、人和，因时、因地、因人制宜，充分认识主客观条件，选用最合适的方法，经过科学组织来实现施工。

施工过程中的多环节作业。施工过程是个多环节作业过程，其中涉及多个单位的共同合作，消耗的资源巨大，资金更是重中之重。施工过程的复杂性有以下几点：①工程施工需要政府支持，国家有关单位要监督和配合，为工程顺利施工提供必要的保障；②施工过程是一个复杂的过程，需要多个部门联合作业，环节众多，施工的复杂性是其重要的难题；③建筑企业要合理制订施工计划，合理调配人员和设备，在不影响工程质量的基础上，保证施工过程资源利用率最大化。施工过程虽是一个多环节作业过程，但充分做好这几点，就为提高经济效益提供了前提条件。

施工方法的多样性。相同类型的建筑物施工方法各不相同，主要取决于施工技术及设备、设计方案、材料选取、天气情况和地理条件等。由此看出施工方法具有多样性的特点，这就要求我们在施工过程中做好资源整合，合理调配资源，选择符合施工要求的材料，选择合理的施工时间等。只有这样，才能保证工程质量，节约成本，提高经济效益。

加强安全管理，保证施工安全。施工管理也是提高施工质量，保证施工安全的重点。施工管理可以有效监督施工成本控制中各个环节的实际情况，可以根据实际情况进行合理控制，保证企业资金的合理运用。同时，有效的管理可以保证工作人员的安全，防止危险发生。因此，管理人员要定期进行培训，增强安全责任意识，以保证在现场监督过程中可以灵活解决各种问题，从而保证施工安全，提高施工质量。建筑企业也要引进先进的技术和设备，为安全施工提供保障，并制定施工安全制度，加大投入，提高安全生产率，建立健全施工安全紧急预案，以应对各类突发事件，保证人身安全及安全施工。

（三）施工过程中如何使用新技术

我国的建筑业发展迅速，所以，提高建筑企业的技术水平，提高施工质量是我们一直深入研究和急需解决的问题。新技术的应用和推广给建筑业带来了希望，并取得了一定的成效。新技术的应用主要体现在以下方面：

（1）施工过程信息化管理。信息技术应用贯穿整个施工过程是施工过程信息化的体现。施工过程中的信息多种多样，如施工材料、施工方案、建筑企业、施工人员和设备等。信息化的管理使这些信息为合理施工提供了依据，施工管理者通过信息管理平台获得可靠信息，加强对施工环节的管理，以此来提高施工技术，让整个施工过程更加明朗化。

（2）新型建筑材料的应用。建筑企业的合理用材是决定建筑企业经济效益的重要因素。因此，建筑材料的选取是建筑施工的重要环节。现今，大量新型材料被投入市场，如广西重点推广的10项新技术中的自隔热混凝土砌块、页岩烧结多孔砖、HRB400钢筋等，这些新型建筑材料的性能相对原有建筑材料都有所提高，而且更经济、更环保。新型建筑材料给建筑业带来了可观的经济效益，建筑企业对新型建筑材料的依赖性越来越高，这也加快了新型建筑材料产业的发展，可谓是互利共赢。

（3）机器人技术的开展。随着科技的不断进步，机器人逐步走进各个行业，并于多个行业中占据了不可替代的位置。建筑行业也不例外，机器人应用正在不断推广和实践，尤其在钢材喷涂和焊接技术中应用广泛。机器人具有其独特的特点：可靠性高，功能全面，可以完成高难度工作等。机器人技术攻克了许多技术难题，提高了施工的技术水平，给建筑施工带来了便利。然而，此项技术也有不足之处：机器人数量较少，投入成本较高，不是所有的建筑企业都可以使用。但随着科学的发展，这些问题终将解决。

（4）施工期间周边环境的保护。建筑业的产品是庞大的建筑物。随着城市化进程的加快，高楼大厦拔地而起，钢筋混凝土结构的高楼象征着社会的发展、国家的富强，同时，环保意识在人类的脑海里也不断增强。在国家大力提倡可持续发展的今天，建筑企业在施工过程中应坚持保护施工周边的环境，选用先进施工设备，减少噪声污染，运用先进技术合理处理建筑废料，以此避免对生态环境造成不必要的破坏和影响。

随着国民经济与建筑业的发展，我国的建筑企业已经采用了新型的施工技术，提高了施工队伍的技术水平，完善了施工的质量管理。但是，绝大多数建筑企业对新技术应用的认识还不够，新技术的应用效率还很低，这就需要国家加强监督和管理，需要相关部门培训和指导，从而让新技术在建筑领域得到应用和推广，为建筑企业乃至整个建筑业创造更多的经济效益，为各地区的经济发展做出贡献。

第二节　现代建筑工程施工技术

一、高层建筑工程施工技术

深入分析高层建筑的实际施工，可以发现，高层建筑的建设难度是很大的，因为高层建筑的整体结构更加复杂，平面及立面的形式也更加多样，并且施工现场的面积又不够开阔，且现今人们不仅对建筑工程的整体质量有了更高的要求，还要求建筑工程的外表更加美观，上述这一系列问题的存在使高层建筑工程的施工难度不断增加。建筑施工企业要不断提高自己的施工水平，才能保证建筑工程的整体质量，才能在激烈的市场竞争中取得立足之地。除此之外，建筑企业的设计工作者和施工者还必须根据实际的施工状况及使用者对于工程的要求，确定高效可行的施工方案，并积极引入先进的技术、工艺，还要严格地进行施工现场的管理工作。

（一）高层建筑工程施工技术的特点

1.工程量大

在高层建筑施工过程中，其建筑物规模都较为巨大，建筑工人的工程量便会增多，工程承包方便需要聘用更多的施工人员、引进更多的施工机械。高层建筑物不仅工程量大，而且施工过程中存在较大的难度。在整体的施工过程中，建筑施工人员需不断进行一定的整合与创新，一方面对建筑物进行施工，另一方面涉及工程施工的具体流程进行优化，全体施工人员面临巨大的挑战。

2.埋置深度大

对于高层建筑而言，其需具有一定程度的稳固性，避免出现坍塌的危险。在风力大的区域进行施工的过程中，施工人员更需注重建筑楼层的稳定性，保障人民群众的生命安全不会受到侵害。为使高层建筑的稳定性得到相应程度的保障，施工人员便需对建筑物的埋置深度进行合理的把控。在埋置的过程中，施工人员的地基深度需不小于建筑物整体高度的1/12，建筑楼层的桩基需不小于建筑楼层整体高度的1/15。此外，在建筑的过程中，施工人员需至少修建一个地下室，当发生安全问题的时候，现场施工人员能够进行逃生，使危险系数降低。

3.施工过程长

在高层建筑工程的施工过程中，其工程量巨大，便需花费较多的时间进行工程施工，工程周期较短的需要几个月，较长的则需要几年。施工承包方为了获得较大的经济效益，会将工程施工周期进行相应的缩短，但其需要对工程的安全性提供一定程度的保障，在此前提下，再将工程进行相应的优化。为了使工程施工周期得到相应程度的缩短，工程承包方需对施工过程的整体流程进行相应的把控。对于交叉施工的环节，施工承包方更需进行合理的调控，使施工周期得到一定程度的缩短。

（二）高层建筑工程施工技术分析

1.结构转层施工技术

在高层建筑工程施工的过程中，施工人员需对建筑顶端轴线位置进行相应的调控，对上部顶端轴线位置的要求较小，而对于下部建筑物轴线的位置要求较高，施工人员需进行较大的调整。此种要求与施工人员建筑过程中的技术要领是一种相反的状态，在此种情况下，便使建筑工程施工技术与实际应用过程存在一定程度的差距，需运用特殊的工法进行房屋建筑工程的修建。在建筑施工的过程中，建筑人员需对楼层设置相应的转换层。在此种结构模式中，当发生地震的时候，楼层的抗震性便能得到相应程度的增强。此外，在建筑的过程中，建筑人员需对楼层的结构转换层的高度进行一定程度的限制，在合适的高度基础上，楼层的安全性才能得到相应程度的保障。

2.混凝土工程施工技术

在施工的过程中，施工人员需使用混凝土进行工程的建设。因此，施工人员需对混凝土质量进行严格的把控，在混凝土质量检验的过程中，需遵照相应的标准，看其是否具有较大的抗压性能，是否适应建筑工程施工技术的要求。在工程开展前，相应人员应对水泥标号开展相应程度的审查，避免出现较多的错误。此外，水泥与水需对水灰比进行合理的调配，在施工人员运用合理调配比例的情况下，才能确保工程施工的合理开展，工程混凝土施工技术得到相应程度的保障，在运用恰当比例配合的过程中，混凝土施工技术将得到更大程度的发展，从而确保工程的精细化施工。在混凝土施工过程中，需根据不同楼层的建筑面积确定不同的混凝土调配比例，从而使工程施工技术得到更大的发展。对于商场等特大建筑层，便需要施工人员进行较多的水凝土调配，在精准计划调配的基础上，保障高层建筑工程顺利施工。

3.后浇带施工技术

在高层建筑的主楼与裙房间具有相应的后浇带。在实际生活中，当施工人员进行工程建筑施工的时候，会将主楼与裙房之间进行相应程度的连接，在连接的过程中，施工人员会使主楼处于中央的位置，裙房围绕主楼进行相应程度的环绕，主楼与裙房应进行一定程度的分开。在运用变形缝的基础上，会使高层建筑的整体布局发生相应程度的改动。为了使此类问题得到相应程度的缓解，施工人员便需运用后浇带施工技术，使高层建筑处于稳固的状态中，使其不会出现相应程度的沉降危险，工程施工进度得到相应程度的保障。后浇带技术是一门新颖的技术，能适应高层建筑工程不断发展的步伐。

4.悬挑外架施工技术

在脚手架搭建的过程中，在建筑物外侧立面全高度和长度范围内，随横向水平杆、纵向水平杆、立杆同步按搭接连接方式连续搭接与地面成45°～60° 范围内的夹角。此外，对于长度为1 m的接杆应运用5根立杆的剪刀撑进行一定程度的固定，而对于剪刀撑的固定则应运用3个旋转的组件。在不断搭建的过程中，旋转部位与搭建杆之间应保持一定程度的距离，距离以0.1 m为最佳范围，才能保证外架的稳定性。在高层建筑施工的过程中，当外架处于一种稳定的状态中，才能确保高层建筑工程施工的安全性。根据施工成本管理，低于10 m不是最佳搭设高度。按照扣件式钢管脚手架安全规范的要求，悬挑脚手架的搭设高度不得超过20 m，20.1 m为最佳搭设高度。在脚手架搭设的过程中，其脚手架的立杆接头处应采用对接扣件。在交错布置的过程中，相邻的立杆接头应处于不同跨内，错开的距离应至少为500 mm，且接头与主中心节点处应小于1/3。

在规范中以双轴对称截面钢梁做悬挑梁结构，其高度至少应为160 mm，且每个悬挑梁外应设置钢丝与上一层建筑物进行拉结，从而使其不参与受力计算。

总之，在高层建筑施工的过程中，施工承包方为使其建筑物的安全性得到一定程度的保障，要求施工人员对施工技术手段进行相应的调整。在不断调整的过程中，施工技术便能得到更大的发展，从而使高层建筑的施工质量得到相应程度的保障，人民处于安全的居住环境中，社会经济效益得到增长。

二、建筑工程施工测量放线技术

（一）概述

在建筑施工项目启动之后，首先要做的工作就是施工定位的放线，它对于保障整个工程施工的成功具有重要意义。在实际施工过程中，测量放线不仅要对施工进度的实时跟进，还要根据施工进度对设计标准和施工标准进行对比，及时改正施工误差，对建筑工程标准高度和平面位置进行测量。在每一个施工项目进行施工之前，不仅要对设计图纸进行反复的检验，还要对设计标准进行探究，分析保证每一个环节都达到设计标准。施工人员严格按照图纸要求，照样施工，把图纸上体现出来的各个细节全部在建筑物上展现。施工人员进行测量放样，如果要保证测量放线的可靠性和严谨性，就必须严格按照施工图纸进行施工，从而保证工程质量，降低返工率。如果在测量放线的过程中出现差错，必然会对施工项目的建设成果造成影响。在工程施工完成后，测量放线人员要根据竣工图进行竣工放线测量，从而对日后建筑可能出现的问题进行及时的维修工作。

（二）建筑工程施工测量的主要内容和准备工作

1.测量放线的主要施工内容

主要施工内容是按照设计方的图纸要求严格进行测量工作，为了方便后期对施工项目的查验，对前期的施工场地做好土建平面控制基线或红线、桩点、标好的防线和验收记录，对垫板组进行相应的设置，然后对基础构件和预件的标准高度进行测量，建立主轴线网，保证基础施工的每一个环节都做到严格按照图纸施工，先整体、后局部，高精度控制低精度。

2.测量之前的准备工作

（1）测量仪器具的准备。

严格按照国家有关规定，在钢框架结构中投入使用的计量仪器具必须经过权威的计量检测中心检测。在检测合格之后，填写相关信息的表格作为存档信息，应填写的表格有《计量测量设备周检通知单》《计量检测设备台账》《机械设备校准记录》《机械设备交接单》。

（2）测量人员的准备。

相关操作的测量人员的配备要根据测量放线工程的测量工作量及其难易程度来进行。

（3）主轴线的测量放线。

根据建立的土建平面控制网和测量方案，对整个工程的控制点进行相应的主轴线网的建立，并设置控制点和其余控制点。

（4）技术准备。

做到对图纸的透彻了解并且满足工程施工的要求，对作业内的施工成果进行记录，以便后期核查。

（三）测量放线技术的应用

在每一个施工项目之前对其进行定位放线是关乎工程施工能否顺利进行的重要环节。平面控制网的测放及垂直引测，标高控制网的测放及钢珠的测量校正都是为了确保施工测量放线的准确与严谨，而测量放线技术的掌控能力则是每一个技术管理人员必备的技能。

1.异形平面建筑物放线技术

在场面平整程度好的情况下，引用圆心，随时对其进行定位。如果在挖土方时，因为建筑物或土方的升高，出现圆心无法进行延高或者圆心被占时，就要对其垂直放线，进行引线的操作。这是异形平面建筑物最基本的放线技术，根据实际施工情况选择等腰三角形法、勾股定理法和工具法等相应地进行测量放线。将激光铅垂仪设置在首层标示的控制点上，逐一垂直引测到同一高度的楼层，布置 6 个循环，每 50 米为一段，避免测量结果的误差累计，确保测量过程的安全和测量结果的精准，做到高效且快速，保证测量达到设计标准。

2.矩形建筑放线技术

在矩形的建筑中，常常使用的测定方式有钉铁钉、打龙门桩和标记红三角标高，在垫层上打出桩子的位置且对四个角用红油漆进行相应的标注。通常要对规划设计人员在施工设计图中标注的坐标进行审核，根据实际的施工情况对其进行相应的坐标调整，减少误差，对建筑物的标高和主轴线进行相应的测量。

（四）视觉三维测量技术在测量放线中的应用

随着科技的不断发展，动态和交互的三维可视技术已被广泛地应用于对地理现象的演变过程的动态分析及模拟，在虚拟现实技术和卫星遥感技术中尤为明显。视觉三维测量技术就是把在三维空间中的一个场景描述映射到二维投影中，即监视器的平面上。在进行三维图像的绘制时，主要的流程大只就是将三维模型的外部用造型进行描述，大致逼近，从而在一个合适的二维坐标系中利用光照技术对每一个像素在可观的投影中赋予特定的颜色属性，显示在二维空间中，也就是将三维的数据通过坐标转换为二维的数据信息。

综上所述，建筑工程施工测量放线技术在施工之前及施工的过程中就被反复应用，关系到整个施工项目的成败，对施工质量管理起着重要的影响作用。随着建筑造型的多样变化，测量放线技术的难度日益增加，对每一个环节的应用都应进行分析探讨，严格按照指定的施工方案实施，从而保证工程施工的质量。

三、建筑工程施工的注浆技术

如今，随着时代的发展，建筑工程对于我国至关重要。而建筑工程是否优质，由注浆工作的优良决定。注浆技术就是将一定比例配好的浆液注入建筑土层，使土壤中的缝隙达到充足的密实度，起到防水加固的作用。注浆技术之所以被广泛运用到建筑行业，是因为其具有工艺简单、效果明显等优点，但将注浆技术运用到建筑行业中也遇到了大大小小的问题。

建筑工程繁杂，不仅包括建筑修建的策划，还包括建筑修建的工作，以及后面维修养护的工作。随着科技的飞速发展，建筑技术不断成熟，注浆技术也有一定程度的提升，而且可以更好地使用于建筑过程中。注浆技术运用于建筑工程中的主要优点就是：一定比例的浆料往往有很强的黏度，可以将土壤层的空隙紧密结合起来，填补土壤层的空隙，最终起到防水加固的作用。注浆技术在我国还处于初步发展阶段，需要我们进一步研究探索。

（一）注浆技术的基本概论

1.注浆技术原理

注浆技术的理论基础随着时代和科技的发展越来越完善，越来越适用于建筑工程中。注浆技术的原理简单，就是将有黏性的浆液通过特殊设备注入建筑土层，填补土壤层的空隙，提高土壤层的密实度，使土壤层的硬度及强度都能够得到一定程度的提升，这样当风雨来袭时，建筑能够有很好的防水基础。值得注意的一点是，不同的建筑需要配定不同比例的浆液，这样才可以很好地填充土壤层缝隙，起到防水加固的作用。如果浆液配定的比例不合适，注浆这一步工作就不能产生实际的作用，会造成工程量的增加，也浪费了大量的注浆资金。所以，在进行注浆工作前，要根据不同的建筑配备合理的浆液比例，这样才有利于后续注浆工作的进行。注浆设备也要进行定期的清理，不然在注浆的工程中，容易造成浆液的堵塞，而且当浆液凝固在注浆设备中，难以对注浆设备进行清理，容易造成注浆设备的报废，也将造成浆液资金的大量浪费。

2.注浆技术的优势

注浆技术虽然处于初步发展阶段，却已经广泛运用于建筑工程中，主要的原因是其具有三个优势：第一个优势是工艺简单；第二个优势是效果明显；第三个优势是综合性能好。注浆技术非常简单，就是将有黏性的浆液通过特殊设备注入建筑土层，填补土壤层的空隙，提高土壤层的密实度，使土壤层的硬度及强度都能够得到一定程度的提升。而且注浆技术可以在不同部位进行应用，这样就有利于同时开工，提高工作效率；注浆技术也可以根据场景（高山、低地、湿地、干地等）的变换而灵活更换施工材料和设备，比如在高地上可以更换长臂注浆设备，来满足不同场景下的施工需要。注浆技术的效果明显，相关人员通过合适的注浆设备进行注浆，用浆液填补土壤层的空隙，最后使建筑能够很好地防水和稳固，即使是洪水暴雨来袭，墙壁也不容易进水和坍塌。在现实生活中，注浆技术十分重要，因为在地震频发的我国，其可以有效地防止地震时建筑过早地坍塌，可以使人民有更多的逃离时间。综合性能好是注浆技术运用于建筑工程中明显的优点。注浆技术将浆液注入土壤层，能够很好地结合内部结构，不产生破坏，不仅可以很好地提升和保证建筑的质量，还可以延长建筑结构的寿命。正是这些优势，才使注浆技术在建筑工程中如此受欢迎。

（二）注浆技术的施工方法分析

1.高压喷射注浆法

高压喷射注浆法在注浆技术中是比较基础的一种技术。高压喷射注浆法最早不在我国运用，18世纪20年代日本就首先应用了高压喷射法，并且取得了一定的成就。后来我国引入高压喷射注浆法运用于建筑工程中，也取得了很好的结果，而且在使用的过程中，我国相关人员总结经验结合实例，对高压喷射注浆法进行了一定的改善，使其可以更好地运用在我国的建筑过程中。高压喷射注浆法主要运用于基坑防渗中，这样有利于基坑不被地下水冲击而崩塌，保证基坑的完整性和稳固性；而且高压喷射注浆法也适用于建筑的其他部分，不仅可以有效地进行防水，还进一步提高其稳定性。高压喷射注浆法比静压注浆法具有明显的优势，就是高压喷射注浆法可以适用于不同的复杂环境中，而静压注浆法主要只能应用于地基较软的环境。但静压注浆法可以对建筑周围的环境给予一定保护，而高压喷射注浆法不可以。

2.静压注浆法

静压注浆法主要应用于地基较软、土质较为疏松的情况。注浆的主要材料是混凝土，其自身具有较大的质量和压力，因而在地基的底层能够得到最大限度的延伸。混凝土凝结时间较短，在延伸的过程中，会因为受到温度的影响而直接凝固，但在实际的施工过程中，施工环境的温度局部会有不同，因而凝结的效果也大不相同。

3.复合注浆法

复合注浆法是由上文介绍的静压注浆法与高压喷射注浆法相结合的方法，同时具备了静压注浆法与高压喷射注浆法的优点，在应用范围上也更加广泛。在应用复合注浆法进行加固施工时，首先通过高压喷射注浆法形成凝结体，然后通过静压注浆法减少注浆的盲区，从而起到更好的加固效果。

（三）房屋建筑土木工程施工中的注浆技术应用

注浆技术在房屋建筑土木工程施工中也被广泛应用，主要运用在土木结构部位、墙体结构、厨房与卫生间防渗水中。土木结构部位包括地基结构、大致框架结构等，都需要注浆技术来进行加固。墙体一般会出现裂缝，如果每一条缝隙都需要人工来一条一条进行补充，不仅会加大工作压力，而且填补的质量得不到保证，这时就需要注浆技术来帮忙，通过将浆液注入缝隙，可以很好地进行缝隙的填补，既不破坏内部结构，也不破坏外部结构。人们在厨房与卫生间经常用水，所以厨房和卫生间一定要注意防水，而使用注浆技术能够很好地增加土壤层的密实度，提高厨房和卫生间的防渗水性。

土木结构部位的应用随着注浆技术的应用范围越来越广，其技术也越来越成熟，特别是由于注浆技术的加固效果，使各施工单位乐于在施工过程中使用注浆技术。土木结构是建筑工程中重要的一部分，只有结构稳固，才能保证建筑工程的基本质量。注浆技术能够对地基结构进行加固，其他结构部位也可利用注浆技术进行加固。在利用注浆技术对土木结构部位加固时，要严格遵守以下施工规范：施工时要用合理比例的浆液，而且要选择合适的注浆设备，这样才能事半功倍，保证土木结构的稳定性。

1.在墙体结构中的应用

墙体一旦出现裂缝就容易出现坍塌的现象，严重威胁着人民的安全。为此，需要采用注浆技术来有效加固房屋建筑的墙体结构，以防止出现裂缝，保证建筑质量。在实际施工中，应当采用黏接性较强的材料进行裂缝填补注浆，从而一方面填补空隙，另一方面增加结构之间的连接力。在注浆后还要采取一定的保护措施，才能更好地提高建筑的稳固性，保证建筑工程的质量。

2.厨房、卫生间防渗水应用

注浆技术在厨房、卫生间防渗水应用中使用最频繁。注浆技术主要为房屋缝隙和结构进行填补加固。厨房、卫生间是用水较多的区域，它们与整个排水系统相连接，如发生渗透现象将会迅速扩散渗透范围，严重的会波及其他建筑部位，最终发生坍塌的严重后果。因此，解决厨房、卫生间防渗水问题，保证人民的人身安全时，要采用环氧注浆的方式：首先切断渗水通道，开槽完后再对其注浆填补，完成对墙体的修整工作。

综上所述，注浆技术是建筑工程中不可缺少且至关重要的技术，不仅可以加固建筑，还可以提高建筑的防水技能。注浆技术有很多种，如高压喷射注浆法、静压注浆法、复合注浆法。相关工作人员只有结合实际情况选择合适的注浆方法，才可以事半功倍，而且可以结合使用多种注浆方法，提高工作人员的工作效率，保证建筑工程的质量。

四、建筑工程施工的节能技术

随着我国经济和科技的不断发展，人们的生活水平逐渐提高，我国建筑行业取得了较大进步，施工技术及工程质量也得到了较大提升。人们越来越重视节能、环保、绿色、低碳发展，这就对我国建筑工程施工过程提出了较高的要求。建筑企业应当根据时代发展的需求不断调整自身建筑方式及施工技术，最大限度地满足用户的需求。建筑企业对建筑物进行创新、节能建设可以有效降低房屋施工过程中的能源损耗，提高建筑物的稳定性及安全性。随着社会发展进程的不断加快，各种有害物质的排放量也逐渐增加。如若不及时加以控制，人类必将受到大自然的反噬。因此，将节能环保技术应用于建筑施工工程已经成为大势所趋。节能环保技术有助于节能减排，同时可以有效减少环境污染，促进我国可持续健康发展。

（一）施工节能技术对建筑工程的影响

建筑节能技术对建筑工程主要有三方面的影响：第一，节能技术的应用能够减少建筑施工中施工材料的使用。节能技术通过提高技术手段、优化施工工艺，采用更加科学、合理的架构，对建筑施工的整个过程进行优化，可以减少建筑施工过程中的物料使用与资源浪费，降低建筑工程的施工成本。第二，节能技术在建筑施工过程中的使用，能够降低建筑对周边环境的影响。传统的施工建筑过程中噪声污染、光污染、粉尘污染、地面垃圾污染问题严重，对施工工地周围居住的人民造成比较大的困扰，节能技术的应用可以将建筑物与周围的环境相融合，营造一个更加环境友好型的施工工地。第三，节能技术的应用帮助建筑充分利用自然资源与能源，建筑在投入使用后可以减少对电力资源、水资源的消耗，提高建筑整体的环保等级，提高业主的舒适感。

（二）施工节能技术的具体技术发展

1.在新型热水采暖方面的运用

在我国北部地区主要的采暖方式依然是燃烧煤炭，但在其燃烧时会释放出SO_2、CO_2

和灰尘颗粒等有害物质。这不但浪费了不可再生的煤炭资源，而且严重影响环境和居民健康。随着时代的进步，新型绿色节能技术的诞生意味着采暖方式也将朝更加绿色环保的方向前进。如采用水循环系统，即在工程施工时利用特殊管道的设置连接和循环水方法，使水资源和热能的利用率最大化，增加供暖时长，减少污染和浪费，改善居住环境。

2.充分利用现代先进的科学技术，减少能源的消耗

随着科学技术的不断发展，越来越多的先进技术被运用到当代的建筑中去，并且这些技术可减少对环境的污染，这就要求我们充分利用先进技术。科学技术的不断发展可以很好地解决节能相关问题。利用先进的技术，就要考虑楼间距的问题。动工的第一步就是开挖地基，这一过程必须运用先进的技术进行精密的计算，不能有差错。只有完成好这一步，才能更好地完成之后的工作，为日后建成打下坚实的第一步。而太阳能的使用也是十分具有划时代意义的。太阳能作为一种清洁能源，取之不尽，用之不竭，现在已经逐渐进入了千家万户。另外，对于雨水的收集，进行雨水的清洁处理，实现真正的水循环，可以减少水资源的浪费。充分利用自然界的水、风、太阳，实现资源的循环使用，真正做到节能发展。

3.将节能环保技术应用于建筑门窗施工中

在施工单位将建筑整体结构建设完成之后，就应当进行建筑物的门窗施工。门窗施工工程在建筑物整体施工过程中占有较大地位，门窗的安装不仅需要大量的材料，而且需要大量的安装工人，而材料质量较差的门窗会影响建筑整体的稳定性和安全性，在安装结束后还会出现一系列的问题。这就迫使施工单位进行二次安装，严重增加了施工成本，同时也降低了施工效率及建筑质量。因此，建筑企业在进行建筑物的门窗施工时，应当充分采用节能环保材料及新型安装技术，完整实现门窗的基本功能，同时还能使其和建筑物整体达到完美融合，增强建筑物的环保性、稳定性、安全性及美观性。

4.建筑控温工程中的节能技术应用

建筑在施工过程中的温度控制基础设施主要是建筑的门窗。首先，在建筑的选址与朝向设计上，应用先进的技能科技，通过合理的测绘和数据计算，根据当地的光照情况与风向情况，合理地设计建筑的门窗朝向与门窗开合方式，保障建筑在一天的时间内，有充足的自然光线与自然风从窗户进入建筑内部，减少建筑后期装修中的温控设备与新风系统的能源资源消耗；其次，科学地设计门窗在建筑中的位置、形状与比例，根据建筑的朝向和整体的室内空气调节系统的设计，制定合理的门窗比例，既不能将比例定得过大，造成室内空气与室外空气的过度交换，也不能定得过小，造成室内空气长期流通不畅；再次，采用节能技术，在门窗周围设置合理的温度阻尼区，令进入室内的外部空气的温度在温度阻尼区进行合理的升温或降温，使之与室内温度的差值减小，减少室内外的热量交换，降低建筑空调与新风系统的压力；最后，要选择节能的门窗玻璃材料与金属材料，例如，采用最新的铝断桥多层玻璃技术，增强窗户的气密效果，减少室内外的热量交换。

综上所述，建筑施工中节能技术的应用，是现代建筑工艺发展的一种必然趋势，既有利于建筑行业本身合理地利用资源能源，促进行业的健康可持续发展，也响应了我国建设环境保护型、资源节约型社会的号召，同时，也符合民众对新式建筑的普遍期待，是建筑施工行业由资源能源消耗型产业转向高新技术支持型产业的关键一步。

五、建筑工程施工绿色施工技术

随着社会的不断进步和经济的快速发展，建筑行业在取得了长远发展的同时也面临着相应的问题：施工技术缺乏和环保理念贯彻问题等，给建筑工程的施工开展带来了很大的影响，所以解决这些问题是目前的关键所在，针对这种情况，有关部门和单位必须对绿色施工技术进行及时的改进和优化，然后在建筑工程施工中去应用这些绿色施工技术，让整个施工任务变得更加绿色和环保，提高建筑工程施工的质量效果和效率。

（一）在环保方面的研究

我国的建筑行业在众多工作人员的不懈努力之后和以前相比已经今非昔比，在世界的建筑行业领域也占有了一席之地，但是在建筑行业快速发展的同时相关部门却严重忽视了环境保护在建筑施工中的重要影响，仅关注经济效益而不忽视环境效益。从某种程度上而言，建筑工程的建设会利用大量的人力、物力和财力，并给施工现场周围的环境带来很大的损害，另外受到了施工技术落后和施工的机械设备落后的影响，这和我国的可持续发展战略是相违背的，并且人民群众的日常生活和工作都因为建筑工程的施工受到了很大的影响，无法保持正常的生活与工作状态，所以对建筑工程施工绿色施工技术进行优化迫在眉睫。绿色施工技术的目的就在于保证建筑工程施工进行中可以保护周围的环境不受破坏，和自然环境达到和谐相处。

传统的建筑工程施工技术在使用的过程中不可避免的将产生大量的环境污染问题，并对后期的环境改善工作提出新挑战。而通过绿色施工技术的应用，可以在提高环境保护效果的同时，降少环境污染的产生。与此同时，通过利用环保型建材也可以减少建筑成本，并提高工程建设的质量效果和效率，由此建筑工程施工所带来的社会效益和经济效益最终实现了和谐的统一，给我国建筑行业的环保性和节能性带来了积极的作用，改善了以往建筑行业的高消耗和高污染的特点，让建筑工程的施工变得更加绿色环保。

（二）应用关键性技术

1.施工材料的合理规划

传统的建筑工程建设中使用的施工技术在施工材料的使用中出现了过度浪费的现象，所以就给建筑工程建设增加了成本。然而，解决这一问题需要对施工材料进行合理的选择并不断地推动其进行改进和优化，从而减少建筑企业在材料方面的成本投入，实现对材料的高效使用。具体而言，选择一部分能够二次回收利用或者循环利用的原材料就是具体实施的方法。在建筑工程施工进行中，相关工作人员一定要严格遵守绿色施工的原则，而做到这一点就必须从材料的合理选择优化方面进行着手，优先利用无污染、环保的材料来进行施工建设。当然，其中对于材料的储存问题也要进行充分的考虑，减少因为方法问题而带来的损失。同时，针对建设中出现的问题还要进行后续环保处理，由工作人员借助一些先进的设备来对这些材料进行回收利用和处理，比如说目前经常用到的机械设备就是破碎机、制砖机和搅拌机等等。在对这些材料实现了回收利用之后还需要着重注意利用多重处理方式进行操作，对于处理后的材料重新利用，将废旧的木材等不可再生资源循环利用，提高资源利用效率，实现环保理念的贯彻。

除此之外，还需要在实践中展开对施工技术的选择和优化，对施工材料进行科学的管理和使用，减少因为材料或多或者使用方法不当而造成的材料浪费现象发生。在施工任务正式开始之前，施工人员一定要根据实际情况做好施工图纸的设计工作，对整个工作阶段进行很好的规划，对每一个环节每一个细节都可以被关注；并且在施工阶段工作人员一定要严格按照预先计划进行施工和材料的采购和使用，避免出现材料的浪费，给企业创造更大的经济效益和社会效益。

2.水资源的合理利用

水资源目前是一种相对来说比较紧缺的资源，但是我国现在建筑行业关于水资源使用的现状却不容乐观，依然普遍的存在水资源浪费的现象，针对这种情况相关部位一定要采取措施进行及时的解决。在水资源合理利用中十分关键的环节之一就是基坑降水，这个阶段通过辅助水泵效果的实现可以有效的推动水资源的充分利用，并减少资源的浪费现象。通过储存水资源的方式也可以方便后续工作的使用，这一部分的水资源的具体应用主要体现在：对于楼层养护和临时消防的水资源利用的提供。从某种程度而言，这两个环节是可以减少水资源消耗的重要环节，可以最大化的减少水资源的浪费。

与此同时，建筑施工中还可以通过建造水资源的回收装置来实现水资源的合理利用，对施工现场周围区域的水资源展开回收处理，针对自然的雨水资源等进行储存、净化以及回收，提高各种可供利用水资源的利用效率。比如说，对施工区域附近来往的车辆展开清洗工作用水、路面清洁用水、对施工现场的洒水降尘处理用水等进行合理的规划设计，提高水资源利用效率。除了上述以外，建筑行业必须严格制定有效的水质检测和卫生保障措施来实现非传统水源的使用和现场循环再利用水，这样也可以最大限度上保证人的身体健康，提高建筑工程的施工质量效果。

3.土地资源利用的节能处理

很多建筑工程在具体的建设施工过程中都会对于周围的土地造成破坏，并带来利用危害，这主要是指：破坏土地植被生长情况、造成土地污染、减少水源养护、造成水资源的流失等现象。这些情况的存在会给周围的施工区域带来十分严重的影响。由此，针对这种情况相关部分必须提高对于施工环境周围地区的土地养护工作重视程度，及时采取有效措施进行问题的解决和土地资源的保护。而且，由于建筑施工程缺乏对于建筑施工的有效设计和合理规划，就导致其在具体施工阶段给土地带来很严重的影响；并且由于没有对施工的进度进行严格的把控，很大一部分的土地出于闲置状态，进而造成土地资源的浪费。对于这种问题的存在，需要有专门的人员进行施工方案的有效设计和重新规划，对于具体建设施工过程中土地利用情况进行全面的分析和研究对其有一个全面的了解和认识，最终形成对于建筑施工设备应用和施工材料选择的全面分析和合理设计。

除此之外，在做好提高资源利用效率工作的同时，还需要加强对节能措施推进工作的监督，对于在建筑施工中应用的各种电力资源、水资源、土地资源等进行节能利用，减少资源浪费现象的存在。当然，在条件允许的情况下，可以多利用一些可再生能源，发挥资源的替代效果。在建筑工程施工阶段要对机械设备管理制度进行不断地建立健全，对设备档案进行不断地丰富和完善。同时，做好基础的维修、防护工作，提高设备的使用寿命，并将其稳定在低消耗高效率的工作状态之下。

总而言之，建筑行业随着社会的不断进步和经济的快速发展也取得了快速发展，但是这同时也出现了许多问题，针对这种情况必须在施工阶段采用绿色施工技术并且对这项技术进行不断地改进和优化，对施工方案进行合理地安排和科学地规划，除此之外还需要培养施工人员地节约意识，制定合理的管理制度，避免出现材料浪费和污染的现象，给建筑工程的绿色施工打下一个坚实的基础，提高建筑工程施工的效率和质量。

六、水利水电建筑工程施工技术

随着经济的进步与社会的发展，人们越来越重视水利水电工程发挥的实际作用。水利水电工程对我国人民而言意义重大，若是没有水利水电工程，人民的日常起居都无法正常进行。为此，国家应当加强对水利水电工程的关注，确保水利水电工程的施工技术能够提高，从而促进水利水电工程的建设。

（一）水利工程的特点

水利工程的施工时间长久、强度大，其工程质量要求较高，责任重大。所以，在水利工程的施工过程中，要高度注重施工过程的质量管理，保证水利工程的高效、安全运转。

水利工程施工与一般土木工程的施工有许多相同之处，但水利工程施工有其自身的特点。

首先，水利工程起到雨洪排涝、农田灌溉、蓄水发电和生态景观的作用，因而对水利工程建筑物的稳定、承压、防渗、抗冲、耐磨、抗冻、抗裂等性能都有特殊要求，需按照水利工程的技术规范，采取专门的施工方法和措施，确保工程质量。

其次，水利工程多在河道、湖泊及其他水域施工，需根据水流的自然条件及工程建设的要求进行施工导流、截流及水下作业。

再次，水利工程对地基的要求比较严格，工程又常处于地质条件比较复杂的地区和部位，地基处理不好就会留下隐患，事后难以补救，需要采取专门的地基处理措施。

最后，水利工程要充分利用枯水期施工，有很强的季节性和必要的施工强度，与社会和自然环境关系密切。实施工程的影响较大，必须合理安排施工计划，以确保工程质量。

（二）水利建筑工程施工技术分析

1.分析水利建筑施工过程中施工导流与围堰技术

施工导流技术作为水利建筑工程建设，特别是对闸坝工程施工建设有着不可替代的作用。施工导流应用技术的优质与否直接影响着全部水利建设施工工程能否顺利完成交接。在实际工程建设过程中，施工导流技术是一项常见的施工工艺。现阶段，我国普遍采用修筑围堰的技术手段。

围堰是一种为了暂时解决水利建筑工程施工，而临时搭建在土坝上的挡水物。一般而言，围堰的建设需要占用一部分河床的空间。因此，在搭建围堰之前，工程技术管理人员应全面探究所处施工现场河床构造的稳定程度与复杂程度，避免发生由于通水空间过于狭小或者水流速度过于急促等问题，而给围堰造成巨大的冲击力。在实际建设水利施工工程时，利用施工导流技术能够良好地控制河床水流运动方向和速度。再加上施工导流技术应用水平的高低，对整体水利建筑工程施工进程具有决定性作用。

2.对大面积混凝土施工碾压技术的分析

混凝土碾压技术是一种可以利用大面积碾压来使得各种混凝土成分充分融合，并进行工程浇注的工程工艺。近年来，随着我国大中型水利建筑施工工程的大规模开展，这种大面积的混凝土施工碾压技术得到了广泛的推广与实践，也呈现出良好的发展态势。这种大面积混凝土施工碾压技术具有一般技术无法替代的优势，即能够通过这种技术的应用与实践取得相对较高的经济效益和社会效益。再加上大面积施工碾压技术施工流程相对简单，施工投入相对较小，且施工效果显著，得到了众多水利建筑工程队伍的信赖，被大量应用于各种大体积、大面积的施工项目中。与此同时，同普通的混凝土技术相比，这种大面积施工碾压技术还具有同土坝填充手段相类似的碾压土层表面比较平整、土坝掉落概率相对较低等优势。

3.水利施工中水库土坝防渗、引水隧洞的衬砌与支护技术

（1）水库土坝防渗及加固。为了防止水库土坝变形发生渗漏，在施工过程中对坝基通常采用帷幕灌浆或者劈裂灌浆的方法，尽可能保证土坝内部形成连续的防渗体，从而消除水库土坝渗漏的隐患。在对坝体采用劈裂灌浆时，必须结合水利建筑工程的实际情况来确定灌浆孔的布置方式，一般是布置两排灌浆孔，即主排孔和副排孔。具体施工过程中，主排孔应沿着土坝的轴线方向布置，副排孔则需要布置在离坝轴线1.5 m的上侧，并与主排孔错开布置，孔距应该保持在3~5米范围内，同时要尽量保证灌浆孔穿透坝基在坝体内部形成一个连续的防渗体。而如果采用帷幕灌浆的方法，则应该在坝肩和坝体部位设两排灌浆孔，排距和劈裂灌浆大体一致，而孔距则应该保持在3到4米，同时要保证灌浆孔穿过透水层，还要选用适宜的水泥浆和灌浆压力。只有这样，才能保证施工的质量。

（2）水工隧洞的衬砌与支护。水工隧洞的衬砌与支护是保证其顺利施工的重要手段。在水利建筑工程施工过程中常用的衬砌和支护技术主要包括喷锚支护及现浇钢筋混凝土等。其中，现浇钢筋混凝土衬砌与一般的混凝土施工程序基本一致，同样要进行分缝、立模、扎筋及浇筑和振捣等；而水工隧洞的喷锚支护主要是采用喷射混凝土、钢筋锚杆和钢筋网的形式，对隧洞的围岩进行单独或者联合支护。值得注意的是，在采用钢筋混凝土衬砌时，要注意外加剂的选用，同时要注意对钢筋混凝土的养护，确保水利建筑工程的施工质量。

4.防渗灌浆施工技术

（1）土坝坝体劈裂灌浆法。在水利建筑工程施工中，可以通过分析坝体应力分布情况，根据灌浆压力条件，对沿着轴线方向的坝体予以劈裂，之后展开泥浆灌注施工，完成防渗墙的建设，同时对裂缝、漏洞予以堵塞，并且切断软弱土层，保证提高坝体的防渗性能，通过坝、浆相互压力机的应力作用，使坝体的稳定性能得到有效的提升，保证工程的正常使用。在对局部裂缝予以灌浆的时候，必须运用固结灌浆方式展开，这样才可以确保灌注的均匀性。假如坝体施工质量没有设计标准，甚至出现上下贯通横缝的情况，一定要进行劈裂灌浆，保证坝体的稳固性，实现坝体建设的经济效益与社会效益。

（2）高压喷射灌浆法。在进行高压喷射灌浆之前，需要先进行布孔，保证管内存在一些水管、风管、水泥管，并且在管内设置喷射管，通过高压射流对土体进行相应的冲击。经过喷射流作用之后，互相搅拌土体与水泥浆液，上抬喷嘴，这样水泥浆就会逐渐凝固。在对地基展开具体施工的时候，一定要加强对设计方向、深度、结构、厚度等因素的考虑，保证地基可以逐渐凝结，形成一个比较稳固的壁状凝固体，进而有效达到预期的防渗标准。在实际运用中，一定要按照防渗需求的不同，采用不同的方式进行处理，如定喷、摆喷、旋喷等。灌浆法具有施工效率高、投资少、原料多、设备广等优点，然而，在实际施工中，一定要对其缺点进行充分考虑，如地质环境的要求较高、施工中容易出现漏喷问题、器具使用繁多等。只有对各种因素进行全面的考虑，才可以保证施工的顺利完成，确保水利建筑工程具有相应的防渗效果，实现水利建筑工程的经济效益与社会效益。

水利建筑工程施工技术的高低直接影响着水利项目应用效率的高低。因此，我们需要对水利工程的相关技艺进行深入研究和分析，同时加强施工过程中的管理，保证其施工的顺利进行，确保水利建筑工程的施工质量，为国家经济的发展发挥其重要作用。

第三节　现代建筑智能技术实践应用

一、建筑智能化中BIM技术的应用

BIM（Building Information Modeling）是指建筑信息模型，利用信息化的手段围绕建筑工程构建结构模型，缓解建筑结构的设计压力。现阶段建筑智能化的发展中，BIM技术得到了充分的应用，BIM技术向智能建筑提供了优质的建筑信息模型，优化了建筑工程的智能化建设。

我国建筑工程朝智能化的方向发展，智能建筑成为建筑行业的主流趋势，为了提高建筑智能化的水平，在智能建筑施工中引入了BIM技术，专门利用BIM技术的信息化，完善建筑智能化的施工环境。BIM技术可以根据建筑智能化的要求实行信息化模型的控制，在模型中调整建筑智能化的建设方法，促使建筑智能化施工方案能够符合实际情况的需求。

（一）建筑智能化中BIM技术特征

分析建筑智能化中BIM技术的特征表现，如：

①可视化特征。BIM构成的建筑信息模型在建筑智能化中具有可视化的表现，围绕建筑模拟了三维立体图形，促使工作人员在可视化的条件下能够处理智能建筑中的各项操作，强化建筑施工的控制。

②协调性特征。智能建筑中涉及很多模块，如土建、装修等，在智能建筑中采用BIM

技术，实现各项模块之间的协调性，以免建筑工程中出现不协调的情况，同时还能预防建筑施工进度上出现问题。

③优化性特征。智能建筑中的BIM具有优化性的特征，BIM模型中提供了完整的建筑信息，优化了智能建筑的设计、施工，简化智能建筑的施工操作。

（二）建筑智能化中BIM技术应用

1.设计应用

BIM技术在智能建筑的设计阶段，首先构建了BIM平台，在BIM平台中具备智能建筑设计时可用的数据库，由设计人员到智能建筑的施工现场实行勘察，收集与智能建筑相关的数值，之后把数据输入BIM平台的数据库内，此时安排BIM建模工作，利用BIM的建模功能，根据现场勘查的真实数据，在设计阶段构建出符合建筑实况的立体模型，设计人员在模型中完成各项智能建筑的设计工作，而且模型中可以评估设计方案是否符合智能建筑的实际情况。BIM平台数据库的应用，在智能建筑设计阶段提供了信息传递的途径，拉近了不同模块设计人员的距离，避免出现信息交流不畅的情况，以便实现设计人员之间的协同作业。例如，智能建筑中涉及弱电系统、强电系统等，建筑中安装的智能设备较多，此时就可以通过BIM平台展示设计模型，数据库内写入与该方案相关的数据信息，直接在BIM中调整模型弱电、强度及智能设备的设计方式，促使智能建筑的各项系统功能均可达到规范的标准。

2.施工应用

建筑智能化的施工过程中，工程本身会受到多种因素的干扰，增加了建筑施工的压力。现阶段建筑智能化的发展过程中，建筑体系表现出大规模、复杂化的特征，在智能建筑施工中引起了效率偏低的情况，再加上智能建筑的多功能要求，更是增加了建筑施工的难度。智能建筑施工时采用了BIM技术，可改变传统施工建设的方法，更加注重施工现场的资源配置。以某高层智能办公楼为例，分析BIM技术在施工阶段中的应用，该高层智能办公楼集成娱乐、餐饮、办公、商务等多种功能，共计32层楼，属于典型的智能建筑。该建筑施工时采用BIM技术，根据智能建筑的实际情况规划好资源的配置，合理分配施工中材料、设备、人力等资源，而且BIM技术还能根据天气状况调整建筑的施工工艺。该案例施工中期有强降水，为了避免影响混凝土的浇筑，利用BIM模型调整了混凝土的浇筑工期。BIM技术在该案例中非常注重施工时间的安排，在时间节点上匹配好施工工艺。案例中BIM模型专门为建筑施工提供了可视化的操作，也就是利用可视化技术营造可视化的条件，提前观察智能办公楼的施工效果，直观反馈出施工的状态，进而在此基础上规划好智能办公楼施工中的工艺、工序，合理分配施工内容，BIM在该案例中提供实时监控的条件，在智能办公楼的整个工期内安排全方位的监控，避免建筑施工时出现技术问题。

3.运营应用

BIM技术在建筑智能化的运营阶段也起到了关键的作用，智能建筑竣工后会进入运营阶段，分析BIM在智能建筑运营阶段中的应用，维护智能建筑运营的稳定性。下面以智能建筑中的弱电系统为例，分析BIM技术在建筑运营中的应用。弱电系统竣工后运营单位会把弱电系统的后期维护工作交由施工单位，此时弱电系统的运营单位无法准确了解具体的运行，导致大量的维护资料丢失，运营中若采用BIM技术，可实现参数信息的互通。即使施工人员维护弱电系统的后期运行，运营人员也能在BIM平台中了解参数信息，同时BIM中专门建立了弱电系统的运营模型，采用立体化的模型直观显示运维数据，匹配好弱电系统的数据与资料，辅助提高后期运维的水平。

（三）建筑智能化中BIM技术发展

BIM技术在建筑智能化中的发展，应该积极引入信息化技术，实现BIM技术与信息化技术的相互融合，确保BIM技术能够应用到智能建筑的各个方面。现阶段BIM技术已经得到了充分应用，在智能化建筑的应用中需要做好BIM技术的发展工作，深化BIM技术的实践应用，满足建筑智能化的需求。信息技术是BIM的基础支持，在未来发展中规划好信息化技术，推进BIM在建筑智能化中的发展。

建筑智能化中BIM技术特征明显，规划好BIM技术在建筑智能化中的应用，同时推进BIM技术的发展，促使BIM技术能够满足建筑工程智能化的发展。BIM技术在建筑智能化中具有重要的作用，推进了建筑智能化的发展，最重要的是BIM技术辅助建筑工程实现了智能化，加强现代智能化建筑施工的控制。

二、绿色建筑体系中建筑智能化的应用

由于我国社会经济的持续增长，绿色建筑体系逐渐走进人们视野，在绿色建筑体系当中，通过合理应用建筑智能化，能够保证建筑体系结构完整，其各项功能得到充分发挥，为居民提供一个更加优美、舒适的生活空间。

（一）绿色建筑体系中科学应用建筑智能化的重要性

建筑智能化并没有一个明确的定义。美国研究学者指出，所谓建筑智能化，主要指的是在满足建筑结构要求的前提下，对建筑体系内部结构进行科学优化，为居民提供一个更加便利、宽松的生活环境。而欧盟认为，智能化建筑是对建筑内部资源的高效管理，在不

断降低建筑体系施工与维护成本的基础之上，用户能够更好地享受服务。国际智能工程学会则认为，建筑智能化能够满足用户安全、舒适的居住需求，与普通建筑工程相比，各类建筑的灵活性较强。我国研究人员对建筑智能化的定位是施工设备的智能化，将施工设备管理与施工管理进行有效结合，真正实现以人为本的目标。

由于我国居民生活水平的不断提升，绿色建筑得到了大规模的发展，在绿色建筑体系当中，通过妥善应用建筑智能化技术，能够有效提升绿色建筑体系的安全性能与舒适性能，真正达到节约资源的目标，对建筑周围的生态环境起到良好改善作用。

（二）绿色建筑体系的特点

1.节能性

与普通建筑相比，绿色建筑体系的节能性更加明显，能够保证建筑工程中的各项能源真正实现循环利用。例如，在某大型绿色建筑工程当中，设计人员通过将垃圾进行分类处理，能够保证生活废物得到高效处理，减少生活污染物的排放量。由于绿色建筑结构比较简单，居民的活动空间变得越来越大，建筑可利用空间的不断加大，有效提升了人们的居住质量。

2.经济性

绿色建筑体系具有经济性特点，由于绿色建筑内部的各项设施比较完善，能够全面满足居民的生活、娱乐需求，促进居民之间的和谐沟通。为了保证太阳能的合理利用，有关设计人员结合绿色建筑体系特点，制定了合理的节水、节能应急预案，并结合绿色建筑体系运行过程中时常出现的问题，制定了相应的解决对策，在提升绿色建筑体系可靠性的同时，充分发挥该类建筑工程的各项功能，使绿色建筑体系的经济性能得到更好体现。

三、建筑电气与智能化建筑的发展和应用

智能化建筑在当前建筑行业中越来越常见，对于智能化建筑的构建和运营而言，建筑电气系统需要引起高度关注，只有确保所有建筑电气系统能够稳定有序运行，进而才能够更好地保障智能化建筑应有功能的表达。针对建筑电气与智能化建筑的应用予以深入探究，成为未来智能化建筑发展的重要方向。

（一）建筑电气和智能化建筑的发展

当前，建筑行业的发展速度越来越快，不仅仅表现在施工技术的创新优化上，往往还和建筑工程项目中引入大量先进技术和设备有关，尤其是对于智能化建筑的构建，更是在

实际应用中表现出了较强的作用价值。对于智能化建筑的构建和实际应用而言，其往往表现出多方面优势，比如可以更大程度上满足用户的需求，体现更强的人性化理念，在节能环保及安全保障方面同样具备更强作用，成为未来建筑行业发展的重要方向。在智能化建筑施工构建中，各类电气设备的应用成为重中之重，只有确保所有电气设备能够稳定有序运行，进而才能够满足应有功能。基于此，建筑电气和智能化建筑的协同发展应该引起高度关注，以求促使智能化建筑可以表现出更强的应用价值。

在建筑电气和智能化建筑的协同发展中，智能化建筑电气理念成为关键发展点，也是未来我国住宅优化发展的方向，有助于确保所有住宅内电气设备的稳定可靠运行。当然，伴随着建筑物内部电气设备的不断增多，相应智能化建筑电气系统的构建难度同样也比较大，对于设计及施工布线等都提出了更高要求。同时，对于智能化建筑电气系统中涉及的所有电气设备及管线材料也应该加大关注力度，以求更好维系整个智能化建筑电气系统的稳定运行，这也是未来发展和优化的重要关注点。

从现阶段建筑电气和智能化建筑的发展需求来看，首先，应该关注以人为本的理念，要求相应智能化建筑电气系统的运行可以较好地符合人们提出的多方面要求，尤其是需要注重为建筑物居住者营造较为舒适的室内环境，可以更好地提升建筑物居住质量；其次，在智能化建筑电气系统的构建和运行中还需要充分考虑到节能需求，这也是开发该系统的重要目标，需要促使其能够充分节约以往建筑电气系统运行中不必要的能源消耗，在更为节能的前提下提升建筑物运行价值；最后，建筑电气和智能化建筑的优化发展还需要充分关注建筑物的安全性，能够切实围绕着相应系统的安全防护功能予以优化，确保安全监管更为全面，同时能够借助于自动控制手段形成全方位保护，提升智能化建筑应用价值。

（二）建筑电气与智能化建筑的应用

1.智能化电气照明系统

在智能化建筑构建中，电气照明系统作为必不可少的重要组成部分应该予以高度关注，确保电气照明系统的运用能够体现出较强的智能化特点，可以在照明系统能耗损失控制以及照明效果优化等方面发挥积极作用。电气照明系统虽然在长期运行下并不需要大量的电能，但同样会出现明显的能耗损失，以往照明系统中往往有15%左右的电力能源被浪费，这也就成为建筑电气和智能化建筑优化应用的重要着眼点。针对整个电气照明系统进行智能化处理需要首先考虑照明系统的调节和控制，在选定高质量灯源的前提下，借助于恰当灵活的调控系统，实现照明强度的实时控制，如此也就可以更好地满足居住者的照明需求，同时有助于规避不必要的电力能源损耗。虽然电气照明系统的智能化控制相对简单，但同样涉及较多的控制单元和功能需求，比如时间控制、亮度记忆控制、调光控制及软启动控制等，都需要灵活运用到建筑电气照明系统中，同时借助于集中控制和现场控制，实现对于智能化电气照明系统的优化管控，以便更好地提升其运行效果。

2.BAS线路

建筑电气和智能化建筑的具体应用还需要重点考虑到BAS线路的合理布设，确保整个BAS（Building Automation System，建筑自动化系统）运行顺畅高效，避免在任何环节中出现严重隐患问题。在BAS线路布设中，首先应该考虑到各类不同线路的选用需求，比如通信线路、流量计线路及各类传感器线路，都需要选用屏蔽线进行布设，甚至需要采取相应产品制造商提供的专门导线，以免在后续操作中出现运行不畅现象。在BAS线路布设中还需要充分考虑到弱电系统相关联的各类线路连接需求，确保这些线路的布设更为合理，尤其是对于大量电子设备的协调运行要求，更应该借助于恰当的线路布设予以满足。另外，为了更好确保弱电系统及相关设备的安全稳定运行，往往还需要切实围绕着接地线路进行严格把关，确保各方面的接地处理都可以得到规范执行，除了传统的保护接地，还需要关注弱电系统提出的屏蔽接地以及信号接地等高要求，对于该方面线路电阻进行准确把关，避免出现接地功能受损问题。

3.弱电系统和强电系统的协调配合

在建筑电气与智能化建筑构建应用中，弱电系统和强电系统之间的协调配合同样也应该引起高度重视，避免因为两者间存在的明显不一致问题，影响到后续各类电气设备的运行状态。在智能化建筑中做好弱电系统和强电系统的协调配合往往还需要首先分析两者间的相互作用机制，对于强电系统中涉及的各类电气设备进行充分研究，探讨如何借助于弱电系统予以调控管理，以促使其可以发挥出理想的作用价值。比如，在智能化建筑中进行空调系统的构建，就需要重点关注空调设备和相关监控系统的协调配合，促使空调系统不仅可以稳定运行，还能够有效借助温度传感器及湿度传感器进行实时调控，以便空调设备可以更好服务于室内环境，确保智能化建筑的应用价值得到进一步提升。

4.系统集成

对于建筑电气与智能化建筑的应用而言，因为其弱电系统相对较为复杂，往往包含多个子系统，如此也就必然需要重点围绕着这些弱电项目子系统进行有效集成，确保智能化建筑运行更为高效稳定。基于此，为了更好地促使智能化建筑中涉及的所有信息都能够得到有效共享，应该首先关注各个弱电子系统之间的协调性，尽量避免相互之间存在明显冲突。当前，智能楼宇集成水平越来越高，但同样也存在着一些缺陷，有待于进一步优化完善。

在当前建筑电气与智能化建筑的发展中，为了更好地提升其应用价值，往往需要重点围绕着智能化建筑电气系统的各个组成部分进行全方位分析，以求形成更为完整协调的运行机制，切实优化智能化建筑应用价值。

四、建筑智能化系统集成设计与应用

随着社会的不断进步，建筑的使用功能获得极大丰富，从开始单纯为人们遮风挡雨，到现在协助人们完成各项生活、生产活动，其数字化水平、信息化程度和安全系数受到人们的广泛关注。

由此可以看出，建筑智能化必将成为时代发展的趋势和方向。如今，集成系统在建筑的智能化建设中得到了广泛应用，引起了建筑界质的变化。

（一）建筑智能化系统集成目标

建筑智能化系统的建立，首先需要确定集成目标，而目标是否科学合理，对建筑智能化系统的建立具有决定性意义。在具体施工中，经常会出现目标评价标准不统一，或是目标不明确的情况，进而导致承包方与业主出现严重分歧，甚至出现工程返工的情况，这就造成了施工时间与资源的大量浪费，给承包方造成了大量的经济损失，同时业主的居住体验和系统性能价格比也会直线下降，并且业主的投资也未能得到相应的回报。

建筑智能化系统集成目标要充分体现操作性、方向性和及物性的特点。其中，操作性是决策活动中提出的控制策略，能够影响与目标相关的事件，促使其向目标方向靠拢。方向性是目标对相关事件的未来活动进行引导，实现策略的合理选择。及物性是指与目标相关或是目标能直接涉及的一些事件，并为决策提供依据。

（二）建筑智能化系统集成的设计与实现

1.硬接点方式

如今，智能建筑中包含许多的系统方式，简单的就是在某一系统设备中通过增加该系统的输入接点、输出接点和传感器，再将其接入另外一个系统的输入接点和输出接点来进行集成，向人们传递简单的开关信号。该方式得到了人们的广泛应用，尤其在需要传输紧急、简单的信号系统中最为常用，如报警信号等。硬接点方式不仅能够有效降低施工成本，而且为系统的可靠性和稳定性提供保障。

2.串行通信方式

串行通信方式是一种通过硬件来进行各子系统连接的方式，是目前常用的手段之一。较硬接点方式来说，串行通信方式成本更低，且大多数建设者也能够依靠自身技能来实现该方式的应用。通过应用串行通信的方式，可以对现有设备进行改进和升级，并使其具备集成功能。该方式是在现场控制器上增加串行通信接口，通过串行通信接口与其他系统进行通信，但该方式需要根据使用者的具体需求来研发，针对性很强。同时，其需要通过串行通信协议转换的方式来进行信息的采集，通信速率较低。

3.计算机网络

计算机是实现建筑智能化系统集成的重要媒介。近年来，计算机技术得到了迅猛的发展与进步，给人们的生产生活带来了极大的便利。建筑智能化系统生产厂商要将计算机技术充分利用起来，设计满足客户需求的智能化集成系统，如保安监控系统、消防报警、楼宇自控等，将其通过网络技术进行连接，达到系统间互相传递信息的作用。通过应用计算机技术和网络技术，减少了相关设备的大量使用，并实现了资源共享，充分体现了现代系统集成的发展与进步，并且在信息速度和信息量上均体现出了显著的优势。

4.OPC技术

OPC（OLE for Process Control, 用于过程控制的OLE）技术是一种新型的具有开放性的技术集成方式。若说计算机网络系统集成是系统的内部联系，那么OPC技术是更大范围的外部联系。通过应用计算机技术，能够促进各个商家间的联系，而通过构建开放式系统，如围绕楼宇控制系统，能够促使各个商家、建筑的子系统按照统一的发展方式和标准，通过网络管理、协议的方式为集成系统提供相应的数据，时刻做到标准化管理。同时，通过应用OPC技术，还能将不同供应商所提供的应用程序、服务程序和驱动程序做集成处理，使供应商、用户均能在OPC技术中感受到其带来的便捷。此外，OPC技术还能作为不同服务器与客户的连接桥梁，为两者建立一种即插即用的连接关系，并显示出其简单性和规范性的特点。在此过程中，开发商无须投入大量的资金与精力来开发各硬件系统，只需开发一个科学完善的OPC服务器，即可实现标准化服务。由此可见，基于标准化网络，将楼宇自控系统作为核心的集成模式，具有性能优良、经济实用的特点，值得广为推荐。

（三）建筑智能化系统集成的具体应用

1.设备自动化系统的应用

实现建筑设备的自动化、智能化发展，为建筑智能化提供了强大的发展动力。所谓的设备自动化就是指实现建筑对内部安保设备、消防设备和机电设备等的自动化管理，如照明、排水、电梯和消防等相关的大型机电设备。相关管理人员必须对这些设备进行定期检查和保养，保障其正常运行。实现设备系统的自动化，大大提高了建筑设备的使用性能，并保障了设备的可靠性和安全性，对提升建筑的使用功能和安全性能起到关键作用。

2.办公自动化系统的应用

通过办公自动化系统的有效应用，能够大大提高办公质量与效率，极大地改善办公环境，避免出现人为失误，及时、高效地完成相应的工作任务。办公自动化系统通过借助先进的办公技术和设备，对信息进行加工、处理、储存和传输，较纸质档案来说更为牢靠和安全，大大节省了办公的空间，降低了成本投入。同时，对于数据处理问题，通过应用先进的办公技术，使信息加工准确和快捷。

3.现场控制总线网络的应用

现场控制总线网络是一种标准的开放的控制系统，能够对各子系统数据库中的监控模块进行信息、数据的采集，并对各监控子系统进行联动控制，主要通过OPC技术、COM/DCOM技术等标准的通信协议来实现。建筑的监控系统管理人员可利用各子系统来进行工作站的控制，监视和控制各子系统的设备运行情况和监控点报警情况，并实时查询历史数据信息，同时进行历史数据信息的储存和打印，再设定和修改监控点的属性、时间和事件的相应程序，并干预控制设备的手动操作。此外，对各系统的现场控制总线网络与各智能化子系统的以太网还应设置相关的管理机制，保证系统操作和网络的安全管理。

综上所述，建筑智能化系统集成是一项重要的科技创新，极大地满足了人们对智能建筑的需求，让人们充分体会智能化所带来的便捷与安全。同时，建筑智能化对社会经济的发展起到一定的促进作用。如今，智能化已经体现在生产生活的各个方面，并成为未来的重要发展趋势。对此，国家应大力推动建筑智能化系统集成的发展，为人们营造良好的生活与工作环境，促进社会和谐与稳定。

五、信息技术在建筑智能化建设中的应用

我国经济的高速发展及信息化社会、工业化进程的不断推进，使我国各地在一定限度上涌现出了投资额度不一、建设类型不一的诸多大型建筑工程项目，而面对体量较大的建筑工程主体管理工作，若不采用高效的科学的管理工具进行辅助，就会在极大限度上直接加大管理工作人员的工作难度，甚至会给建筑工程项目建设带来不必要的负面影响。

信息技术的不断发展和应用，给传统的建筑管理工作带来了不可估量的影响，由于信息技术的不断更新，建筑主体智能化管理、视频监控管理、照明系统管理等现代信息技术的不断应用，借助对系统数据信息的深度挖掘和分析，实现了对建筑主体的自动化管控，为我国智能建筑市场优势的打造奠定了坚实的基础。

（一）建筑智能化系统架构

随着现代社会人们物质生活水平的普遍提高和信息化技术、数字化技术、智能化技术的不断进步与发展，医疗服务的数字化水平、自动化水平和智能化水平逐步普及，建筑智能化系统在医疗建筑工程项目领域中的应用愈加广泛，在较大限度上直接加大了智能化建设项目成本的压力。因此，为了尽可能地强化建筑智能化设计，考虑用户核心需要、使用需求、管理模式、建设资金等多方面综合情况，进而对建筑智能化系统的相关功能、规模配置及系统标准等方面进行综合考量，达到标准合格、功能齐全、社会效益和经济效益的最大化平衡，为人民生活谋取最大化福利。

（二）系统集成技术应用

1.系统集成原理

在利用信息化技术对建筑工程项目进行智能化建设和管理时，相关工作人员应严格按照建筑智能化工程项目建设规划及管理规划，在使用信息技术工具及其软件系统等多样化方式的基础上，增强对建筑工程项目的智能化系统集成。例如，在闵行区标准化考场视频巡查系统的改扩建项目中，工作人员首先应借助相关软件实现对工程项目建设硬件设备数据的采集、存储、整理和分析，进而通过相应信息软件对相关硬件设备的数据进行优化控制与管理。在此过程中，必须密切关注硬件设备与系统软件之间的天然差异所带来的数据交互及数据处理的困难，根据所建设工程项目的实际标准选取更加恰当和适宜的过程控制标准，尽可能地选择由OPC基金会制定的OPC标准，在解决硬件服务商和系统软件集成服务商之间数据通信难度的同时，为上下位的数据信息通信提供更加透明的通道，从而实现硬件设备和软件系统之间数据信息的自由交换，进而为建筑工程项目智能化设计系统的开放性、可扩展性、兼容性、简便性等奠定坚实的基础，为建筑工程智能化管理提供可靠的保障。

2.系统集成关键技术

为尽可能全面地满足建筑工程项目的智能化管理和建设需求，需借助先进科学的信息技术，在结合建筑工程智能化建设管理用户需求和建设需求目标的基础上进行整体设计和综合考量，进而制定满足特定建筑智能化管理目标的管理方案和管理措施。一般而言，在建筑工程项目智能化集成系统的设计过程中，其应用技术主要包括计算机技术、图像识别技术、数据通信技术、数据存储技术及自动化控制技术等重要类型。就计算机技术而言，由于在所有的系统软件运行过程中都离不开计算机硬件设备及软件系统支撑等重要媒介，为了尽可能地提高建筑工程智能化集成系统的实际应用效能，满足工程项目智能化建设的总体需求，就需要尽可能地使用先进的计算机管理技术，在保证计算机媒介性能提升的同时，确保计算机网络系统的稳定性、安全性、服务可持续性、兼容性及高效性，为满足建筑智能化建设目标奠定坚实的基础。就图像识别技术而言，在建筑智能化集成系统子系统的集成过程中，由于集成对象包括了建筑工程项目出入车辆的监控、视频数据信息的采集等众多图像采集子系统，为了更高效地完成系统集成目标，将各图像采集子系统所采集到的数据信息转化为可读性更强的数字化信息，就需采用高效的图像识别技术完成对输入图像数据信息的识别、采集、存储和分析，最终完成图像信息到可读数字化信息的转换。就数据通信技术而言，建筑智能化集成系统在其设计过程中采用了集中式的数据存储管理模式，由建筑智能化集成系统的各子系统根据自身设备的实际运行状况实时记录和存储相应的生产数据信息，进而利用专业化程度较高的数据通信技术，将实时的生产数据信息进行集中汇总和存储，从而保证建筑智能化集成子系统数据信息能够持续稳定且可靠准确地上报集成数据中心，完成数据通信和数据存储过程。就自动化控制技术而言，建筑智能化集成系统之所以能够称为智能化系统的重要原因，即建筑智能化集成系统能够根据相应的预先设定的规则，对所采集到的数据信息进行分析处理而完成自动化控制，并进一步根据系统的分析结果采取相应的处置措施，且在一系列的数据处理和措施设计过程中并不需要人工参与，从而大幅度提高了建筑工程项目的实际管理效率和管理质量。因此，为有效提升系统的整体应用价值，就必须确保建筑智能化集成系统的自动化控制水准达到基本要求。

3.系统集成分析

在闵行法院机房UPS项目智能化系统的建设过程中，为了尽可能地提高智能化系统的集成综合服务能力，根据现有的5A级智能化工程项目建设目标，包括楼宇设备自动化系统、安全自动防范系统、通信自动化系统、办公自动化系统和火灾消防联动报警系统等，在结合工程项目建设智能化管理实际需求的基础上，对现有的建筑智能化系统集成进行分层次的集成架构设计，确保建筑智能化系统集成物理设备层、数据通信层、数据分析层及数据决策层等相关数据信息的可获得性和功能目标完成的科学性。其中，在对物理设备层进行架构时，必须根据不同的建筑工程项目主体智能化建设需求的不同，以5A级智能化建设项目为基本指导，在安装各智能化应用子系统过程中有所侧重、有所忽略。就通信层设计而言，主要是为了完成集成系统和各子系统之间数据信息交换接口的定义及交换数据信息协议的补充，实现数据信息之间的互联互通，而数据分析层主要是为了完成各子系统所采集到的数据信息的自动化分析和智能化控制，最终为数字决策层提供更加科学、更加准确的数据支撑。

总之，信息技术在建筑智能化建设和管理过程中具备不容忽视的使用价值和重要作用，不仅能在较大限度上直接改善建筑智能化系统的实际运营过程，确保建筑智能化各项运营需求和运营功能的实现，更能够有力地推动建筑智能化向智能建筑和智慧建筑方向发展，在充分提高智能建筑实际运营质量的同时，实现智能建筑中的物物相连，为信息的“互联互通”和人们的舒适生活做出贡献。

六、智能楼宇建筑中楼宇智能化技术的应用

经济城市化水平的急剧发展带动了建筑业的迅猛发展，在高度信息化、智能化的社会背景下，建筑业与智能化的结合已成为当前经济发展的主要趋势，在现代建筑体系中，已经融入大量的智能化产物，增添了楼宇的便捷服务功能，给用户带来了全新的体验。

楼宇智能化技术作为21世纪高新技术与建筑的结合产物，其技术涉及多个领域，不仅需要有专业的建筑技术人员，更需要懂科技、懂信息等科技人才相互协作才能确保楼宇智能化的实现。楼宇智能化设计中，对智能化建设工程的安全性、质量和通信标准要求极高。只有全面掌握楼宇建筑详细资料，选取适合楼宇智能化的技术，才能建造出多功能、大规模、高效能的建筑体系，从而为人们创建更加舒适的住房环境和办公条件。

（一）智能化楼宇建设技术的现状概述

在建筑行业中使用智能化技术，是集结了先进的智能化控制技术和自动通信系统，是人们不断改造利用现代化技术，逐渐优化楼宇建筑功能，提升建筑物服务的一种技术手段。20世纪80年代，第一栋拥有智能化建设的楼宇在美国诞生。自此之后，楼宇智能化技术在全世界各地进行推广。我国作为国际上具有实力潜力的大国，针对智能化在建筑物中的应用进行了细致的研究和深入的探讨，最终制定了符合中国标准的智能化建筑技术并作出相关规定。在国家经济的全力支撑下，智能化楼宇如春笋般遍地开花。国家相关部门进行综合决策，制定了多套符合中国智能化建设的法律法规，使智能化楼宇在审批、建筑、验收的各个环节都能有标准的法律法规，这对于智能化建筑在未来的发展中给予了政策支撑。

（二）楼宇智能化技术在建筑中的有效应用

1.机电一体化自控系统

机电设备是建筑中重要的系统，主要包括楼房的供暖系统、空调制冷系统、楼宇供排水体系、自动化供电系统等。楼房供暖与制冷调控系统：借助于楼宇内的自动化调控系统，能够根据室内环境的温度，开展一系列的技术措施，对其进行功能化、标准化的操控和监督管理。同时，系统能够通过自感设备对外界温湿度进行精准检测，并自动调节，进而改善整个楼宇内部的温湿条件，为人们提供更高效、更适宜的服务体验。当楼宇供暖和

制冷系统出现故障时，自控系统能够寻找到故障发生根源，并及时进行汇报，同时也可实现自身对问题的调控，将问题降到最小范围。

供排水自控系统：楼宇建设中供排水系统是最重要的工程项目，为了使供排水系统能够更好地为用户服务，可以借助于自控较高系统对水泵的系统进行24小时监控。当出现问题障碍时，能够及时报警。同时，其监控系统能够根据污水的排放管道的堵塞情况、处理过程等方面实施全天候的监控与管理。此外，自控制系统能够实时监测供排水系统的压力符合，压力过大时能够及时减压处理，保障水系统的供排在一定的掌控范围中。

电力供配自控系统：智能化楼宇建设中最大的动力来源就是“电”，合理控制电力的供给和分配是电力实现智能化建筑楼宇的重中之重。在电力供配系统中增添控制系统，实现全天候的检测，能够准确把握各个环节，确保整个系统能够正常运行。当某个环节出现问题时，自控系统能够及时地检测出，并自动生成程序解决供电故障，或发出警报信号，提醒检修人员进行维修。能够实现对电力供配系统的监控主要依赖于传感系统发出的数据信息与预报指令。根据系统的指令，能够及时切断故障的电源，控制该区域的网络运行，从而保障电力系统的其他领域安全工作。

2.防火报警自动化控制系统

搭建防火报警系统是现代楼宇建设中最重要的安全保障系统，对于智能化楼宇建筑而言，该系统的建设具有重大意义，由于智能化建筑中需要大功率的电子设备来支撑楼宇各个系统的正常运转，在保障楼宇安全的前提下，消防系统的作用至关重要。某一个系统中出现短路或电子设备发生异常时，就会出现跑电、漏电等现象，若不能及时对其进行控制，很容易引发火灾。防火报警系统能够及时地检测出排布在各个楼宇系统中的电力运行状态，并实施远程监控和操作。一旦发生火灾时，便可自动采取消防措施，同时发出报警信号。

3.安全防护自控系统

现代楼宇建设中，设计了多项安全防护系统，其中包括楼宇内外监控系统、室内外防盗监控系统、闭路电视监控。楼宇内外监控系统，是对进出楼宇的人员和车辆进行自动化辨别，确保楼宇内部安全的第一道防线，这一监测系统包括门禁卡辨别装置、红外遥控操作器、对讲电话设备等，进出人员刷门禁卡时，监控系统能够及时地辨别出人员的信息并保存于计算机系统中，待计算机对其数据进行辨别后传出进出指令。室内外防盗监控系统主要通过红外检测系统对其进行辨别，发现异常行为后能够自动发出警报并报警。闭路电视监控系统是现代智能化楼宇中常用的监测系统，通过室外监控进行人物成像，并进行记录、保存。

4.网络通信自控系统

网络通信自控系统，是采用PBX系统对建筑物中的声音、图形等进行收集、加工、合成、传输的一种现代通信技术，它主要以语音收集为核心，同时也连接了计算机数据处理中心设备，是一种集电话、网络于一身的高智能网络通信系统，通过卫星通信、网络的连接和广域网的使用，将收集到的语音资料通过多媒体等信息技术传递给用户，实现更高效便捷的通信与交流。

在信息技术发展迅猛的今天，智能化技术必将广泛应用于楼宇的建筑中，这项将人工智能与建筑业的有机结合技术是现代建筑的产物，在这种建筑模式高速发展的背景下，传统的楼宇建筑技术必将被取代。这不仅是时代向前发展的决定，同时也是人们的未来住房功能和服务的要求。在未来的建筑业发展中，实现全面的智能化为建筑业提供了发展的方向。

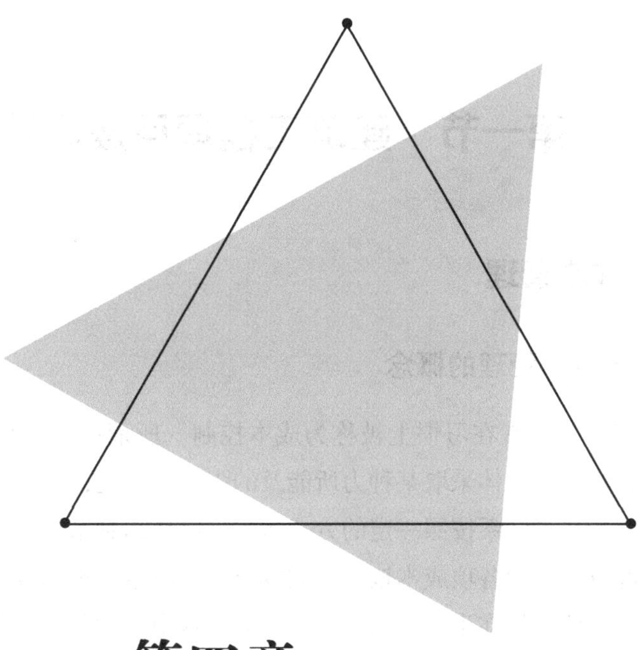

第四章

建筑工程项目成本与进度管理

第一节　建筑工程项目成本管理概述

一、成本管理

（一）成本管理的概念

成本管理，通常在习惯上被称为成本控制。所谓控制，是命令、指导、检查或限制的意思，是指系统主体采取某种力所能及的强制性措施，促使系统构成要素的性质、数量及其相互间的功能联系按照一定的方式运行，以便达到系统目标的管理过程。成本管理是企业生产经营过程中各项成本核算、成本分析、成本决策和成本控制等一系列科学管理行为的总称，具体是指在生产经营成本形成的过程中，对各项经营活动进行指导、限制和监督，使之符合有关成本的各项法令、方针、政策、目标、计划和定额的规定，并及时发现偏差予以纠正，使各项具体的和全部的生产耗费被控制在事先规定的范围之内。成本管理一般有成本预测、成本决策、成本计划、成本核算、成本控制、成本分析、成本考核等职能。

1.狭义的成本管理

狭义的成本管理是指日常生产过程中的产品成本管理，是根据事先制定的成本预算，对日常发生的各项生产经营活动按照一定的原则，采用专门方法进行严格的计算、监督、指导和调节，把各项成本控制在一个允许的范围之内。狭义的成本管理又被称为“日常成本管理”或“事中成本管理”。

2.广义的成本管理

广义的成本管理则强调对企业生产经营的各个方面、各个环节及各个阶段的所有成本的控制，既包括“日常成本管理”，又包括“事前成本管理”和“事后成本管理”。广义的成本管理贯穿企业生产经营全过程，它与成本预测、成本决策、成本规划、成本考核共同构成了现代成本管理系统。传统的成本管理是适应大工业革命的出现而产生和发展的，其中的标准成本法、变动成本法等得到了广泛应用。

（二）现代的成本管理

随着新经济的发展，人们不仅对产品在使用功能方面提出了更高的要求，还强调在产品中能体现使用者的个性化。在这种背景下，现代的成本管理系统应运而生，无论是在观念方面还是在所运用的手段方面，都与传统的成本管理系统有着显著的差异。从现代成本管理的基本理念看，其主要表现在如下3项。

1.成本动因的多样化

成本动因的多样化是引起成本发生变化的原因。要对成本进行控制，就必须了解成本为何发生，它与哪些因素有关、有何关系。

2.时间是一个重要的竞争要素

在价值链的各个阶段中，时间都是非常重要的因素，很多行业和各项技术的发展变革速度已经加快，产品的生命周期变得很短。在竞争激烈的市场上，要获得更多的市场份额，企业管理人员必须能够对市场的变化做出快速反应，投入更多的成本用于缩短设计、开发和生产时间，以缩短产品上市的时间。另外，时间的竞争力还表现在顾客对产品服务的满意程度上。

3.成本管理全员化

成本管理全员化即成本控制不单单是控制部门的一种行为，而是已经变成一种全员行为，是一种由全员参与的控制过程。从成本效能看，以成本支出的使用效果来指导决策，成本管理从单纯地降低成本向以尽可能少的成本支出来获得更大的产品价值转变，这是成本管理的高级形态。同时，成本管理以市场为导向，将成本管理的重点放在面向市场的设计阶段和销售服务阶段。

企业在市场调查的基础上，针对市场需求和本企业的资源状况，对产品和服务的质量、功能、品种及新产品、新项目开发等提出需要，并对销量、价格、收入等进行预测，对成本进行估算，研究成本增减或收益增减的关系，确定有利于提高成本效果的最佳方案。

实行成本领先战略，强调从一切来源中获得规模经济的成本优势或绝对成本优势。重视价值链分析，确定企业的价值链后，通过价值链分析，找出各价值活动所占总成本的比例和增长趋势，以及创造利润的新增长，识别成本的主要成分和那些占有较小比例而增长速度较快、最终可能改变成本结构的价值活动，列出各价值活动的成本驱动因素及相互关系。同时，通过价值链的分析，确定各价值活动间的相互关系，在价值链系统中寻找降低价值活动成本的信息、机会和方法；通过价值链的分析，可以获得价值链的整体情况及环与环之间的链的情况，再利用价值流分析各环节的情况，这种基于价值活动的成本分析是控制成本的一种有效方式，能为改善成本提供信息。

二、建筑工程项目成本的分类

根据建筑产品的特点和成本管理的要求，项目成本可按不同的标准和应用范围进行分类。

（一）按成本计价的定额标准分类

按成本计价的定额标准分类，建筑工程项目成本可以分为预算成本、计划成本和实际成本。

1.预算成本

预算成本是按建筑安装工程实物量和国家或地区或企业制定的预算定额及取费标准计算的社会平均成本或企业平均成本，是以施工图预算为基础进行分析、预测、归集和计算确定的。预算成本包括直接成本和间接成本，是控制成本支出、衡量和考核项目实际成本节约或超支的重要尺度。

2.计划成本

计划成本是在预算成本的基础上，根据企业自身的要求，如内部承包合同的规定，结合施工项目的技术特征、自然地理特征、劳动力素质、设备情况等确定的标准成本，亦称目标成本。计划成本是控制施工项目成本支出的标准，也是成本管理的目标。

3.实际成本

实际成本是工程项目在施工过程中实际发生的可以列入成本支出的各项费用的总和，是工程项目施工活动中劳动耗费的综合反映。

以上各种成本的计算既有联系，又有区别。预算成本反映施工项目的预计支出，实际成本反映施工项目的实际支出。实际成本与预算成本相比较，可以反映对社会平均成本（或企业平均成本）的超支或节约，综合体现了施工项目的经济效益；实际成本与计划成本的差额即项目的实际成本降低额，实际成本降低额与计划成本的比值称为实际成本降低率；预算成本与计划成本的差额即项目的计划成本降低额，计划成本降低额与预算成本的比值称为计划成本降低率。通过几种成本的相互比较，可以看出成本计划的执行情况。

（二）按计算项目成本对象的范围分类

按计算项目成本对象的范围分类，建筑工程项目成本可以分为建设项目工程成本、单项工程成本、单位工程成本、分部工程成本和分项工程成本。

1.建设项目工程成本

建设项目工程成本是指在一个总体设计或初步设计范围内，由一个或几个单项工程组成，经济上独立核算，行政上实行统一管理的建设单位，建成后可独立发挥生产能力或效益的各项工程所发生的施工费用的总和，如某个汽车制造厂的工程成本。

2.单项工程成本

单项工程成本是指具有独立的设计文件，在建成后可独立发挥生产能力或效益的各项工程所发生的施工费用，如某汽车制造厂内某车间的工程成本、某栋办公楼的工程成本等。

3.单位工程成本

单位工程成本是指单项工程内具有独立的施工图和独立施工条件的工程施工中所发生的施工费用，如某车间的厂房建筑工程成本、设备安装工程成本等。

4.分部工程成本

分部工程成本是指单位工程内按结构部位或主要工种部分进行施工所发生的施工费用，如车间基础工程成本、钢筋混凝土框架主体工程成本、屋面工程成本等。

5.分项工程成本

分项工程成本是指分部工程中划分最小的施工过程施工时所发生的施工费用，如基础开挖、砌砖、绑扎钢筋等的工程成本，是组成建设项目成本的最小成本单元。

（三）按工程完成程度的不同分类

按工程完成程度的不同分类，建筑工程项目成本可以分为本期施工成本、本期已完成施工成本、未完成施工成本和竣工施工成本。

1.本期施工成本

本期施工成本是指施工项目在成本计算期间进行施工所发生的全部施工费用，包括本期完工的工程成本和期末未完工的工程成本。

2.本期已完成施工成本

本期已完成施工成本是指在成本计算期间已经完成预算定额所规定的全部内容的分部

分项工程成本，包括上期未完成由本期完成的分部分项工程成本，但不包括本期期末的未完成分部分项工程成本。

3.未完成施工成本

未完成施工成本是指已投料施工，但未完成预算定额规定的全部工序和内容的分部分项工程所支付的成本。

4.竣工施工成本

竣工施工成本是指已经竣工的单位工程从开工到竣工整个施工期间所支出的成本。

（四）按生产费用与工程量的关系分类

按生产费用与工程量的关系分类，建筑工程项目成本可以分为固定成本和变动成本。

1.固定成本

固定成本是指在一定期间和一定的工程量范围内，发生的成本额不受工程量增减变动的影响而相对固定的成本，如折旧费、大修理费、管理人员工资、办公费等。所谓固定，是就其总额而言的，至于分配到每个项目单位工程量上的固定成本，与工程量的增减成反比关系。

固定成本通常又分为选择性成本和约束性成本。选择性成本是指广告费、培训费、新技术开发费等，这些费用的支出无疑会带来收入的增加，但支出的数量并非绝对不可变；约束性成本是通过决策也不能改变其数额的固定成本，如折旧费、管理人员工资等。要降低约束性成本，只有从经济合理地利用生产能力、提高劳动生产率等方面入手。

2.变动成本

变动成本是指发生总额随着工程量的增减变动而成正比变动的费用，如直接用于工程的材料费、实行计划工资制的人工费等。所谓变动，是就其总额而言的，对于单位分项工程上的变动成本往往是不变的。

将施工成本划分为固定成本和变动成本，对于成本管理和成本决策具有重要作用，也是成本控制的前提条件。由于固定成本是维持生产能力所必需的费用，要降低单位工程量分担的固定费用，可以通过提高劳动生产率、增加企业总工程量数额及降低固定成本的绝对值等途径来实现；降低变动成本则只能从降低单位分项工程的消耗定额入手。

三、建筑工程项目成本管理的职能及地位

（一）建筑工程项目成本管理的职能

建筑工程项目成本管理是建筑工程项目管理的一项重要内容。建筑工程项目成本管理是收集、整理有关建筑工程项目的成本信息，并利用成本信息对相关项目进行成本控制的管理活动。建筑工程项目成本管理包括提供成本信息、利用成本信息进行成本控制两大活动领域。

1.提供建筑工程项目的成本信息

提供成本信息是施工项目成本管理的首要职能。成本管理为以下两方面的目的提供成本信息：

（1）为财务报告目的提供成本信息。

施工企业编制对外财务报告至少在两个方面需要施工项目的成本信息：资产计价和损益计算。施工企业编制对外财务报表，需要对资产进行计价确认，这一工作的相当一部分是由施工项目成本管理来完成的。如库存材料成本、未完工程成本、已完工程成本等，要通过施工项目成本管理的会计核算加以确定。施工企业的损益是收入和相关的成本费用配比以后的计量结果，损益计算所需要的成本资料主要通过施工项目成本管理取得。为财务报告目的提供的成本信息，要遵循财务会计准则和会计制度的要求，按照一般的会计核算原理组织施工项目的成本核算。为此目的所进行的成本核算，具有较强的财务会计特征，属于会计核算体系的内容之一。

（2）为经营管理目的提供成本信息。

经营管理需要各种成本信息，这些成本信息，有些可以通过与财务报告目的相同的成本信息得到满足，如材料的采购成本、已完工程的实际成本等。这类成本信息可通过成本核算来提供。有些成本信息需要根据经营管理所设计的具体问题加以分析计算，如相关成本、责任成本等。这类成本信息要根据经营管理中所关心的特定问题，通过专门的分析计算加以提供。为经营管理提供的成本信息，一部分来源于成本核算提供的成本信息，一部分要通过专门的方法对成本信息进行加工整理。经营管理中所面临的问题不同，所需要的成本信息也有所不同。为了不同的目的，成本管理需要提供不同的成本信息。“不同目的，不同成本”是施工项目成本管理提供成本信息的基本原则。

2.建筑工程项目成本控制

建筑工程项目成本管理的另一个重要职能就是对工程项目进行成本控制。按照控制的一般原理，成本控制至少要涉及设定成本标准、实际成本的计算和评价管理者业绩三个方

面的内容。从建筑工程项目成本管理的角度，这一过程是由确定工程项目标准成本、标准成本与实际成本的差异计算、差异形成原因的分析三个过程来完成的。

随着建筑工程项目现代化管理的发展，工程项目成本控制的范围已经超过了设定标准、差异计算、差异分析等内容。建筑工程项目成本控制的核心思想是通过改变成本发生的基础条件来降低工程项目的工程成本。为此，就需要预测不同条件下的成本发展趋势，对不同的可行方案进行分析和选择，采取更为广泛的措施控制建筑工程项目成本。

（二）建筑工程项目成本管理在建筑工程项目管理中的地位

随着建筑工程项目管理在广大建筑施工企业中推广普及，项目成本管理的重要性为人们所认识。可以说，项目成本管理正在成为建筑工程项目管理向深层次发展的主要标志和不可缺少的内容。

1.建筑工程项目成本管理体现建筑工程项目管理的本质特征

建筑施工企业作为我国建筑市场中独立的法人实体和竞争主体，之所以要推行项目管理，其原因就在于希望通过建筑工程项目管理，彻底突破传统管理模式，以满足业主对建筑产品的需求为目标，以创造企业经济效益为目的。成本管理工作贯彻于建筑工程项目管理的全过程，施工项目管理的一切活动实际也是成本活动，没有成本的发生和运动，施工项目管理的生命周期随时可能中断。

2.建筑工程项目成本管理反映施工项目管理的核心内容

建筑工程项目管理活动是一个系统工程，包括工程项目的质量、工期、安全、资源、合同等各方面的管理工作，这一切的管理内容无不与成本的管理密切相关。与此同时，各项专业管理活动的成果又决定着建筑工程项目成本的高低。因此，建筑工程项目成本管理的好坏反映了建筑工程项目管理的水平，成本管理是项目管理的核心内容。建筑工程项目成本若能通过科学、经济的管理达到预期的目的，则能带动建筑工程项目管理乃至整个企业管理水平的提高。

第二节　建筑工程项目成本管理控制

一、建筑工程项目施工成本控制措施

为了取得施工成本控制的理想成效，应当从多方面采取措施实施管理，通常可以将这些措施归纳为组织措施、技术措施、经济措施、合同措施。

（一）组织措施

1.落实组织机构和人员

落实组织机构和人员是指施工成本管理组织机构和人员的落实，各级施工成本管理人员的任务和职能分工、权利和责任的明确。施工成本管理不仅是专业成本管理人员的工作，各级项目管理人员都负有成本控制的责任。

2.确定工作流程

编制施工成本控制工作计划，确定合理详细的工作流程。

3.做好施工采购规划

通过生产要素的优化配置、合理使用、动态管理，有效控制实际成本；加强施工定额管理和施工任务单管理，控制劳动消耗。

4.加强施工调度

避免因施工计划不周和盲目调度造成窝工损失、机械利用率低、物料积压等，从而使施工成本增加。

5.完善管理体制、规章制度

成本控制工作只有建立在科学管理的基础之上，具备合理的管理体制、完善的规章制度、稳定的作业秩序及完整准确的信息传递，才能取得成效。

（二）技术措施

1.进行技术经济分析，确定最佳的施工方案

在进行技术方面的成本控制时，要进行技术经济分析，确定最佳施工方案。

2.结合施工方法，进行材料使用的选择

在满足功能要求的前提下，通过代用、改变配合比、使用添加剂等方法降低材料消耗的费用；确定最适合的施工机械、设备使用方案。结合项目的施工组织设计及自然地理条件，降低材料的库存成本和运输成本。

3.先进施工技术的应用，新材料的运用，新开发机械设备的使用等

在实践中，也要避免仅从技术角度选定方案而忽视了对其经济效果的分析论证。

4.运用技术纠偏措施

一是要能提出多个不同的技术方案，二是要对不同的技术方案进行技术经济分析。

（三）经济措施

①编制资金使用计划，确定、分解施工成本管理目标。

②进行风险分析，制定防范性对策。

③及时准确地记录、收集、整理、核算实际发生的成本。

对各种变更，及时做好增减账、落实业主签证及结算工程款。通过偏差分析和未完成工程预测，可发现一些潜在的问题将引起未完工程施工成本的增加，对这些问题应该以主动控制为出发点，及时采取预防措施。由此可见，经济措施的运用绝不仅仅是财务人员的职责。

（四）合同措施

1.对各种合同结构模式进行分析、比较

在合同谈判时，要争取选用适合于工程规模、性质和特点的合同结构模式。

2.注意合同的细节管控

在合同的条款中应仔细考虑影响成本和效益的因素，特别是潜在的风险因素。通过对引起成本变动的风险因素的识别和分析，采取必要的风险对策，如通过合理的方式，增加承担风险的个体数量，降低损失发生的必然性，并最终使这些策略反映在合同的具体条款中。

3.合理注意合同的执行情况

在合同执行期间，合同管理的措施既要密切注意对方合同执行的情况，以寻求合同索赔的机会；又要密切关注自己履行合同的情况，防止被对方索赔。

二、建筑工程项目施工成本核算

（一）建筑工程项目成本核算目的

施工成本核算是施工企业会计核算的重要组成部分，它是指对工程施工生产中所发生

的各项费用，按照规定的成本核算对象进行归集和分配，以确定建筑安装工程单位成本和总成本的一种专门方法。施工成本核算的任务包括以下3方面：

第一，执行国家有关成本开支范围、费用开支标准、工程预算定额和企业施工预算、成本计划的有关规定，控制费用，促使项目合理、节约地使用人力、物力和财力。这是施工成本核算的前提和首要任务。

第二，正确及时地核算施工过程中发生的各项费用，计算施工项目的实际成本。这是施工成本核算的主体和中心任务。

第三，反映和监督施工项目成本计划的完成情况，为项目成本预测，参与项目施工生产、技术和经营决策提供可靠的成本报告和有关资料，促进项目改善经营管理，降低成本，提高经济效益，这是施工成本核算的根本目的。

（二）建筑工程成本核算的正确认识

1.做好成本预算工作

成本预算是施工成本核算与管理工作开展的基础，成本预算工作人员需要结合已经中标的价格，并且根据工程建设区域的实际情况、现有的施工条件和施工技术人员的综合素质，多方面地进行思考，最终合理、科学地对工程施工成本进行预测。通过预测可以确定工程项目施工过程中各项资源的投入标准，其中包括人力、物力资源等，并且制定限额控制方案，要求施工单位将施工成本投入控制在额定范围。

2.以成本控制目标为基础，明确成本控制原则

工程项目施工过程中对于资金的消耗、施工进度，都是依据工程施工成本核算与管理来进行监督和控制的。加强施工过程成本管理，相关工作人员需要坚持以下原则：首先是节约原则，在保证工程建设质量的前提下节约工程建设资源投入。其次是全员参与原则，工程施工成本管理并不仅仅是财务工作人员的责任，而是所有参与工程项目建设工作人员的责任。最后是动态化控制原则，在工程项目施工过程中会受到众多不利因素的影响，导致工程项目发生变更，这些内容会导致施工成本的增加，只有落实动态化控制原则才能全面掌握施工成本控制变化情况。

（三）建筑工程成本预算方法

1.降低损耗，精准核算

相关工作人员在对施工成本进行核算的过程中，需要从施工人员、工程施工资金、原材料投入等众多方面切入，还需要深入考虑工程建设区域的实际情况，再利用本身具有的

专业知识，科学、合理地确定工程施工成本核算定额。工作人员还需要注意的是，对于工程施工过程中人工、施工机械设备、原材料消耗等费用相关的管理资金投入进行严格的审核。对于工程施工原材料采购需要给予高度的重视，采购前要派遣专业人员进行建筑市场调查，对于材料的价格、质量，以及供应商的实力进行全面的了解，尽可能地做到货比三家，用低廉的价格购买质量优异的原材料。

当施工材料运送到施工现场后，需要对材料的质量检验合格证书进行检验，只有质量合格的施工材料才能进入施工现场。在对施工队伍进行管理的过程中，还需要注重激励制度的落实，设置多个目标阶段激励奖项，对考核制度进行健全和完善。这样可以帮助工程项目施工队伍树立良好的成本核算意识，缩减工程项目施工成本投入，提升施工效率，帮助施工企业赢得更多的经济利益。

2.建立项目承包责任制

在工程项目施工时，可以进行内部承包制，促使经营管理者自主经营、自负盈亏、自我发展、自我约束。内部承包的基本原则是“包死基数，确保上缴，超收多留，歉收自补”，工资与效益完全挂钩。这样，可以使成本在一定范围内得到有效控制，并为工程施工项目管理积累经验，并且可操作性极强，方便管理。采取承包制，在具体操作上必须切实抓好组织发包机构、合同内容确定、承包基数测定、承包经营者选聘等环节的工作。由于是内部承包，如发生重大失误导致成本严重超支时则不易处理。因此，要抓好重要施工部位、关键线路的技术交底和质量控制。

3.严格过程控制

建筑工程项目如何加强成本管理，首先必须从人、财、物的有效组合和使用全过程中狠下功夫，严格过程控制，加强成本管理。比如，对施工组织机构的设立和人员、机械设备的配备，在满足施工需要的前提下，机构要精简直接，人员要精干高效，设备要充分有效利用。对材料消耗、配件的更换及施工工序控制，都要按规范化、制度化、科学化进行。这样，既可以避免或减少不可预见因素对施工的干扰，也使自身生产经营状况在影响工程成本构成因素中的比例降低，从而有效控制成本，提高效益。过程控制要全员参与、全过程控制，这与施工人员的素质、施工组织水平有很大关系。

三、建筑工程项目成本管理信息化

（一）信息化管理的定义及作用

工程项目的信息化管理是指在工程项目管理中，通过充分利用计算机技术、网络技术等高科技技术，实现项目建设、人工、材料、技术、资金等资源整合，并对信息进行收集、存储、加工等，帮助企业管理层决策，从而达到提高管理水平、降低管理成本的目标。项目管理者可以根据项目的特点，及时并准确地进行有效的数据信息整理，实现对项目的监控能力，进而在保障施工进度、安全和质量的前提下实现降低成本的最大化。工程项目成本控制信息化管理的重要作用主要体现在以下3个方面：

1.有效提高建筑工程企业的管理水平

通过信息化管理实现对建筑工程的远程监控，能够及时有效地发现建设过程中成本管理所存在的问题和不足，从而不断改进，不断提高建筑工程企业的管理水平，实现全面的、完善的管理系统，提高企业效益。

2.对工程项目管理决策提供重要的依据

在项目管理中，管理者可以根据信息化管理系统中的信息，及时、准确地对各种施工环境作出准确有效的决策和判断，为管理者提供可靠有效的信息，并实现对工程项目管理水平进行评估。

3.提高工程项目管理者的工作效率

通过高科技技术实现信息化管理，是项目工程成本管理的重要举措。工程项目成本控制的信息化管理能够实现相关信息的共享，提高工程施工人员工作的强度和饱和度，从而减少工作的出错率，并通过宽松的时间和合作单位保持有效沟通，从而使双方达到满意的状态。

（二）建筑工程项目成本管理信息化的意义

建筑企业良好的社会信誉和施工质量无疑能增强企业的市场竞争优势，但是，就充分竞争的建筑行业、高度同质化的施工产品来说，价格因素越来越成为决定业主选择承建商的重要因素。因此，如何降低建筑工程项目的运营成本，加强建筑工程项目成本管理是目前建筑企业增强竞争力的重要课题之一。

建筑工程项目成本管理信息化必须适应建筑行业的特点和发展趋势，以先进的管理理念和方法为指导，依托现代计算机工具，建立一个可操作性强的、高速实时的、信息共享的操作体系，贯穿工程项目的全过程，形成各管理层次、各部门、全员实时参与，信息共享、相互协作的，以项目管理为主线、以成本管理为核心，实现建筑企业财务和资金统筹管理的整体应用系统。

建筑工程项目成本管理信息化也就当然成为建筑工程项目管理信息化的焦点和突破

口。为了更有效地完成建筑工程项目成本管理，从而在激烈的市场竞争中保持建筑企业的价格优势，在工程项目管理中引入成本管理信息系统是必要的，也是可行的。

建筑工程项目成本管理信息系统的应用及其控制流程和系统结构信息网络化的冲击，不仅大大缩短了信息传递的过程，使上级有可能实时地获取现场的信息和快速反应，并且由于网络技术的发展和应用，大大提高了信息的透明度，削弱了信息不对称性，对中间管理层次形成压力，从而实现有效的建筑工程项目成本管理。

（三）建筑工程项目成本管理中管理信息系统的应用

1.系统的应用层次

工程项目管理信息系统在运作体系上包含三个层次：总公司、分公司及工程项目部。其中，总公司主要负责查询工作，而分公司将所有涉及工程的成本数据都存储在数据库服务器上，工程项目部则是原始数据采集之源。这个系统包括系统管理、基础数据管理、机具管理、采购与库存管理、人工分包管理、合同管理中心、费用控制中心、项目中心等共计八个模块。八个模块相辅相成，共同构成一个有机的整体。

2.工程项目管理流程

项目部通过成本管理系统软件对施工过程中产生的各项费用进行控制、核算、分析和查询。通过相关程序及内外部网络串联起各个独立的环节，使其实现有机化，最终汇总到项目部。由总部实现数据的实时掌控，通过对数据的详细分析，能够进行成本优化调节。

3.工程项目成本管理系统的软件结构

成本管理系统软件由以下部分组成：预算管理程序、施工进度管理程序、成本控制管理程序、材料管理程序、机具管理程序、合同事务管理程序及财务结算程序等。

预算管理又包含预算书及标书的管理、项目成本预算的编制。其中的预算书为制订生产计划的重要依据，而项目成本预算是制订成本计划的依据之一。

4.成本核算系统

成本核算作为成本管理的核心环节，居于主要地位。成本核算能够提供费用开支的依据，同时根据它可以对经济效益进行评价。工程项目成本核算的目的是取得项目管理所需要的信息，而“信息”作为一种生产资源，同劳动力、材料、施工机械一样，获得它是需要成本的。工程项目成本核算应坚持形象进度、产值统计、成本归集三同步的原则。项目经理部应按规定的时间间隔进行项目成本核算。成本核算系统就是帮助项目部及公司根据工程项目管理和决策需要进行成本核算的软件，称为工程项目成本核算软件。

第三节　建筑工程项目进度管理概述

一、项目进度管理

（一）项目进度管理的基本概念

1.进度的概念

进度是指项目活动在时间上的排列，强调的是一种工作进展以及对工作的协调和控制。对于进度，通常还常以其中的一项内容“工期”来代称，讲工期也就是讲进度。只要是项目，就有一个进度问题。

2.进行项目进度管理的必要性

项目管理集中反映在成本、质量和进度三个方面，这反映了项目管理的实质，这三个方面通常称为项目管理的“三要素”。进度是三要素之一，它与成本、质量两要素有着辩证的有机联系。对进度的要求是通过严密的进度计划及合同条款的约束，使项目能够尽快地竣工。

实践表明，质量、工期和成本是相互影响的。一般来说，在工期和成本之间，项目进展速度越快，完成的工作量越多，则单位工程量的成本越低。但突击性的作业，往往也增加成本。在工期与质量之间，一般工期越紧，如采取快速突击、加快进度的方法，项目质量就较难保证。项目进度的合理安排，对保证项目的工期、质量和成本有直接的影响，是全面实施“三要素”的关键环节。科学而符合合同条款要求的进度，有利于控制项目成本和质量。仓促赶工或任意拖拉，往往伴随着费用的失控，也容易影响工程质量。

3.项目进度管理概念

项目进度管理又称为项目时间管理，是指在项目进展的过程中，为了确保项目能够在规定的时间内实现目标，对项目活动进度及日程安排所进行的管理过程。

4.项目进度管理的重要性

对于一个大的信息系统开发咨询公司，有25%的大项目被取消、60%的项目远远超过成本预算、70%的项目存在质量问题是很正常的事情，只有很少一部分项目能够按时完成并达到了项目的全部要求，而正确的项目计划、适当的进度安排和有效的项目控制可以避免上述这些问题。

（二）项目进度管理的基本内容

项目进度管理包括两大部分内容：一个是项目进度计划的编制，要拟定在规定的时间内合理且经济的进度计划；另一个是项目进度计划的控制，是指在执行该计划的过程中，检查实际进度是否按计划要求进行，若出现偏差，要及时找出原因，采取必要的补救措施或调整、修改原计划，直至项目完成。

1.项目进度管理过程

（1）活动定义。

确定为完成各种项目可交付成果所必须进行的各项具体活动。

（2）活动排序。

确定各活动之间的依赖关系，并形成文档。

（3）活动资源估算。

估算完成每项确定时间的活动所需要的资源种类和数量。

（4）活动时间估算。

估算完成每项活动所需要的单位工作时间。

（5）进度计划编制。

分析活动顺序、活动时间、资源需求和时间限制，以编制项目进度计划。

（6）进度计划控制。

运用进度控制方法，对项目实际进度进行监控，对项目进度计划进行调整。

项目进度管理过程的工作是在项目管理团队确定初步计划后进行的。有些项目，特别是一些小项目，活动排序、活动资源估算、活动时间估算和进度计划编制这些过程紧密相连，可视为一个过程，可由一人在较短时间内完成。

2.项目进度计划编制

项目进度计划编制是通过项目的活动定义、活动排序、活动时间估算，在综合考虑项目资源和其他制约因素的前提下，确定各项目活动的起始和完成日期、具体实施方案和措施，进而制订整个项目的进度计划。其主要目的是：合理安排项目时间，从而保证项目目标的完成；为项目实施过程中的进度控制提供依据；为各资源的配置提供依据；为有关各方时间的协调配合提供依据。

3.项目进度计划控制

项目进度计划控制是指项目进度计划制订以后，在项目实施过程中，对实施进展情况进行检查、对比、分析、调整，以保证项目进度计划总目标得以实现的活动。按照不同管理层次对进度控制的要求，项目进度控制分为3类。

（1）项目总进度控制。

即项目经理等高层管理部门对项目中各里程碑时间的进度控制。

（2）项目主进度控制。

主要是项目部门对项目中每一主要事件的进度控制。在多级项目中，这些事件可能是各个分项目。通过控制项目主进度使其按计划进行，就能保证总进度计划的如期完成。

（3）项目详细进度控制。

主要是各作业部门对各具体作业进度计划的控制。这是进度控制的基础，只有详细进度得到较强的控制才能保证总进度按计划进行，最终保证项目总进度，使项目目标得以顺利实现。

二、建筑工程项目进度管理

（一）建筑工程项目进度管理概念

建筑工程项目进度管理是指根据进度目标的要求，对建筑工程项目各阶段的工作内容、工作程序、持续时间和衔接关系编制计划，将该计划付诸实施，在实施的过程中，经常检查实际工作是否按计划要求进行，对出现的偏差分析原因，采取补救措施或调整、修改原计划直至工程竣工、交付使用。进度管理的最终目的是确保项目工期目标的实现。

建筑工程项目进度管理是建筑工程项目管理的一项核心管理职能。由于建筑项目是在开放的环境中进行的，置身于特殊的法律环境之下，并且生产过程中的人员、工具与设备具有流动性，产品的单件性等都决定了进度管理的复杂性及动态性，必须加强项目实施过程中的跟踪控制。进度控制与质量控制、投资控制是工程项目建设中并列的三大目标之一。它们之间有着密切的相互依赖和制约关系。通常，进度加快，需要增加投资，但工程能提前使用就可以提高投资效益；进度加快有可能影响工程质量，而质量控制严格则有可能影响进度，但如因质量的严格控制而不致返工，又会加快进度。因此，项目管理者在实施进度管理工作中，要对三个目标全面、系统地加以考虑，正确处理好进度、质量和投资的关系，提高工程建设的综合效益。特别是对一些投资较大的工程，在采取进度控制措施时，要特别注意其对成本和质量的影响。

（二）建筑工程项目进度管理的方法和措施

建筑工程项目进度管理的方法主要有规划、控制和协调。规划是指确定施工项目总进度控制目标和分进度控制目标，并编制其进度计划；控制是指在施工项目实施的全过程中，比较施工实际进度与施工计划进度，出现偏差及时采取措施调整；协调是指协调与施工进度有关的单位、部门和施工工作队之间的进度关系。

建筑工程项目进度管理采取的主要措施有组织措施、技术措施、合同措施和经济措施。

1.组织措施

组织措施主要包括建立施工项目进度实施和控制的组织系统，制定进度控制工作制度，检查时间、方法，召开协调会议，落实各层次进度控制人员、具体任务和工作职责；确定施工项目进度目标，建立施工项目进度控制目标体系。

2.技术措施

采取技术措施时应尽可能采用先进施工技术、方法和新材料、新工艺、新技术，保证进度目标的实现。落实施工方案，在发生问题时，及时调整工作之间的逻辑关系，加快施工进度。

3.合同措施

采取合同措施时以合同形式保证工期进度的实现，即保持总进度控制目标与合同总工期一致，分包合同的工期与总包合同的工期相一致，供货、供电、运输、构件加工等合同规定的提供服务时间与有关的进度控制目标一致。

4.经济措施

经济措施是指落实进度目标的保证资金，签订并实施关于工期和进度的经济承包责任制，建立并实施关于工期和进度的奖惩制度。

（三）建筑工程项目进度管理的内容

1.项目进度计划

建筑工程项目进度计划包括项目的前期、设计、施工和使用前的准备等内容。项目进度计划的主要内容就是制订各级项目进度计划，包括进行总控制的项目总进度计划、进行中间控制的项目分阶段进度计划和进行详细控制的各子项进度计划，并对这些进度计划进行优化，以达到对这些项目进度计划的有效控制。

2.项目进度实施

建筑工程项目进度实施就是在资金、技术、合同、管理信息等方面进度保证措施落实的前提下，使项目进度按照计划实施。施工过程中存在各种干扰因素，其将使项目进度的实施结果偏离进度计划，项目进度实施的任务就是预测这些干扰因素，对其风险程度进行分析，并采取预控措施，以保证实际进度与计划进度吻合。

3.项目进度检查

建筑工程项目进度检查的目的是了解和掌握建筑工程项目进度计划在实施过程中的变化趋势和偏差程度。项目进度检查的主要内容有跟踪检查、数据采集和偏差分析。

4.项目进度调整

建筑工程项目进度调整是整个项目进度控制中最困难、最关键的内容。其包括以下3个方面的内容：

（1）偏差分析。

分析影响进度的各种因素和产生偏差的前因后果。

（2）动态调整。

寻求进度调整的约束条件和可行方案。

（3）优化控制。

调控的目标是使工程项目的进度和费用变化最小，达到或接近进度计划的优化控制目标。

三、建筑工程项目进度管理的基本原理

（一）动态控制原理

动态控制是指对建设工程项目在实施的过程中在时间和空间上的主客观变化而进行项目管理的基本方法论。由于项目在实施过程中主客观条件的变化是绝对的，不变则是相对的；在项目进展过程中平衡是暂时的，不平衡则是永恒的，在项目的实施过程中必须随着情况的变化进行项目目标的动态控制。

建筑工程进度控制是一个不断变化的动态过程，在项目开始阶段，实际进度按照计划进度的规划进行运动，但由于外界因素的影响，实际进度的执行往往会与计划进度出现偏差，出现超前或滞后的现象。这时应通过分析偏差产生的原因，采取相应的改进措施，调整原来的计划，使二者在新的起点上重合，并发挥组织管理作用，使实际进度继续按照计划进行。在一段时间后，实际进度和计划进度又会出现新的偏差。因此，建筑工程进度控制出现了一个动态的调整过程。

（二）系统原理

系统原理是现代管理科学的基本原理。它是指人们在从事管理工作时，运用系统的观点、理论和方法对管理活动进行充分的系统分析，以达到管理的优化目标，即从系统论的

角度来认识和处理企业管理中出现的问题。

系统是普遍存在的，它既可以应用于自然和社会事件，又可以应用于大小单位组织的人际关系之中。因此，通常可以把任何一个管理对象都看成特定的系统。组织管理者要实现管理的有效性，就必须对管理进行充分的系统分析，把握住管理的每一个要素及要素间的联系，实现系统化的管理。

建筑工程项目是一个大系统，其进度控制也是一个大系统，进度控制中，计划进度的编制受到许多因素的影响，不能只考虑某一个因素或几个因素。进度控制组织和进度实施组织也具有系统性，因此，工程进度控制具有系统性，应该综合考虑各种因素的影响。

（三）信息反馈原理

通俗地说，信息反馈就是指由控制系统把信息输送出去，又把其作用结果返送回来，并对信息的再输出发生影响，起到制约的作用，达到预定的目的。

信息反馈是建筑工程进度控制的重要环节，施工的实际进度通过信息反馈给基层进度控制工作人员，在分工的职责范围内，信息经过加工逐级反馈给上级主管部门，最后到达主控制室，主控制室整理统计各方面的信息，经过比较分析作出决策，调整进度计划。进度控制不断调整的过程实际上就是信息不断反馈的过程。

（四）弹性原理

所谓弹性原理，是指管理必须有很强的适应性和灵活性，用以适应系统外部环境和内部条件千变万化的形势，实现灵活管理。

建筑工程进度计划工期长、影响因素多，因此，进度计划的编制就会留出余地，使计划进度具有弹性。进行进度控制时应利用这些弹性，缩短有关工作的时间，或改变工作之间的搭接关系，使计划进度和实际进度相吻合。

（五）封闭循环原理

项目的进度计划控制的全过程是计划、实施、检查、比较分析、确定调整措施、再计划。从编制项目施工进度计划开始，经过实施过程中的跟踪检查，收集有关实际进度的信息，比较和分析实际进度与施工计划进度之间的偏差，找出产生原因和解决办法，确定调整措施，再修改原进度计划，形成一个封闭的循环系统。

（六）网络计划技术原理

网络计划技术是指用于工程项目的计划与控制的一项管理技术，依其起源有关键路径法（CPM）与计划评审法（PERT）之分。通过网络分析研究工程费用与工期的相互关系，并找出在编制计划及计划执行过程中的关键路线，这种方法称为关键路线法（CPM）。注重对各项工作安排的评价和审查的方法称为计划评审法（PERT）。CPM主要应用于以往在类似工程中已取得一定经验的承包工程，PERT更多地应用于研究与开发项目。

网络计划技术原理是建筑工程进度控制的计划管理和分析计算的理论基础。在进度控制中，既要利用网络计划技术原理编制进度计划，根据实际进度信息，比较和分析进度计划，又要利用网络计划的工期优化、工期与成本优化和资源优化的理论调整计划。

第四节　建筑工程项目进度优化控制

一、项目进度控制

（一）项目进度控制的过程

项目进度控制是项目进度管理的重要内容和重要过程之一。项目进度计划只是根据相关技术对项目的每项活动进行估算，并作出项目的每项活动进度的安排。然而，在编制项目进度计划时事先难以预料的问题很多，在项目进度计划执行过程中往往会发生程度不等的偏差，这就要求项目经理和项目管理人员对计划作出调整、变更，消除偏差，以使项目按合同日期完成。

项目进度计划控制就是对项目进度计划实施与项目进度计划变更所进行的控制工作，具体地说，进度计划控制就是在项目正式开始实施后，要时刻对项目及其每项活动的进度进行监督，及时、定期地将项目实际进度与项目计划进度进行比较，掌握和度量项目的实际进度与计划进度的差距，一旦出现偏差，必须采取措施纠正，以维持项目进度的正常进行。

根据项目管理的层次，项目进度计划控制可以分为：项目总进度控制，即项目经理等高层管理部门对项目中各里程碑事件的进度控制；项目主进度控制，主要是项目部门对项目中每一主要事件的进度控制；项目详细进度控制，主要是各具体作业部门对各具体活动的进度控制，这是进度控制的基础，只有详细进度得到较强的控制才能保证主进度按计划进行，最终保证项目总进度，使项目按时实现。因此，项目进度控制要首先定位于项目的每项活动中。

（二）项目进度控制的目标

项目进度控制总目标是依据项目总进度计划确定的，然后对项目进度控制总目标进行层层分解，形成实施进度控制、相互制约的目标体系。

项目进度目标是从总的方面对项目建设提出的工期要求。但在项目活动中，是通过对最基础的分项工程的进度控制来保证各单项工程或阶段工程进度控制目标的完成，进而实现项目进度控制总目标的。因此，需要将总进度目标从总体到细部、从高层次到基础层次进行层层分解，一直分解到可以直接调度控制的分项工程或作业过程为止。在分解中，每一层次的进度控制目标都限定了下一级层次的进度控制目标，而较低层次的进度控制目标又是较高一级层次进度控制目标得以实现的保证，于是就形成了一个自上而下层层约束、由下而上级级保证而上下一致的多层次的进度控制目标体系。例如，可以按项目实施阶段、项目所包含的子项目、项目实施单位及时间来设立分目标。为了便于对项目进度的控制与协调，可以从不同角度建立与施工进度控制目标体系相联系配套的进度控制目标。

二、施工进度计划管理

（一）工程项目施工进度计划的任务

施工进度计划是建筑工程施工的组织方案，是指导施工准备和组织施工的技术、经济文件。编制施工进度计划必须在充分研究工程的客观情况和施工特点的基础上结合施工企业的技术力量、装备水平，从人力、机械、资金、材料和施工方法五个基本要素，进行统筹规划，合理安排，充分利用有限的空间与时间，采用先进的施工技术，选择经济合理的施工方案，建立正常的生产秩序，用最少的资源和资金取得质量高、成本低、工期短、效益好、用户满意的建筑产品。

（二）工程项目施工进度计划的作用

工程项目施工进度计划是施工组织设计的重要组成部分，是施工组织设计的核心内容。编制施工进度计划是在施工方案已确定的基础上，在规定的工期内，对构成工程的各组成部分（如各单项工程、各单位工程、各分部分项工程）在时间上给予科学安排。这种安排是按照各项工作在工艺上和组织上的先后顺序，确定其衔接、搭接和平行的关系，计算出每项工作的持续时间，确定其开始时间和完成时间。根据各项工作的工程量和持续时间确定每项工作的日（月）工作强度，从而确定完成每项工作所需要的资源数量（工人数、机械数及主要材料的数量）。

施工进度计划还表示出各个时段所需各种资源的数量以及各种资源强度在整个工期内的变化，从而进行资源优化，以达到资源的合理安排和有效利用。根据优化后的进度计划确定各种临时设施的数量，并提出所需各种资源数量的计划表。在施工期间，施工进度计划是指导和控制各项工作进展的指导性文件。

（三）工程项目进度计划的种类

根据施工进度计划的作用和各设计阶段对施工组织设计的要求，将施工进度计划分为以下几种类型。

1.施工总进度计划

施工总进度计划是整个建设项目的进度计划，是对各单项工程或单位工程的进度进行优化安排，在规定的建设工期内，确定各单项工程和或单位工程的施工顺序、开始和完成时间，计算主要资源数量，用以控制各单项工程或单位工程的进度。

施工总进度计划与主体工程施工设计、施工总平面布置相互联系、相互影响。当业主提出一个控制性的进度时，施工组织设计据此选择施工方案，组织技术供应和场地布置。相反，施工总进度计划又受到主体施工方案和施工总平面布置的限制，施工总进度计划的编制必须与施工场地布置相协调。在施工总进度计划中选定的施工强度应与施工方法中选用的施工机械的能力相适应。

在安排大型项目的总进度计划时，应使后期投资多，以提高投资利用系数。

2.单项工程施工进度计划

单项工程施工进度计划以单项工程为对象，在施工图设计阶段的施工组织设计中进行编制，用于直接组织单项工程施工。它根据施工总进度计划中规定的各单项工程或单位工程的施工期限，安排各单位工程或各分部分项工程的施工顺序、开竣工日期，并根据单项工程施工进度计划修正施工总进度计划。

3.单位工程施工进度计划

单位工程施工进度计划是以单位工程为对象，一般由承包商进行编制，可分为标前和标后施工进度计划。在标前（中标前）的施工组织设计中所编制的施工进度计划是投标书的主要内容，供投标用。在标后（中标后）的施工组织设计中所编制的施工进度计划，在施工中用以指导施工。单位工程施工进度计划是实施性的进度计划，根据各单位工程的施工期限和选定的施工方法安排各分部分项工程的施工顺序和开竣工日期。

4.分部分项工程施工作业计划

对于工程规模大、技术复杂和施工难度大的工程项目，在编制单位工程施工进度计划之后，常常需要编制某些主要分项工程或特殊工程的施工作业计划，它是直接指导现场施工和编制月、旬作业计划的依据。

5.各阶段，各年、季、月的施工进度计划

各阶段的施工进度计划，是承包商根据所承包的项目在建设各阶段所确定的进度目标而编制的，用以指导阶段内的施工活动。

为了更好地控制施工进度计划的实施，应将进度计划中确定的进度目标和工程内容按时序进行分解，即按年、季、月（旬）编制作业计划和施工任务书，并编制年、季、月（旬）所需各种资源的计划表，用以指导各项作业的实施。

（四）施工进度计划编制的原则

1.施工过程的连续性

施工过程的连续性是指施工过程中的各阶段、各项工作的进行，在时间上应是紧密衔接的，不应发生不合理的中断，保证时间有效地被利用。保持施工过程的连续性应从工艺和组织上设法避免施工队发生不必要的等待和窝工，以达到提高劳动生产率、缩短工期、节约流动资金的目的。

2.施工过程的协调性

施工过程的协调性是指施工过程中的各阶段、各项工作之间在施工能力或施工强度上要保持一定的比例关系。各施工环节的劳动力的数量及生产率、施工机械的数量及生产率、主导机械之间或主导机械与辅助机械之间的配合都必须互相协调，不要发生脱节和比例失调的现象。例如，混凝土工程中的混凝土的生产、运输和浇筑三个环节之间的关系，混凝土的生产能力应满足混凝土浇筑强度的要求，混凝土的运输能力应与混凝土生产能力相协调，使之不发生混凝土拌和设备等待汽车，或汽车排队等待装车的现象。

3.施工过程的均衡性

施工过程的均衡性是指施工过程中各项工作都按照计划要求，在一定的时间内完成相等或等量递增（或递减）的工程量，使各种资源的消耗保持相对的稳定，不发生时紧时松、忽高忽低的现象。在整个工期内使各种资源都得到均衡的使用，这是一种期望，绝对的均衡是难以做到的，但通过优化手段安排进度，可以求得资源消耗达到趋于均衡的状态。均衡施工能够充分利用劳动力和施工机械，并能达到经济性的要求。

4.施工过程的经济性

施工过程的经济性是指以尽可能小的劳动消耗来取得尽可能大的施工成果，在不影响工程质量和进度的前提下，尽力降低成本。在工程项目施工进度的安排上，做到施工过程的连续性、协调性和均衡性，即可达到施工过程的经济性。

（五）编制施工进度计划必须考虑的因素

编制施工进度计划必须考虑的因素如下：工期的长短、占地和开工日期、现场条件和施工准备工作、施工方法和施工机械、施工组织与管理人员的素质、合同与风险承担。

1.工期的长短

对编制施工进度计划最有意义的是相对工期，即相对于施工企业能力的工期。相对工期长即工期充裕，施工进度计划就比较容易编制，施工进度控制也就比较容易，反之则难。除总工期外，还应考虑局部工期充裕与否，施工中可能遇到哪些“卡脖子”问题，有何备用方案。

2.占地和开工日期

由于占地问题影响施工进度的例子很多。有时候，业主在形式上完成了对施工用地的占有，但在承包商进场时或在施工过程中还会因占地问题遇到当地居民的阻挠。其中有些是由于拆迁赔偿问题没有彻底解决，但更多的是当地居民的无理取闹。这就需要加强有关的立法和执法工作。对占地问题，业主方应尽量做好拆迁补偿工作，使当地居民满意，同时应使用法律手段制止不法居民的无理取闹。

3.现场条件和施工准备工作

现场条件包括连接现场与交通线的道路条件、供电供水条件、当地工业条件、机械维修条件、水文气象条件、地质条件、水质条件及劳动力资源条件等。其中，当地工业条件主要是建筑材料的供应能力，如水泥、钢筋的供应条件及生活必需品和日用品的供应条件。劳动力资源条件主要是指当地劳动力的价格、民工的素质及生活习惯等。水质条件主要是现场有无充足的、满足混凝土拌和要求的水源。有时候地表水的水质不符合要求，就要打深井取水或进行水质处理，这对工期有一定的影响。气象条件主要是当地雨季的长短、年最高气温、年最低气温、无霜期的长短等。供电和交通条件对工期的影响也是很大的，对一些大型工程往往要单独建立专用交通线和供电线路，而小型工程要完全依赖当地的交通和供电条件。

业主方施工准备工作主要有施工用地的占有、资金准备、图纸准备及材料供应的准备；承包商方施工准备工作则为人员、设备和材料进场，场内施工道路、临时车站、临时码头建设，场内供电线路架设，通信设施、水源及其他临时设施准备。

对于现场条件不好或施工准备工作难度较大的工程，在编制施工进度计划时一定要留有充分的余地。

4.施工方法和施工机械

一般地说，采用先进的施工方法和先进的施工机械设备时施工进度会快一些。但当施工单位开始使用这些新方法施工时，往往不会提高多少施工速度，有时甚至还不如老方法来得快，这是因为施工单位对新的施工方法有一个适应的过程。从施工进度控制的角度看，不宜在同一个工程同时采用过多的新技术（相对施工单位来讲的新技术）。

如果在一项工程中必须同时采用多项新技术时，那么最好的办法就是请研制这些新技术的科研单位到现场指导，进行新技术应用的推广，这样不仅为这些科研成果的完善提供了现场试验的条件，也为提高施工质量、加快施工进度创造了良好条件，更重要的是使施工单位很快地掌握这些新技术，大大提高了市场竞争力。

5.施工组织与管理人员的素质

良好的施工组织管理应既能有效地制止施工人员的一切不良行为，又能充分调动所有施工人员的积极性，有利于不同部门、不同工作的协调。

对管理人员基本的要求就是要有全局观念，即管理人员在处理问题时要符合整个系统的利益要求，在施工进度控制中就是施工总工期的要求。在西部地区某堆石坝施工中，施工单位管理人员在内部管理的某些问题上处理不当，导致工人怠工，从而影响工程进度。这时业主单位（当地政府主管部门）果断地采取经济措施，调动工人的积极性，从而在汛期到来之前将坝体填筑到了汛期挡水高程。

因为质量不合格的工程量是无效的工程量，质量不合格的工程是要进行返工或推倒重做的，所以，工程质量事故必然会在不同程度上影响施工进度。

6.合同与风险承担

这里的合同是指合同对工期要求的描述和对拖延工期处罚的约定。从业主方面来讲，拖延工期的罚款数量应与报期引起的经济损失相一致。同时在招标时，工期要求应与标底价相协调。这里所说的风险是指可能影响施工进度的潜在因素以及合同工期实现的可能性大小。

三、建筑工程进度优化管理

（一）建筑工程项目进度优化管理的意义

知道整个项目的持续时间时，可以更好地计算管理成本（预备），包括管理、监督和运行成本；可以使用施工进度来计算或肯定地检查投标估算；以投标价格提交投标表，从而向客户展示如何构建该项目。正确构建的施工进度计划可以通过不同的活动来实现。这个过程可以缩短或延长整个项目的持续时间。通过适当的资源调度，可以改变活动的顺序，并延长或缩短持续时间，使资源的配置更加优化。这有助于降低资源需求并保持资源的连续性。

进度表显示团队的目标及何时必须满足这些目标。此外，它还显示了团队必须遵循的路线——它提供了一系列的任务来指导项目经理和主管需要从事哪些活动，哪些是他们应该计划的活动。如果没有这一计划，施工单位可能不知道何时应当实现预定目标。施工进度计划提供了在项目工地上需要建筑材料的日期，可以用来监测分包商和供应商的进度。更为重要的是，进度表提供了施工进度是否按进度进行的反馈，以及项目是否能按时完成。当发现施工进度下降时，可以采取行动来提高施工效率。

（二）工程项目的成本与质量进度的优化

工程项目控制三大目标即工程项目质量、成本、进度。这三者之间相互影响、相互依赖。在满足规定成本、质量要求的同时使工程施工工期缩短也是项目进度控制的理想状态。在工程项目的实际管理中，工程项目管理人员要根据施工合同中要求的工期和要求的质量完成项目。与此同时，工程项目管理人员也要控制项目的成本。

为保证建筑工程项目在高质量、低成本施工的同时，又能够提高工程项目进度的完成时间，这就需要工程管理人员能够有效地协调工程项目质量、成本和进度，尽可能达到工程项目的质量、成本的要求完成工程项目的进度。但是，在工程项目进度估算过程中会受到部分外来因素影响，造成与工程合同承诺不一致的特殊情况，导致项目进度难以依照计划进度完成。

所以，在实际的工程项目管理中，管理人员要结合实际情况与工程项目定量、定向的工程进度，对项目成本与工程质量约束下的工程工期进行理性的研究与分析，进而对有问题的工程进度及时采取有效措施并予以调整，以便实现工程项目管理的创新与优化研究。

（三）工程项目进度资源的总体优化

在建筑工程项目进度实现过程中，从施工所耗用的资源看，只有尽可能节约资源和合理地对资源进行配置，才能实现建设项目工程总体的优化。因此，必须对工程项目中所涉及的工程资源、工程设备及工人进行总体优化。在建筑工程项目的进度中，只有对相关资源合理投入与配置，在一定的期限内限制资源的消耗，才能获得最大的经济效益与社会效益。

所以，工程施工人员就需要在项目进行的过程中坚持以下几条原则：第一，用最少的货币来衡量工程总耗用量；第二，合理有效地安排建筑工程项目需要的各种资源与各种结构；第三，要做到尽量节约以及合理替代枯竭型和稀缺型资源；第四，在建筑工程项目的施工过程中，尽量均衡在施工过程中投入资源。

为了使上述要求得以实现，建筑施工管理人员必须做好以下几点：一是严格遵循工程项目管理人员制订的关于项目进度计划的规定，提前对工程项目的劳动计划进度合理做出规划；二是提前对工程项目中所需用的工程材料及与之相关的资源进行预期估计，从而达到优化和完善采购计划的目的，避免出现资源材料浪费的情况；三是根据工程项目的预计工期、工程量大小、工程质量、项目成本，以及各项条件，合理地选择所需设备的购买及租赁的方式。

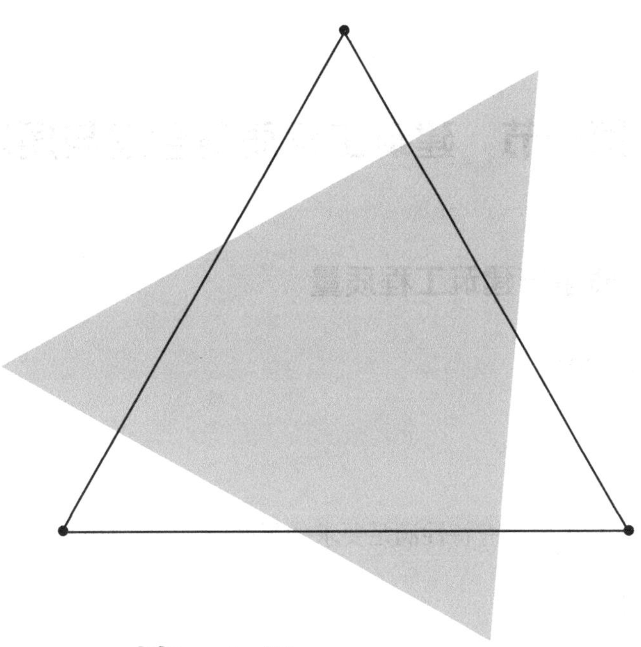

第五章

建筑工程质量管理

第一节　建筑工程质量管理与质量控制概论

一、质量与建筑工程质量

（一）质量

1.定义

质量是指一组固有特性满足要求的程度。

2.含义

（1）质量不只是产品所固有的，其既可是某项活动或某个过程的工作质量，又可是某项管理体系运行的质量。质量是由一组固有特性组成的，这些固有特性是指满足顾客和其他相关方要求的特性，并以满足要求的程度进行表征。

（2）特性是指区分的特征。特征可以是固有的，也可以是赋予的；可以是定性的，也可以是定量的。而质量特性是固有的特性，是通过产品、过程、体系设计、开发以及在实现过程中形成的属性。

（3）满足要求是指满足明示的（如合同、规范、标准、技术、文件和图纸中明确规定的）、隐含的（如组织的惯例、一般习惯）或必须履行的（如法律法规、行规）的需要和期望。而满足要求的程度才是反映质量好坏的标准。

（4）人们对质量的要求是动态的。质量要求随着时间、地点、环境的变化而变化。如随着科学技术的发展，人们生活水平不断提高，其对质量的要求也越来越高。这也是国家和地方要修订各种规范标准的原因。

（二）建筑工程质量

1.建筑工程

建筑工程是指新建、改建或扩建房屋建筑物和附属构筑物设施所进行的规划、勘察、设计、施工、竣工等各项技术工作和完成的工程实体。

2.建筑工程质量分析

（1）定义。

建筑工程质量是反映建筑工程满足相关标准规定或合同约定的要求，包括其在安全使用功能及其在耐久性能、环境保护等方面所有明显和隐含能力的特性总和。

（2）含义。

建筑工程作为特殊产品，不但要满足一般产品共有的质量特性，还具有特殊的含义。

①安全性。这是建筑工程质量最重要的特性，主要是指建筑工程建成后，在使用过程中要保证结构安全、保证人身和财产安全。其中包括建筑工程组成部分及各附属设施使用者的安全。

②适用性。即功能性，这也是建筑工程质量的重要特性，是指建筑工程满足使用目的的各种性能。如住宅要满足人们居住生活的功能；商场要满足人们购物的功能；剧场要满足人们视听观感的功能；厂房要满足人们生产活动的功能；道路、桥梁、铁路、航道要满足相应的通达便捷的功能。

③耐久性。即寿命，是指建筑工程在规定条件下，满足规定功能要求使用的年限，也就是工程竣工后的合理使用周期。由于各类建筑工程的使用功能不同，国家对不同的建筑工程的耐久性有不同的要求。如民用建筑主体结构耐用年限分为四级（15~30年、30~50年、50~100年、100年以上）；公路工程年限一般在10~20年。

④可靠性。工程在规定的时间和规定的条件下完成规定功能的能力，即建筑工程不仅在交工验收时要达到规定的指标，而且在一定使用时期内要保持应有的正常功能。

⑤经济性。工程从规划、勘测、设计、施工到整个产品使用寿命周期内的成本和消耗的费用。其具体表现为设计成本、施工成本、使用成本三者之和，包括从征地、拆迁、勘察、设计、采购（材料、设备）、施工、配套设施等建设全过程的总投资和工程使用阶段的能耗、水耗、维护、保养乃至改建更新的使用维修费用。通过分析比较，判断工程是否符合经济性要求。

⑥环保性。工程是否满足其周围环境的生态环保，是否与所在地区经济环境相协调，以及与周围已建工程相协调，是否适应可持续发展的要求。

上述建筑工程质量特性彼此相互联系、相互依存，是建筑工程必须达到的质量要求，缺一不可，只是可根据不同的工程用途选择不同的侧重方面而已。

（三）建筑工程质量的形成过程与影响因素

1.建筑工程质量的形成过程

（1）工程项目的可行性研究。

工程项目的可行性研究是在项目建议书和项目策划的基础上，运用经济学原理对投资项目的有关技术、经济、社会、环境及所有方面进行调查研究，对各种可能的拟建方案和建成投产后的经济效益、社会效益和环境效益等进行技术经济分析、预测和论证，确定项目建设的可行性，并在可行的情况下，通过比较从中选出最佳建设方案，作为项目决策和设计的依据。在此过程中，需要确定工程项目的质量要求，并与投资目标相协调。因此，项目的可行性研究直接影响项目的决策质量和设计质量。

（2）项目决策。

项目决策阶段是通过项目可行性研究和项目评估，对项目的建设方案作出决策，使项目的建设充分反映业主的意愿，并与地区环境相适应，做到投资、质量、进度三者协调统一。所以，项目决策阶段对工程质量的影响主要是确定工程项目应达到的质量目标和水平。

（3）工程勘察、设计。

工程的地质勘察是为建设场地的选择和工程的设计与施工提供地质资料依据。工程设计是根据建设项目总体需求（包括已确定的质量目标和水平）和地质勘察报告，对工程的外形和内在的实体进行筹划、研究、构思、设计和描绘，形成设计说明书和图纸等相关文件，使质量目标和水平具体化，为施工提供直接依据。

工程设计质量是决定工程质量的关键环节，工程采用什么样的平面布置和空间形式，选用什么样的结构类型，使用什么样的材料、构配件及设备等，都直接关系到工程主体结构的质量，关系到建设投资的综合功能是否充分体现规划意图。在一定程度上，设计的完美性也反映了一个国家的科技水平和文化水平。设计的严密性、合理性也决定了工程建设的成败，是建设工程安全、适用、经济与环境保护等措施得以实现的保证。

（4）工程施工。

工程施工是指按照设计图纸和相关文件的要求，在建设场地上将设计意图付诸实现的测量、作业、检验，形成工程实体建成最终产品的活动。任何优秀的勘察设计成果，都必须通过施工才能变为现实。因此，工程施工活动决定了设计意图能否体现，它直接关系到工程的安全可靠、使用功能的保证，以及外表观感能否体现建筑设计的艺术水平。在一定程度上，工程施工是形成实体质量的决定性环节。

（5）工程竣工验收。

工程竣工验收就是对项目施工阶段的质量通过检查评定、试车运行以及考核项目质量是否达到设计要求；是否符合决策阶段确定的质量目标和水平，并通过验收确保工程项目的质量。所以，工程竣工验收对质量的影响是保证最终产品的质量。

2.影响建筑工程质量的因素

影响建筑工程质量的因素很多，但归纳起来主要有五个方面，即人员素质、工程材料、机械设备、方法和环境条件。

（1）人员素质。

人是生产经营活动的主体，也是工程项目建设的决策者、管理者、操作者。工程建设的全过程，如项目的规划、决策、勘察、设计和施工，都是通过人来完成的。人员的素质，即人的文化水平、技术水平、决策能力、管理能力、组织能力、作业能力、控制能力、身体素质及职业道德等，都将直接或间接地对规划、决策、勘察、设计和施工的质量产生影响，而规划是否合理、决策是否正确、设计是否符合所需要的质量功能、施工能否满足合同、规范、技术标准的需要等，都会对工程质量产生不同程度的影响。所以，人员素质是影响工程质量的一个重要因素。因此，建筑行业实行经营资质管理和各类专业从业人员持证上岗制度是保证人员素质的重要管理措施。

（2）工程材料。

工程材料是指构成工程实体的各类建筑材料、构配件、半成品等，它是工程建设的物质条件，是工程质量的基础。工程材料选用是否合理、产品是否合格、材质是否经过检验、保管使用是否得当等，都会直接影响建设工程结构的强度和刚度、工程外表及观感、工程的使用功能、工程的使用安全。

（3）机械设备。

机械设备可分为两类：一是指组成工程实体及配套的工艺设备和各类机具，如电梯、通风设备等，它们构成了建筑设备安装工程或工业设备安装工程，形成完整的使用功能。二是指施工过程中使用的各类机具设备，包括大型垂直与横向运输设备、各类操作工具、各种施工安全设施、各类测量仪器和计量器具等，简称施工机具设备，它们是施工生产的手段。机具设备对工程质量也有重要的影响。工程用机具设备产品的质量优劣，直接影响工程使用功能质量。施工机具设备的类型是否符合工程施工特点、性能是否先进稳定、操作是否方便安全等，都会影响工程项目的质量。

（4）方法。

方法是指施工方案、施工工艺和操作方法。在工程施工中，施工方案是否合理、施工工艺是否先进、施工操作是否正确，都将对工程质量产生重大的影响。大力推进采用新技术、新工艺、新方法，不断提高工艺技术水平，是保证工程质量稳定提高的重要因素。

（5）环境条件。

环境条件是指对工程质量特性起重要作用的环境因素，包括工程技术环境，如工程地质、水文、气象等；工程作业环境，如施工环境作业面大小、防护设施、通风照明和通信条件等；工程管理环境，主要是指工程实施的合同结构与管理关系的确定、组织体制及管理制度等；工程周边环境，如工程邻近的地下管线、建（构）筑物等。环境条件往往对工程质量产生特定的影响。加强环境管理，改进作业条件，把握好技术环境，辅以必要的措施，是控制环境对质量影响的重要保证。

（四）建筑工程质量的特点

建筑工程质量的特点是由建筑工程本身和建设生产的特点决定的。其特点如下：一是产品的固定性、生产的流动性；二是产品的多样性、生产的单件性；三是产品形体庞大、高投入、生产周期长、具有风险性；四是产品的社会性、生产的外部约束性。

1.影响因素多

建筑工程质量受多种因素的影响，如决策、设计、材料、机具设备、施工方法、施工工艺、技术措施、人员素质、工期、工程造价等，这些因素直接或间接地影响工程项目质量。

2.质量波动大

由于建筑生产的单件性、流动性，不像一般工业产品的生产那样，有固定的生产流水线、有规范化的生产工艺和完善的检测技术、有成套的生产设备和稳定的生产环境，工程质量容易产生波动且波动大。由于影响工程质量的偶然性因素和系统性因素比较多，其中任一因素发生变动，都会使工程质量产生波动，如材料规格品种使用错误、施工方法不当、操作未按规程进行、机械设备过度磨损或出现故障、设计计算失误等，都会发生质量波动，产生系统因素的质量变异，造成工程质量事故。为此，要严防出现系统性因素的质量变异，要把质量波动控制在偶然性因素范围内。

3.质量隐蔽性

建筑工程在施工过程中，分项工程交接多、中间产品多、隐蔽工程多，质量存在隐蔽性。若在施工中不及时进行质量检查，事后只能从表面上检查，这样很难发现内在的质量问题，进而容易产生判断错误，即第二类判断错误（将不合格品误认为合格品）。

4.终检的局限性

工程项目建成后不可能像一般工业产品那样依靠终检来判断产品质量，或将产品拆卸、解体来检查其内在的质量，或对不合格零部件进行更换。工程项目的终检（竣工验收）无法进行工程内在质量的检验，难以发现隐蔽的质量缺陷。因此，工程项目的终检存在一定的局限性。这就要求工程质量控制应以预防为主，防患于未然。

5.评价方法的特殊性

工程质量的检查评定及验收是按检验批、分项工程、分部工程、单位工程进行的。检验批的质量是分项工程乃至整个工程质量检验的基础，检验批合格质量主要取决于主控项目和一般项目经抽样检验的结果。隐蔽工程在隐蔽前要检查合格后验收，涉及结构安全的试块、试件及有关材料，应按规定进行见证取样检测，涉及结构安全和使用功能的重要分部工程要进行抽样检测。工程质量是在施工单位按合格质量标准自行检查评定的基础上，由监理工程师（或建设单位项目负责人）组织有关单位、人员进行检验确认验收。这种评价方法体现了"验评分离、强化验收、完善手段、过程控制"的指导思想。

二、系统工程质量管理与质量控制

（一）建筑工程质量管理分析

建筑工程质量要从源头抓起，要明确各相关单位的工作职责和义务，要严格按照《中华人民共和国建设工程质量管理条例》（以下简称《建设工程质量管理条例》）执行。《建设工程质量管理条例》规定了建设、勘察、设计、施工、监理等单位的质量管理责任和义务。

1.建设单位质量管理的责任和义务

（1）建设单位应当将工程发包给具有相应资质等级的单位。建设单位不得将建设工程肢解发包。

（2）建设单位应当依法对工程建设项目的勘察、设计、施工、监理及与工程建设有关的重要设备、材料等的采购进行招标。

（3）建设单位必须向有关的勘察、设计、施工、工程监理等单位提供与建设工程有关的原始资料。原始资料必须真实、准确、齐全。

（4）建设工程发包单位不得迫使承包方以低于成本的价格竞标，不得任意压缩合理工期。建设单位不得明示或者暗示设计单位或者施工单位违反工程建设强制性标准，降低建设工程质量。

（5）建设单位应当将施工图设计文件报县级以上人民政府建设行政主管部门或者其他有关部门审查。施工图设计文件审查的具体办法，由国务院建设行政主管部门会同国务院其他有关部门制定。施工图设计文件未经审查批准的，不得使用。

（6）实行监理的建设工程，建设单位应当委托具有相应资质等级的工程监理单位进行监理，也可以委托具有工程监理相应资质等级并与被监理工程的施工承包单位没有隶属关系或者其他利害关系的该工程的设计单位进行监理。下列建设工程必须实行监理：①国家重点建设工程；②大中型公用事业工程；③成片开发建设的住宅小区工程；④利用外国政府或国际组织贷款、援助资金的工程；⑤国家规定必须实行监理的其他工程。

（7）建设单位在领取施工许可证或者开工报告前，应当按照国家有关规定办理工程质量监督手续。

（8）按照合同约定，由建设单位采购建筑材料、建筑构配件和设备的，建设单位应当保证建筑材料、建筑构配件和设备符合设计文件和合同要求。建设单位不得明示或者暗示施工单位使用不合格的建筑材料、建筑构配件和设备。

（9）涉及建筑主体和承重结构变动的装修工程，建设单位应当在施工前委托原设计单位或者具有相应资质等级的设计单位提出设计方案；没有设计方案的，不得施工。房屋建筑使用者在装修过程中，不得擅自变动房屋建筑主体和承重结构。

（10）建设单位收到建设工程竣工报告后，应当组织设计、施工、工程监理等有关单位进行竣工验收。建设工程竣工验收应当具备下列条件：①完成建设工程设计和合同约定的各项内容；②有完整的技术档案和施工管理资料；③有工程使用的主要建筑材料、建筑构配件和设备的进场试验报告；④有勘察、设计、施工、工程监理等单位分别签署的质量合格文件；⑤有施工单位签署的工程保修书。建设工程经验收合格的，方可交付使用。

（11）建设单位应当严格按照国家有关档案管理的规定，及时收集、整理建设项目各环节的文件资料，建立健全建设项目档案，并在建设工程竣工验收后，及时向建设行政主管部门或其他有关部门移交建设项目档案。

2.勘察、设计单位质量管理的责任和义务

（1）从事建设工程勘察、设计的单位应当依法取得相应等级的资质证书，并在其资质等级许可的范围内承揽工程。禁止勘察、设计单位超越其资质等级许可的范围或者以其他勘察、设计单位的名义承揽工程。禁止勘察、设计单位允许其他单位或个人以本单位的名义承揽工程。勘察、设计单位不得转包或者违法分包所承揽的工程。

（2）勘察、设计单位必须按照工程建设强制性标准进行勘察、设计，并对其勘察、设计的质量负责。注册建筑师、注册结构工程师等注册执业人员应当在设计文件上签字，并对设计文件负责。

（3）勘察单位提供的地质、测量、水文等勘察成果必须真实、准确。

（4）设计单位应当根据勘察成果文件进行建设工程设计。设计文件应当符合国家规定的设计深度要求，注明工程合理的使用年限。

（5）设计单位在设计文件中选用的建筑材料、建筑构配件和设备，应当注明规格、型号、性能等技术指标，其质量要求必须符合国家规定的标准。除有特殊要求的建筑材料、专用设备、工艺生产线等外，设计单位不得指定生产厂、供应商。

（6）设计单位应当就审查合格的施工图设计文件向施工单位作出详细说明。

（7）设计单位应当参与建设工程质量事故分析，并对因设计造成的质量事故，提出相应的技术处理方案。

3.施工单位质量管理的责任和义务

（1）施工单位应当依法取得相应等级的资质证书，并在其资质等级许可的范围内承揽工程。禁止施工单位超越本单位资质等级许可的业务范围或者以其他施工单位的名义承揽工程。禁止施工单位允许其他单位或个人以本单位的名义承揽工程。施工单位不得转包或者违法分包工程。

（2）施工单位对建设工程的施工质量负责。施工单位应当建立质量责任制，确定工程项目的项目经理、技术负责人和施工管理负责人。建设工程实行总承包的，总承包单位应当对全部建设工程质量负责；建设工程勘察、设计、施工、设备采购的一项或多项实行总承包的，总承包单位应当对其承包的建设工程或者采购的设备的质量负责。

（3）总承包单位依法将建设工程分包给其他单位的，分包单位应当按照分包合同的约定对其分包工程的质量向总承包单位负责，总承包单位与分包单位对分包工程的质量承担连带责任。

（4）施工单位必须按照工程设计图纸和施工技术标准施工，不得擅自修改工程设计，不得偷工减料。施工单位在施工过程中发现设计文件和图纸有差错的，应当及时提出意见和建议。

（5）施工单位必须按照工程设计要求、施工技术标准和合同约定，对建筑材料、建筑构配件、设备和商品混凝土进行检验，检验应当有书面记录和专人签字；未经检验或者检验不合格的，不得使用。

（6）施工单位必须建立健全施工质量的检验制度，严格工序管理，做好隐蔽工程的质量检查和记录。隐蔽工程在隐蔽前，施工单位应当通知建设单位和建设工程质量监督机构。

（7）施工人员对涉及结构安全的试块、试件及有关材料，应当在建设单位或工程监理单位监督下现场取样，并送具有相应资质等级的质量检测单位进行检测。

（8）施工单位对施工中出现质量问题的建设工程或者竣工验收不合格的建设工程，应当负责返修。

（9）施工单位应当建立健全教育培训制度，加强对职工的教育培训；未经教育培训或者考核不合格的人员，不得上岗作业。

4.工程监理单位质量管理的责任和义务

（1）工程监理单位应当依法取得相应等级的资质证书，并在其资质等级许可的范围内承担工程监理业务。禁止工程监理单位超越本单位资质等级许可的范围或者以其他工程监理单位的名义承担工程监理业务。禁止工程监理单位允许其他单位或个人以本单位的名义承担工程监理业务。工程监理单位不得转让工程监理业务。

（2）工程监理单位与被监理工程的施工承包单位及建筑材料、建筑构配件和设备供应单位有隶属关系或其他利害关系的，不得承担该项建设工程的监理业务。

（3）工程监理单位应当依照法律法规及有关技术标准、设计文件和建设工程承包合同，代表建设单位对施工质量实施监理，并对施工质量承担监理责任。

（4）工程监理单位应当选派具备相应资格的总监理工程师和监理工程师进驻施工现场。未经监理工程师签字，建筑材料、建筑构配件和设备不得在工程上使用或者安装，施工单位不得进行下一道工序的施工。未经总监理工程师签字，建设单位不拨付工程款，不进行竣工验收。

（5）监理工程师应当按照工程监理规范的要求，采取旁站、巡视和平行检验等形式，对建设工程实施监理。

（二）建筑工程质量控制

建筑工程质量控制是建筑工程质量管理的重要组成部分，其目的是使建筑工程或其建设过程的固有特性达到规定的要求，即满足顾客、法律法规等方面所提出的质量要求（如适用性、安全性等）。所以，建筑质量控制是通过采取一系列的作业技术和行动对各个过程实施控制的。

建筑工程质量控制的工作内容包括作业技术和活动，即专业技术和管理技术两方面。围绕产品形成全过程每一阶段的工作如何能保证做好，应对影响其质量的因素进行控制，并对质量活动的成果进行分阶段验证，以便及时发现问题，查明原因，采取相应的纠正措施，防止质量不合格现象的发生。因此，质量控制应贯彻预防为主与检验把关相结合的原则。

建筑工程质量控制应贯穿在产品形成和体系运行的全过程。每一过程都有输入、转换和输出三个环节，通过对每一个过程中的三个环节实施有效控制，确保对产品质量有影响的各个过程处于受控状态，才能持续提供符合规定要求的产品。

建筑工程质量控制是指致力于满足工程质量要求，也就是为了保证工程质量满足工程合同、规范标准所采取的一系列措施、方法和手段。工程质量要求主要表现为工程合同、设计文件、技术规范标准规定的质量标准。

1.工程质量控制按其实施主体不同，分为自控主体和监控主体

自控主体是指直接从事质量职能的活动者；监控主体是指对他人质量能力和效果的监控者，主要包括以下四个方面：

（1）政府的工程质量控制。

政府属于监控主体，主要是以法律法规为依据，通过抓工程报建、施工图设计文件审查、施工许可、材料和设备准用、工程质量监督、重大工程竣工验收备案等主要环节进行的。

（2）工程监理单位的质量控制。

工程监理单位属于监控主体，主要是受建设单位的委托，代表建设单位对工程实施全过程进行质量监督和控制，包括勘察设计阶段质量控制、施工阶段质量控制，以满足建设单位对工程质量的要求。

（3）勘察设计单位的质量控制。

勘察设计单位属于自控主体，是以法律法规及合同为依据，对勘察设计的整个过程进行控制，包括工作程序、工作进度、费用及成果文件所包含的功能和使用价值，以满足建设单位对勘察设计质量的要求。

（4）施工单位的质量控制。

施工单位属于自控主体，是以工程合同、设计图纸和技术规范为依据，对施工准备阶段、施工阶段、竣工验收交付阶段等施工全过程的工作质量和工程质量进行控制，以达到合同文件规定的质量要求。

2.工程质量控制按工程质量形成过程，包括全过程各阶段的质量控制

（1）决策阶段的质量控制。

主要是通过项目的可行性研究，选择最佳建设方案，使项目的质量要求符合业主的意图，并与投资目标及所在地区环境相协调。

（2）工程勘察设计阶段的质量控制。

主要是选择好勘察设计单位，保证工程设计符合决策阶段确定的质量要求，保证设计符合有关技术规范和标准的规定，保证设计文件、图纸符合现场和施工的实际条件，确保其深度能满足施工的需要。

（3）工程施工阶段的质量控制。

一是择优选择能保证工程质量的施工单位；二是严格监督承建商按设计图纸进行施工，并形成符合合同文件规定质量要求的最终建筑产品。

第二节 建筑工程施工质量管理与控制

一、建筑工程施工质量控制

（一）建筑工程施工阶段的质量控制

建筑工程施工阶段是使业主及工程设计意图最终得以实现，形成工程实体，以及最终形成工程实体质量的系统过程。建筑工程施工阶段的质量控制可以根据工程实体质量形成的时间段划分为三个阶段。

1.施工准备的质量控制

施工前的准备阶段进行的质量控制，是指在各工程对象正式施工活动开始前，对各项准备工作及影响质量的各因素和有关方面进行的质量控制。

（1）实行目标管理，完善质量保证体系。

各级工程单位及监理单位要把质量控制及管理工作列为重要的工作内容，要树立“百年大计，质量第一”的思想，组织贯彻保证工程质量的各项管理制度，运用全面质量管理的科学管理方法，根据本企业的自身情况和工程特点，确定质量工作目标，建立完善的工程项目管理机构和严密的质量保证体系及质量责任制。实行质量控制的目标管理，抓住目标制定、目标开展、目标实现和目标控制等环节，以各自的工作质量来保证整体工程质量，从而达到工程质量管理的目标。

（2）进行图纸会审、技术交底工作。

施工图和设计文件是组织施工的技术依据。施工技术负责人及监理人员必须认真熟悉图纸，进行图纸会审工作，不仅可以帮助设计单位减少图纸差错，而且可以了解工程特点和设计意图及关键部位的质量要求。同时，做好技术交底工作，使每个施工人员清楚了解施工任务的特点、技术要求和质量标准，以保证和提高工程质量。

（3）制定保证工程质量的技术措施。

建筑工程产品的质量好坏取决于是否采取了科学的技术手段和管理方法，没有好的质量保证措施，不可能有优质的产品。施工单位应根据建设和设计单位提供的设计图纸和有关技术资料，对整个施工项目进行具体的分析研究，结合施工条件、质量目标和攻关内容，编制施工组织设计（或施工方案），制订具体的质量保证计划和攻关措施，明确实施内容、方法和效果。

（4）制定确保工程质量的技术标准。

由于施工过程的操作规程等工艺标准不属于强制性标准，但严格按操作规程进行施工是保证工程质量的重要环节，而目前一些施工企业，尤其是中小型施工企业，没有制定有关操作规程等工艺标准。因此，施工企业必须根据自身的实际情况，编制企业技术标准或将一些地方施工操作规程、协会标准、施工指南、手册等技术转化为本企业的标准，以确保工程质量。

2.施工过程的质量控制

施工过程中进行的所有与施工有关各方面的质量控制，也包括对施工过程中的中间产品（工序产品或分部、分项工程产品）的质量控制。

（1）优选工程管理人员和施工人员，增强质量意识和素质。

工程管理人员和施工人员是建筑工程产品的直接制造者，其素质高低和质量意识强弱将直接影响工程质量的优劣。所以，他们是形成工程质量的主要因素。因此，要控制施工质量，就必须优选施工人员和工程管理人员。通过加强员工的政治思想和业务技术培训，提高他们的技术素质和质量意识，树立质量第一、预控为主的观念，使管理技术人员具有较强的质量规划、目标管理、施工组织、技术指导和质量检查的能力；施工人员要具有精湛的操作技能，一丝不苟的工作作风，严格执行质量标准、技术规范和质量验收规范的法治观念。施工单位应推行生产控制和合格控制的全过程质量控制，应有健全的生产控制和合格控制的质量管理体系。这不仅包括原材料控制、工艺流程控制、施工操作控制、每道工序质量检查、各道相关工序间的交接检验及专业工种之间等中间交接环节的质量管理和控制要求，还应包括满足施工图设计和功能要求的抽样检验制度等。施工单位还应通过内部的审核与管理者的评审，找出质量管理体系中存在的问题和薄弱环节，制定改进的措施和跟踪检查落实等措施，使单位的质量管理体系不断健全和完善，是该施工单位不断提高建筑工程施工质量的保证。

同时，施工单位应重视综合质量控制水平，从施工技术、管理制度、工程质量控制和工程质量等方面制定对施工企业综合质量控制水平的指标，以达到提高整体素质和经济效益的目的。

（2）严格控制建材及设备的质量，做好材料检验工作。

建材及设备质量是工程质量的基础，一旦质量不符合要求，或选择使用不当，均会影响工程质量或造成事故。建材及设备应通过正当的渠道进行采购，选择国家认可、有一定技术和资金保证的供应商，实行货比三家。选购有产品合格证、有社会信誉的产品，既可以控制材料的质量，又可降低材料的成本。针对目前建材市场产品鱼龙混杂的情况，对建筑材料、构配件和设备要实行施工全过程的质量监控，杜绝假冒伪劣产品用于建筑工程上。对于进场的材料，应按有关规定做好检测工作，严格执行建材检测的见证取样送检制度。

（3）执行和完善隐蔽工程和分项工程的检查验收制度。

为了保证工程质量，必须在施工过程中认真做好分项工程的检查验收。坚持以预控为主的方针，贯彻专职检查和施工人员检查相结合的方法。组织班组进行自检、互检、交接检活动，加大施工过程的检查力度。对于上一道工序的工作成果被下一道工序所掩盖的隐蔽工程，在下一道工序施工前，应由建设（监理）、施工等单位和有关部门进行隐蔽工程检查验收，并及时办理验收签证手续。在检查过程中，发现有违反国家有关标准规范，尤其是强制性标准条文的要求施工的，应整改处理，待复检合格后才继续施工，力求把质量隐患消灭在施工过程中。

（4）依靠科技进步，推行全面质量管理，提高质量控制水平。

工程建设必须依靠技术进步和科学技术成果应用来提高工程质量和经济效益。在施工过程中，要积极推广新技术、新材料、新产品和新工艺，依靠科技进步，预防与消除质量隐患，解决工程质量“通病”；掌握国内外工程建设方面的科学技术发展动态，充分了解工程技术推广应用或淘汰的技术、工艺、设备的状况。建立严格的考核制度，推行全面质量管理，不断改进和提高施工技术和工艺水平；加强工程建设队伍的教育和培训，不断提高职工队伍的技术素质和职业道德水平，逐步推行技术操作持证上岗制度。工程施工各方面应以质量控制为中心进行全方位管理，从各个侧面发挥对工程质量的保证作用，从而使工程质量控制目标得以实现。

3.竣工验收的质量控制

竣工验收的质量控制是指对于通过施工过程所完成的具有独立的功能和使用价值的最终产品（单位工程或整个工程项目）及有关方面（如质量文档）的质量进行控制。即一个建筑工程产品建成后，要进行全面的质量验收及评价，对质量隐患及时处理，并及时总结经验、吸取教训，不断提高企业的质量控制及管理能力。

（二）建筑工程施工质量的控制依据

1.工程合同文件

工程施工承包合同文件和委托监理合同文件中分别规定了参与建设各方在质量控制方面的权利和义务，有关各方必须履行在合同中的承诺。

2.设计文件

“按图施工”是施工阶段质量控制的一项重要原则。因此，经过批准的设计图纸和技术说明书等设计文件就是质量控制的重要依据。在施工准备阶段，要进行“三方”（监理单位、设计单位和承包单位）的图纸会审，以达到了解设计意图和质量要求、发现图纸差错和减少质量隐患的目的。

3.国家和地方政府部门颁布的有关质量管理方面的法律法规性文件

（1）《建筑法》。

（2）《建设工程质量管理条例》。

（3）《建筑业企业资质管理规定》。

上述文件是国家及建设主管部门颁布的有关质量管理方面的法律法规性文件，是建设行业必须遵循的基本法律法规性文件。

4.有关质量检验与控制的专门技术法规性文件

此类文件一般是针对不同行业、不同质量对象而制定的技术法规性文件，包括各种有关的标准、规范、规程和规定。

技术标准有国家标准、行业标准、地方标准和企业标准等。它们是建立和维护正常的生产和工作秩序应遵循的准则，也是衡量质量好坏的尺度。因此，负责进行质量控制的各方面技术与管理人员一定要熟练掌握技术标准。

（三）建筑工程施工质量控制与管理的工作程序

建筑工程施工质量控制与管理是复杂的系统工程，现代管理的理念是以项目为中心进行动态控制。即以项目为中心成立项目部，以项目经理为管理主体，以技术负责人为技术权威的项目组织管理模式，进行有效的动态控制，以实现项目的质量、进度、工期、安全等主要控制目标为目的，进行良性的PDCA（Plan、Do、Check、Act，计划、执行、检查和处理）循环，达到提高工程施工质量的目的。

1.施工质量保证体系的建立和运行

施工质量保证体系是指现场施工管理组织的施工质量自控体系或管理系统，即施工单位为实施承建工程的施工质量管理和目标控制，以现场施工管理组织架构为基础，通过质量管理目标的确定和分解，所需人员和资源的配置，以及施工质量相关制度的建立和运行，形成具有质量控制和质量保证能力的工作系统。

施工质量保证体系的建立是以现场施工管理组织机构为主体，根据施工单位质量管理体系和业主方或总包方的总体系统的有关规定和要求而建立的。

（1）施工质量保证体系的主要内容。

①目标体系。

②业务职能分工。

③基本制度和主要工作流程。

④现场施工质量计划或施工组织设计文件。

⑤现场施工质量控制点及其控制措施。

⑥内外沟通协调关系网络及其运行措施。

（2）施工质量保证体系的特点。

施工质量保证体系的特点包括系统性、互动性、双重性、一次性。

（3）施工质量保证体系的运行。

第一，施工质量保证体系的运行，应以质量计划为龙头、以过程管理为中心，按照PDCA循环的原理进行。

第二，施工质量保证体系的运行，按照事前、事中和事后控制相结合的模式展开。

①事前控制：预先进行周密的质量控制计划；②事中控制：主要是通过技术作业活动和管理活动行为的自我约束和他人监控，达到施工质量控制目的；③事后控制：包括对质量活动结果的评价认定和对质量偏差的纠正。

以上三大环节不是孤立和分开的，是PDCA循环的具体化，在滚动中不断提高。

2.掌握施工质量的预控方法

施工质量预控是施工全过程质量控制的首要环节，包括确定施工质量目标、编制施工质量计划、落实各项施工准备工作及对各项施工生产要素的质量进行预控。

（1）施工质量计划预控。

施工质量计划是施工质量控制的手段或工具。施工质量的计划预控是将“预防为主”作为指导思想，确定合理的施工程序、施工工艺和技术方法，以及制定与此相关的技术、组织、经济与管理措施，用以指导施工过程的质量管理和控制活动。一是为现场施工管理组织的全过程施工质量控制提供依据；二是成为发包方实施质量监督的依据。施工质量计划预控的重要性在于它明确了具体的质量目标，制定了行动方案和管理措施。施工质量计划方式有三种，即《施工质量计划》《施工组织设计》《施工项目管理实施规划》。

（2）施工准备状态预控。

①工程开工前的全面施工准备。

②各分部分项工程开工前的施工准备。

③冬季、雨季等季节性施工准备。

施工准备状态是施工组织设计或质量计划的各项安排和决定的内容，在施工准备过程或施工开始前，具体落实到位的情况。

（3）全面施工准备阶段，工程开工前各项准备。

①完成图纸会审和设计交底。

②就施工组织设计或质量计划向现场管理人员和作业人员传达或说明。

③先期进场的施工材料物资、施工机械设备是否满足要求。

④是否按施工平面图进行布置并满足安全生产规定。

⑤施工分包企业及其进场作业人员的资源资质资格审查。

⑥施工技术、质量、安全等专业专职管理人员到位情况，责任、权力明确。

⑦施工所必需的文件资料、技术标准、规范等各类管理工具。

⑧工程计量及测量器具、仪表等的配置数量、质量。

⑨工程定位轴线、标高引测基准是否明确，实测结果是否已经复核。

⑩施工组织计划或质量计划，是否已经报送业主或其监理机构核准。

（4）分部分项工程施工作业准备。

①相关施工内容的技术交底，是否明确、到位和理解。

②所使用的原材料、构配件等，是否进行质量验收和记录。

③规定必须持证上岗的作业人员，是否经过资格核查或培训。

④前道工序是否已按规定进行施工质量交接检查或隐蔽工程验收。

⑤施工作业环境，如通风、照明、防护设施等是否符合要求。

⑥施工作业所必需的图纸、资料、规范、标准或作业指示书、要领书、材料使用说明书等。

⑦工种间的交叉、衔接、协同配合关系，是否已经协调明确。

3.施工过程的质量验收

（1）施工质量验收的依据。

工程施工承包合同；工程施工图纸；工程施工质量统一验收标准；专业工程施工质量验收规范；建设法律法规；管理标准和技术标准。

（2）施工过程的质量验收分析。

施工过程的质量验收包括检验批质量验收、分项工程质量验收、分部工程质量验收。

第一，检验批质量验收：检验批是按同一生产条件或按规定的方式汇总起来供检验用的，由一定数量样本组成的检验体，可按楼层、施工段、变形缝等进行划分。

①检验批的验收应由监理工程师（建设单位项目技术负责人）组织施工单位项目专业质量（技术）负责人等进行验收。

②检验批合格质量应符合下列规定：主控项目和一般项目的质量经抽样检验合格；具有完整的施工操作依据、质量检验记录；主控项目合格率为100%。

第二，分项工程质量验收：

①分项工程应按主要工种、材料、施工工艺、设备类别等进行划分。

②分项工程应由监理工程师（建设单位项目技术负责人）组织施工单位项目专业质量技术负责人进行验收。

③分项工程质量合格标准：分项工程所包含的检验批均应符合合格质量的规定；分项工程所含的检验批的质量验收记录应完整。

第三，分部工程质量验收：

①分部工程划分应按专业性质、建筑部位确定。

②分部工程应由总监理工程师（建设单位项目负责人）组织施工单位项目负责人和技术、质量负责人等进行验收；地基与基础、主体结构分部工程的勘察、设计单位工程项目负责人和施工单位技术、质量负责人也应参加相关分部工程验收。

③分部工程质量合格标准：所含分项工程的质量均应验收合格；质量控制资料应完整；地基与基础、主体结构和设备安装等与分部工程有关安全及功能的检验和抽样结果应符合有关规定；感观质量验收应符合有关要求。

（3）施工过程质量验收中，工程质量不合格时的处理方法：

①经返工重做或更换器具、设备的检验批，应该重新验收。

②经有资质的检测单位检测鉴定能达到设计要求的检验批，应予以验收。

③达不到设计要求，但经原设计单位核算认可能够满足结构安全和使用功能的检验批，可予以验收。

④经返修或加固处理的分项、分部工程，虽然改变了外形尺寸，但仍能满足安全使用要求，可按技术处理方案和协商文件进行验收。

⑤通过返修或加固处理后仍不能满足使用要求的分部工程、单位工程，严禁验收。

二、施工质量控制的内容、方法和手段

工程施工质量控制主要有人的因素控制、材料质量控制、机械设备控制、施工方法控制、工序质量控制、质量控制点设置；施工项目质量控制的内容、方法和手段，主要是审核有关技术文件、报告和直接进行现场检查或进行必要的试验等。

（一）人的因素控制

人是生产经营活动的主体，也是工程项目建设的决策者、管理者、操作者，工程建设的全过程都是通过人来完成的，人员的素质都将直接或间接地对规划、决策、勘察、设计和施工的质量产生影响。而在工程施工阶段的质量控制中，对人的因素控制尤为重要。而建筑行业实行经营资质管理和各类专业从业人员持证上岗制度，是保证人员素质的重要管理措施。因此，开工前一定要加强人员资质的审查工作，明确必须持证上岗。工程建设一般要求领导者应具备较强的组织管理能力、一定的文化素质、丰富的实践经验。项目经理

应从事工程建设多年，有一定的经验，且具备相应工程要求的项目经理证书。各专业技术工种应具有本专业的资质证书，有较丰富的专业知识和熟练的操作技能。监理工程师应具备工程监理工程师执业资格。同时，要加强对技术骨干及一线工人的技术培训。

（二）材料质量控制

对于工程中使用的材料、构配件，承包人应按有关规定和施工合同约定进行检验，并应查验材质证明和产品合格证。材料、构配件未经检验，不得使用；经检验不合格的材料、构配件和工程设备，承包人应及时运离工地或做出相应处理。要明确质量标准，合格的材料是工程质量保证的基础，对于施工中采用的原材料与半成品，必须明确其质量标准及检测要求。

国家及部颁标准对中小型工程全部适用，在质量控制过程中不能降低要求与标准。

（三）机械设备控制

设备的选择应本着因地制宜、因工程而宜的原则，按照技术先进、经济合理、性能可靠、使用安全、操作方便、维修方便的原则，使其具有工程的适应性。建筑工程的机械设备要考虑现实情况，切合实际地配置机械设备。旧施工设备进入工地前，承包人应提供该设备的使用和检修记录，以及具有设备鉴定资格的机构出具的检修合格证。经监理单位认可，方可进场。机械设备的使用操作应贯彻“人机固定”原则，实行定机、定人、定岗、定位责任制的制度。

（四）施工阶段环境因素控制

环境因素控制包括工程技术环境控制，工程地质的处理是建筑工程施工的质量控制要点，不同的地质状况会对工程的施工方案及质量的保证造成不同程度的影响。如气候的突变可能会对工程的施工进度计划造成影响，有的甚至会严重威胁到工程质量；工程作业环境控制，如施工环境作业面大小、防护设施、通风照明和通信条件控制等；工程管理环境控制，主要指工程实施的合同结构与管理关系的确定，组织体制及管理制度控制等；周边环境控制，如工程邻近的地下管线、建（构）筑物掌握情况等。环境条件往往对工程质量产生特定的影响。加强环境因素控制，改进作业条件，把握好技术环境，辅以必要的措施，是控制环境对质量影响的重要保证。环境因素对工程质量产生的影响，要予以充分重视，根据工程特点及具体情况，灵活机动地进行动态控制，把影响减少到最低程度。

（五）工序质量控制

工序质量即工序活动条件的质量和工序活动效果的质量。工序质量的控制就是对工序活动条件的质量控制和工序活动效果的控制，从而可以对整个施工过程的质量进行控制。工序质量控制是施工技术质量职能的重要内容,也是事中控制的重点。因此,控制要点如下:

第一，工序质量控制目标及计划。确立每道工序合格的标准，严格遵守国家相关法律法规。执行每道工序验收检查制度，上道工序不合格不得进入下道工序的施工，对不合格工序坚决返工处理。

第二，关键工序控制。关键工序是指在工序控制中起主导地位的工序或根据历史经验资料认为经常发生质量问题的工序。

（六）质量控制点设置

1.设置质量控制点的方法

（1）按施工组织设计等有关文件确定有前后衔接或并行的工序。

（2）从以往各类型工程质量控制点设置经验库中调用同类工程质量控制点设置的资料作为基础模板，以质量通病知识库、质量事故分析知识库、项目特定要求列表（在项目的建设中，业主通常会有特定的质量要求，比如装饰抹灰的立面垂直度和表面平整度等，业主特定的质量要求因项目的不同而异。同时，在新项目启动前把新项目所涉及的新工艺、新技术、新材料应用也罗列到项目特定要求列表中）为支持，按所设计的质量控制点判断选择规则，在所选模板的基础上增加或删除控制点，完成新项目质量控制点的初步设置，再用国家规范、技术要求、质量标准来检验设置结果是否达到要求。

（3）借鉴以往工程质量控制点的管理和执行办法或者重新制定措施对项目的质量控制点进行监督管理。

（4）对质量控制点的执行情况进行评价和总结，并结合以往各类型工程质量控制点设置经验库，实现控制点设置经验库的更新和升级。

2.设置质量控制点的原则

（1）施工过程中的关键工序或环节及隐蔽工程，如预应力结构的张拉工序、钢筋混凝土结构的钢筋架立。

（2）施工中的薄弱环节或质量不稳定的工序、部位或对象，如地下防水层的施工。

（3）对后续工程施工或对后续工序质量及安全有重大影响的工序、部位或对象，如预应力结构中的钢筋质量、模板的支撑与固定。

（4）采用新技术、新工艺、新材料的部位或环节。

（5）施工上无足够把握的、施工条件困难的或技术难度大的工序或环节，如复杂曲线模板的放样等。

显然，是否设置为质量控制点，主要视其对质量特性影响的大小、危害程度及其质量保证的难度大小而定。

3.质量控制点中重点控制对象

（1）人的行为。

对某些作业或操作，应以人作为重点进行控制，如高空、高潮、水下、危险作业等，对人的身体素质或心理应有相应的要求；技术难度大或精度要求高的作业，如复杂模板放样、精密而复杂的设备安装以及重型构件吊装等对人的技术水平均有相应的较高要求。

（2）物的质量和性能。

施工设备和材料是直接影响工程质量和安全的主要因素，对某些工程尤为重要，常作为质量控制的重点。

（3）关键的操作。

如预应力钢筋的张拉工艺操作过程及张拉力的控制，是可靠地建立预应力值和保证预应力构件质量的关键过程。

（4）施工技术参数。

如对填方路堤进行压实时，对填土含水量等参数的控制是保证填方质量的关键；对于岩基水泥灌浆，灌浆压力、吃浆率和冬季施工混凝土受冻临界强度等技术参数都是质量控制的关键。

（5）施工顺序。

有些工作必须严格遵循作业之间的顺序。例如，冷拉钢筋应当先对焊、后冷拉，否则会失去冷强特性；屋架固定一般应采取对角同时施焊的方式，以免焊接应力使校正的屋架发生应变等。

（6）技术间歇。

有些作业需要有必要的技术间歇时间。如砖墙砌筑后与抹灰工序之间，以及抹灰与粉刷或喷涂之间，均应保证有足够的间歇时间；混凝土浇筑后至拆模之间也应保持一定的间歇时间。

（7）新工艺、新技术、新材料的应用。

由于缺乏经验，施工时可作为重点进行严格控制。

（8）产品质量不稳定、不合格率较高及易发生质量通病的工序。

对产品质量不稳定、不合格率较高及易发生质量通病的工序，应列为重点，仔细分析、严格控制，如防水层的铺设、供水管道接头的渗漏等。

（9）易对工程质量产生重大影响的施工方法。

例如，液压滑模施工中的支承杆失稳问题、升板法施工中提升差的控制等，都是一旦施工不当或控制不严，极有可能引起重大质量事故的问题，应作为质量控制的重点。

（10）特殊地基或特种结构。

如大孔性、湿陷性黄土、膨胀土等特殊土地基的处理，大跨度和超高结构等难度大的施工环节和重要部位等都应给予特别重视。

（七）施工项目质量控制的内容、方法和手段

1.审核有关技术文件、报告或报表

对技术文件、报告或报表的审核，是监理工程师、工程技术与管理人员对工程质量进行全面质量控制的重要手段，其具体内容如下：

（1）审核各有关承包单位的资质。

第一，施工承包单位资质的分类：国务院建设行政主管部门为了维护建筑市场的正常秩序，加强管理，保障施工承包单位的合法权益及保证工程质量，制定了建筑企业资质等级标准。承包单位必须在规定的范围内进行经营活动，且不得超范围经营。建设行政主管部门对承包单位的资质实行动态管理，建立了相应的考核、资质升降及审查规定。

承包单位按其承包工程的能力，划分为施工总承包、专业承包和劳务分包三个序列。这三个序列按照工程性质和技术特点分别划分为若干资质类别，各资质类别按照规定的条件划分为若干等级。

①施工总承包企业：获得施工总承包资质的企业，可以对工程实行施工总承包或者对主体工程实行施工承包，施工总承包企业可以将承包的工程全部自行施工，也可将非主体工程或劳务作业分包给具有相应专业承包资质或劳务分包资质的其他建筑业企业。施工总承包企业的资质按专业类别共分为12个资质类别，每个资质类别又分成特级、一级、二级、三级。

②专业承包企业：获得专业承包资质的企业，可以承接施工总承包企业分包的专业工程或者建设单位按规定发包的专业工程。专业承包企业可以对所承接的工程全部自行施工，也可将劳务作业分包给具有相应劳务分包资质的其他劳务分包企业。专业承包企业资质按专业类别共分为60个资质类别，每个资质类别又分成一级、二级、三级。

③劳务分包企业：获得劳务分包资质的企业，可以承接施工总承包企业或专业承包企业分包的劳务作业。劳务分包企业有13个资质类别，如木工作业、砌筑作业、钢筋作业、架线作业等。有些资质类别分成若干等级，有的则不分。如木工、砌筑、钢筋作业劳务分包企业资质分为一级、二级，油漆、架线等作业劳务分包企业则不分等级。

第二，监理工程师对施工承包单位资质的审核：①招投标阶段对施工承包单位资质的审查。一是根据工程类型、规模和特点，确定参与投标企业的资质等级，并得到招标管理部门的认可。二是对参与投标承包企业的考核：查对《营业执照》《建筑业企业资质证

书》。同时，了解其实际的建设业绩、人员素质、管理水平、资金情况、技术设备等；考核承包企业的近期表现、年检情况、资质升降级情况、了解其是否有质量、安全、管理问题，以及企业管理的发展趋势。②对中标进场的施工承包单位的质量管理体系的核查：质量管理健全的承包单位，对取得优质工程将起决定性作用。因此，监理工程师做好承包单位的质量管理体系的核查是非常重要的。

（2）审核施工方案、施工组织设计和技术措施（质量计划）。

监理工程师要重点审核施工方案是否合理、施工组织设计是否周全、技术措施（质量计划）是否完善，合理的施工方案、周全的施工组织设计、完善的技术措施（质量计划）是提高工程质量的有力保障。

（3）其他。

①审核有关材料、半成品的质量检验报告。

②审核反映工序质量动态的统计资料或控制图表。

③审核设计变更、修改图纸和技术核定书。

④审核有关质量问题的处理报告。

⑤审核有关应用新工艺、新材料、新技术、新结构的技术鉴定书。

⑥审核有关工序交接检查，分项、分部工程质量检查报告。

⑦审核并签署现场有关技术签证、文件等。

2.现场质量检查

（1）开工前检查。

开工前检查的目的是检查是否具备开工条件，开工后能否连续正常施工，能否保证工程质量。

（2）工序交接检查。

对于重要的工序或对工程质量有重大影响的工序，在自检、互检的基础上，还要组织专职人员进行工序交接检查。

（3）隐蔽工程检查。

隐蔽工程需经检查合格后办理隐蔽工程验收手续，如果隐蔽工程未达到验收条件，施工单位应采取措施进行返工，合格后通知现场监理、甲方检查验收，未经检查验收的隐蔽工程一律不得自行隐蔽。

（4）停工后复工前的检查。

因处理质量问题或某种原因停工，须经检查认可后方能复工。

（5）分项、分部工程的检查。

分项、分部工程完工后，应经现场监理、甲方检查验收，并签署验收记录后，才能进行下一工程项目的施工。

（6）成品保护检查。

工程施工中，应及时检查成品有无保护措施，或保护措施是否可靠。

工程施工质量管理人员（质检员）必须经常深入现场，对施工操作质量进行巡视检查，必要时还应进行跟班或跟踪检查。只有这样，才能发现问题，并及时解决。

3.施工现场质量检查的方法

工程施工质量检查的方法有目测法、实测法和试验法三种。

（1）目测法。

其手段可归纳为“看、摸、敲、照”四个字。

①看：就是根据质量标准进行外观目测。如清水墙面是否洁净，弹涂是否均匀，内墙抹灰大面及口角是否平直，混凝土拆模后是否有蜂窝、麻面、漏筋，施工工序是否合理，工人操作是否正确等，均是通过目测检查评价的。

②摸：就是手感检查，主要用于装饰工程的某些项目，如大白是否掉粉，地面有无起砂等，均可通过手摸加以鉴别。

③敲：就是运用工具进行音感检查。地面工程、装饰工程中的水磨石、面砖和大理石贴面等，均是应用敲击来进行检查的，通过声音的虚实确定有无空鼓，还可以根据声音的清脆和沉闷，判断是面层空鼓还是底层空鼓。

④照：难看到或光线较暗的部位，则可采用镜子反射或灯光照射的方法进行检查。

（2）实测法。

实测法就是通过实测数据与施工规范及质量标准所规定的允许偏差对照，来判别质量是否合格。实测检查法的手段，也可归纳为四个字，即“靠、吊、量、套”。

①靠：是用直尺、塞尺检查墙面、地面、屋面的平整度。

②吊：是用托线板以线锤吊线检查垂直度。

③量：是用测量工具和计量仪表等检查断面尺寸、轴线、标高等的偏差。

④套：是以方尺套方，辅以塞尺检查。如常用的对门窗口及构配件的对角线检查，也是套方的特殊手段。

（3）试验法。

试验法是指必须通过试验手段才能对质量进行判断的检查方法。如对桩或地基的静载试验，确定其承载力；对混凝土、砂浆试块的抗压强度等试验，确定其强度是否满足设计要求。

上述工程施工质量控制的内容、方法和手段，是工程监理、工程技术与管理人员多年工作实践的结晶。

第三节　建筑工程施工质量验收

一、建筑工程施工质量验收基本概念

（一）建筑工程施工质量验收的概念

1.定义

建筑工程在施工单位自行质量检查评定的基础上，参与建设活动的有关单位共同对检验批、分项、分部、单位工程的质量进行抽样复验，根据相关标准以书面形式对工程质量达到合格与否作出确认。

2.含义

（1）自检。

建筑工程施工单位在验收之前要对施工质量进行自检，并为验收做好各项准备工作。

（2）联检。

参与建设活动的有关单位共同对检验批、分项、分部、单位工程的质量进行抽样复验。

（3）确认。

根据相关标准以书面形式对工程质量达到合格与否作出确认。

（二）建筑工程施工质量验收的相关术语

1.进场验收

对进入施工现场的材料、构配件、设备等按相关标准规定要求进行检验，对产品达到合格与否作出确认。

2.检验批

按同一的生产条件或按规定的方式汇总起来供检验用的，由一定数量样本组成的检验体。

3.检验

对检验项目中的性能进行量测、检查、试验等，并将结果与标准规定要求进行比较，以确定每项性能是否合格所进行的活动。

4.见证取样检测

在监理单位或建设单位监督下，由施工单位有关人员现场取样，并送至具备相应资质的检测单位所进行的检测。

5.交接检验

由施工的承接方与完成方经双方检查并对可否继续施工作出确认的活动。

6.主控项目

建筑工程中的对安全、卫生、环境保护和公众利益起决定性作用的检验项目。

7.一般项目

除主控项目以外的检验项目。

8.抽样检验

按照规定的抽样方案，随机地从进场的材料、构配件、设备或建筑工程检验项目中，按检验批抽取一定数量的样本所进行的检验。

9.抽样方案

根据检验项目的特性确定抽样的数量和方法。

10.计数检验

在抽样的样本中，记录每一个体有某种属性或计算每一个体中的缺陷数目的检查方法。

11.计量检验

在抽样检验的样本中，对每一个体测量其某个定量特性的检查方法。

12.观感质量

通过观察和必要的量测所反映的工程外在质量。

13.返修

对工程不符合标准规定的部位采取整修等措施。

14.返工

对不合格的工程部位采取的重新制作、重新施工等措施。

二、建筑工程施工质量验收的程序和组织

（一）检验批及分项工程的验收

检验批及分项工程应由监理工程师（建设单位项目技术负责人）组织施工单位项目专业质量（技术）负责人等进行验收。即检验批和分项工程是建筑工程质量的基础，因此，所有检验批和分项工程均应由监理工程师或建设单位项目技术负责人组织验收。验收前，施工单位先填好“检验批和分项工程的质量验收记录”（有关监理记录和结论不填），并由项目专业质量检验员和项目专业技术负责人分别在检验批和分项工程质量检验记录中的相关栏目签字，然后由监理工程师组织，严格按规定程序进行验收。

（二）分部工程的验收

分部工程应由总监理工程师（建设单位项目负责人）组织施工单位项目负责人和技术、质量负责人等进行验收，地基与基础、主体结构分部工程的勘察、设计单位工程项目负责人和施工单位技术、质量部门负责人也应参加相关分部工程验收，即分部（子分部）工程验收的组织者及参加验收的相关单位和人员。工程监理实行总监理工程师负责制，因此分部工程应由总监理工程师（建设单位项目负责人）组织施工单位的项目负责人和项目技术、质量负责人及有关人员进行验收。因为地基基础、主体结构的主要技术资料和质量问题是归技术部门和质量部门掌握，所以规定施工单位的技术、质量部门负责人参加验收是符合实际的。地基基础、主体结构技术性能要求严格，技术性强，关系到整修工程的安全，因此，规定这些分部工程的勘察、设计单位工程项目负责人也应参加相关分部的工程质量验收。

（三）单位工程的自检

单位工程完工后，施工单位应自行组织有关人员进行检查评定，并向建设单位提交工程验收报告。即单位工程完成后，施工单位首先要依据质量标准、设计图纸等组织有关人员进行自检，并对检查结果进行评定，符合要求后向建设单位提交工程验收报告和完整的质量资料，请建设单位组织验收。

（四）单位（子单位）工程验收

建设单位收到工程报告后，应由建设单位（项目）负责人组织施工（含分包单位）、

设计、监理等单位（项目）负责人进行单位（子单位）工程验收。即单位工程质量验收应由建设单位负责人或项目负责人组织，由于设计、施工、监理单位都是责任主体，设计、施工单位负责人或项目负责人及施工单位的技术、质量负责人和监理单位的总监理工程师均应参加验收（勘察单位虽然也是责任主体，但已经参加了地基验收，故单位工程验收时可以不参加）。

在一个单位工程中，对满足生产要求或具备使用条件，施工单位已预验，监理工程师已初验通过的子单位工程，建设单位可组织进行验收。由几个施工单位负责施工的单位工程，当其中的施工单位所负责的子单位工程已按设计完成，并经自行检验，也可按规定的程序组织正式验收，办理交工手续。在整个单位工程进行全部验收时，已验收的子单位工程验收资料应作为单位工程验收的附件。

（五）单位工程有分包单位施工的工程验收

单位工程有分包单位施工时，分包单位对所承包的工程按标准规定的程度检查评定，总包单位应派人参加。分包工程完成后，应将工程有关资料交总包单位。这就是总包单位和分包单位的质量责任和验收程序。

由于《建设工程承包合同》的双方主体是建设单位和总承包单位，总承包单位应按照承包合同的权利义务对建设单位负责。分包单位既应对总承包单位负责，也应对建设单位负责。因此，分包单位对承建的项目进行检验时，总包单位应参加，检验合格后，分包单位应将工程的有关资料移交总包单位，待建设单位组织单位工程质量验收时，分包单位负责人应参加验收。

当参加验收各方对工程质量验收意见不一致时，可请当地建设行政主管部门或工程质量监督机构协调处理。即建筑工程质量验收意见不一致时的组织协调部门，可以是当地建设行政主管部门，或其委托的部门（单位），也可以是各方认可的咨询单位。

（六）建设工程竣工验收备案制度

单位工程质量验收合格后，建设单位应在规定时间内将工程竣工验收报告和有关文件，报建设行政管理部门备案。即建设工程竣工验收备案制度是加强政府监督管理，防止不合格工程流向社会的一个重要手段。建设单位应依据《建设工程质量管理条例》和建设部门的有关规定，到县级以上人民政府建设行政主管部门或其他有关部门备案。否则，不允许投入使用。

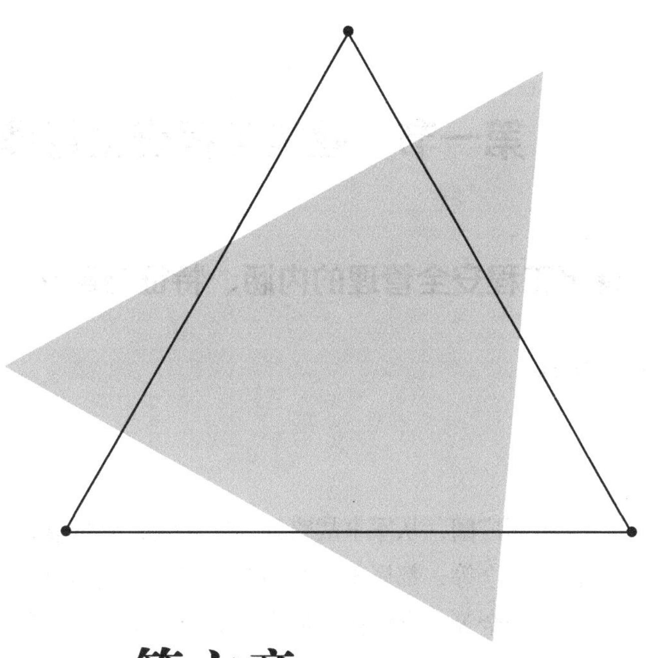

第六章

建筑工程安全管理

第一节 建筑工程安全管理概述

一、建筑工程安全管理的内涵、特征与意义

（一）内涵

1.安全

安全涉及的范围广阔，从军事战略到国家安全，到依靠警察维持的社会公众安全，再到交通安全、网络安全等，都属于安全问题。安全既包括有形实体安全，如国家安全、社会公众安全、人身安全等，也包括虚拟形态安全，如网络安全等。

顾名思义，安全就是“无危则安，无缺则全”。安全意味着不危险，这是人们长期以来在生产中总结出来的一种传统认识。安全工程观点认为，安全是指在生产过程中免遭不可承受的危险、伤害，包括两个方面含义：一是预知危险，二是消除危险，两者缺一不可。安全是与危险相互对应的，是我们对生产、生活中免受人身伤害的综合认识。

2.安全管理

管理是指在某组织中的管理者为了实现组织既定目标而进行的计划、组织、指挥、协调和控制的过程。

安全管理可以定义为管理者为实现安全生产目标对生产活动进行的计划、组织、指挥、协调和控制的一系列活动，以保护员工在生产过程中的安全与健康。其主要任务是：加强劳动保护工作，改善劳动条件，加强安全作业管理，搞好安全生产，保护职工的安全和健康。

建筑工程安全管理是安全管理原理和方法在建筑领域的具体应用。所谓建筑工程安全管理，是指以国家的法律法规、技术标准和施工企业的标准及制度为依据，采取各种手段，对建筑工程生产的安全状况实施有效制约的一切活动，是管理者对安全生产进行建章立制，进行计划、组织、指挥、协调和控制的一系列活动，是建筑工程管理的一个重要部分。其目的是保护职工在生产过程中的安全与健康，保证人身、财产安全。它包括宏观安全管理和微观安全管理两个方面。

宏观安全管理主要是指国家安全生产管理机构及建设行政主管部门从组织、法律法规、执法监察等方面对建设项目的安全生产进行管理。它是一种间接的管理，同时也是微观管理的行动指南。实施宏观安全管理的主体是各级政府机构。

微观安全管理主要是指直接参与对建设项目的安全管理，包括建筑企业、业主或业主委托的监理机构、中介组织等对建筑项目安全生产的计划、组织、实施、控制、协调、监督和管理。微观管理是直接的、具体的，它是安全管理思想、安全管理法律法规以及标准指南的体现。实施微观安全管理的主体主要是施工企业及其他相关企业。

宏观和微观的建筑安全管理对建筑安全生产都是必不可少的，它们是相辅相成的。为了保护建筑业从业人员的安全，保证生产的正常进行，就必须加强安全管理，消除各种危险因素，确保安全生产，只有抓好安全生产才能提高生产经营单位的安全程度。

3.安全管理在项目管理中的地位

建筑工程安全管理对国家发展、社会稳定、企业盈利、人民安居有着重大意义，是工程项目管理的内容之一。质量、成本、工期、安全是建筑工程项目管理的四大控制目标。

项目管理总目标由四个目标共同组成，安全是基础，这是因为：

（1）安全是质量的基础。只有良好的安全措施保证，作业人员才能较好地发挥技术水平，质量也才会有保障。

（2）安全是进度的前提。只有在安全工作完全落实的条件下，建筑企业在缩短工期时才不会出现严重的不安全事故。

（3）安全是成本的保证。安全事故的发生必然会对建筑企业和业主带来巨大的经济损失，工程建设也无法顺利进行。

这四个目标互相作用，形成一个有机的整体，共同推动项目的实施。只有四大目标统一实现，项目管理的总目标才得以实现。

4.安全生产

安全生产是指在劳动过程中，努力改善劳动条件，克服不安全因素，防止伤亡事故的发生，使劳动生产在保证劳动者安全健康和国家财产及人民生命财产安全的前提下顺利进行。

安全生产一直以来是我国的重要国策。安全与生产的关系可用“生产必须安全，安全促进生产”这句话来概括。二者是一个有机整体，不能分割，更不能对立。

对国家来说，安全生产关系到国家的稳定、国民经济健康持续的发展以及构建和谐社会目标的实现。

对社会来说，安全生产是社会进步与文明的标志。一个伤亡事故频发的社会不能称为文明的社会。社会的团结需要人民的安居乐业，身心健康。

对企业来说，安全生产是企业效益的前提，一旦发生安全生产事故，将会造成企业有形和无形的经济损失，甚至会给企业造成致命的打击。

对家庭来说，一次伤亡事故，可能造成一个家庭的支离破碎。这种打击往往会给家庭成员带来经济、心理、生理等多方面创伤。

对个人来说，最宝贵的便是生命和健康，而频发的安全生产事故使二者受到严重的威胁。

由此可见，安全生产的意义非常重大。"安全第一，预防为主"已成为我国安全生产管理的基本方针。

（二）特征

建筑工程的特点，给安全管理工作带来了较大的困难和阻力，决定了建筑安全管理具有自身的特点，这在施工阶段尤为突出。

1.流动性

建筑产品依附于土地而存在，在同一个地方只能修建一个建筑物，建筑企业需要不断地从一个地方移动到另一个地方进行建筑产品生产。而建筑安全管理的对象是建筑企业和工程项目，也必然不断地随企业的转移而转移，不断地跟踪建筑企业和工程项目的生产过程。流动性体现在以下3方面：

一是施工队伍的流动。建筑工程项目具有固定性，这决定了建筑工程项目的生产是随项目的不同而流动的，施工队伍需要不断地从一个地方换到另一个地方进行施工，流动性大，生产周期长，作业环境复杂，可变因素多。

二是人员的流动。由于建筑企业超过80%的工人是农民工，人员流动性也较大。大部分农民工没有与企业形成固定的长期合同关系，往往在一个项目完工后即意味着原劳务合同的结束，需与新的项目签订新的合同，这样造成了施工作业培训不足，违章操作的现象时有发生，不安全行为成为主要的事故发生隐患。

三是施工过程的流动。建筑工程从基础、主体到装修各阶段，因分部分项工程、工序的不同，施工方法的不同，现场作业环境、状况和不安全因素都在变化，作业人员经常更换工作环境，特别是需要采取临时性措施，规则性往往较差。

安全教育与培训往往跟不上生产的流动和人员的大量流动，造成安全隐患大量存在，安全形势不容乐观，要求项目的组织管理对安全管理具有高度的适应性和灵活性。

2.动态性

在传统的建筑工程安全管理中，人们希望将计划做得很精确。但从项目环境和项目资源的限制上看，过于精确的计划往往会使其失去指导性，与实际产生冲突，造成实施中的管理混乱。

建筑工程的流水作业环境使得安全管理更富于变化。与其他行业不同，建筑业的工作场所和工作内容都是动态的、变化的。建筑工程安全生产的不确定因素较多，为适应施工现场环境变化，安全管理人员必须具有不断学习、开拓创新、系统而持续地整合内外资源以应对环境变化和安全隐患挑战的能力。因此，现代建筑工程安全管理更强调灵活性和有效性。

另外，由于建筑市场是在不断发展变化的，政府行政管理部门需要针对出现的新情况、新问题做出反应，包括各种新的政策、措施及法规的出台等。既需要保持相关法律法规及相关政策的稳定性，也需要根据不断变化的环境条件进行适当调整。

3.协作性

（1）多个建设主体的协作。建筑工程项目的参与主体涉及业主、勘察、设计、施工及监理等多个单位，它们之间存在着较为复杂的关系，需要通过法律法规及合同来进行规范。这使得建筑安全管理的难度增加，管理层次多，管理关系复杂。如果组织协调不好，极易出现安全问题。

（2）多个专业的协作。完成整个项目的过程中，涉及管理、经济、法律、建筑、结构、电气、给排水、暖通等相关专业。各专业的协调组织也对安全管理提出了更高的要求。

（3）各级建设行政管理部门在对建筑企业的安全管理过程中应合理确定权限，避免多头管理情形的发生。

4.密集性

首先是劳动密集。目前，我国建筑业工业化程度较低，需要大量人力资源的投入，是典型的劳动密集型行业。建筑业的农民工，很多没有经过专业技能培训，给安全管理工作提出了挑战。因此，建筑安全生产管理的重点是对人的管理。

其次是资金密集。建筑项目的建设需以大量资金投入为前提，资金投入大决定了项目受制约的因素多，如施工资源的约束、社会经济波动的影响、社会政治的影响等。资金密集性也给安全管理工作带来了较大的不确定性。

5.法规性

宏观的安全管理所面对的是整个建筑市场、众多的建筑企业，安全管理必须保持一定的稳定性，通过一套完善的法律法规体系来进行规范和监督，并通过法律的权威性来统一建筑生产的多样性。

作为经营个体的建筑企业可以在有关法律框架内自行管理，根据项目自身的特征灵活采取合适的安全管理方法和手段，但不得违背国家、行业和地方的相关政策和法规，以及行业的技术标准要求。

综上所述，以上特点决定了建筑工程安全管理的难度较大，表现为安全生产过程不可控，安全管理需要从系统的角度整合各方面的资源来有效地控制安全生产事故的发生。因此，对施工现场的人和环境系统的可靠性，必须进行经常性的检查、分析、判断、调整，强化动态中的安全管理活动。

（三）意义

建筑工程安全管理的意义有如下几点：

（1）搞好安全管理是防止伤亡事故和职业危害的根本对策。

（2）搞好安全管理是贯彻落实“安全第一、预防为主”方针的基本保证。

（3）有效的安全管理是促进安全技术和劳动卫生措施发挥应有作用的动力。

（4）安全管理是施工质量的保障。

（5）搞好安全管理，有助于改进企业管理，全面推进企业各方面工作的进步，促进经济效益的提高。安全管理是企业管理的重要组成部分，与企业的其他管理密切联系，互相影响、互相促进。

二、建筑工程安全管理的原则与内容

（一）原则

根据现阶段建筑业安全生产现状及特点，要达到安全管理的目标，建筑工程安全管理应遵循以下6个原则：

1.以人为本的原则

建筑安全管理的目标是保护劳动者的安全与健康不因工作而受到损害，同时减少因建筑安全事故导致的全社会包括个人家庭、企业行业及社会的损失。这个目标充分体现了以人为本的原则，坚持以人为本是施工现场安全管理的指导思想。

在生产经营活动中，在处理保证安全与实现施工进度、工程成本及其他各项目标的关系上，始终把从业人员和其他人员的人身安全放到首位，绝不能冒生命危险抢工期、抢进度，绝不能依靠减少安全投入达到增加效益、降低成本的目的。

2.安全第一的原则

我国建筑工程安全管理的方针是“安全第一，预防为主”。“安全第一”就是强调安全，突出安全，把保证安全放在一切工作的首要位置。当生产和安全工作发生矛盾时，安全是第一位的，各项工作要服从安全。

安全第一是从保护生产的角度和高度，肯定安全在生产活动中的位置和重要性。

3.预防为主的原则

进行安全管理不是处理事故，而是针对施工特点在施工活动中对人、物和环境采取管理措施，有效地控制不安全因素的发展与扩大，把可能发生的事故消灭在萌芽状态之中，以保证生产活动中人的安全健康。

贯彻“预防为主”原则应做到以下几点：一是要加强全员安全教育与培训，让所有员工切实明白“确保他人的安全是我的职责，确保自己的安全是我的义务”，从根本上消除习惯性违章现象，减少发生安全事故的概率；二是要制定和落实安全技术措施，消除现场的危险源，安全技术措施要有针对性、可行性，并要得到切实的落实；三是要加强防护用品的采购质量和安全检验，确保防护用品的防护效果；四是要加强现场的日常安全巡查与检查，及时辨识现场的危险源，并对危险源进行评价，制定有效措施予以控制。

4.动态管理的原则

安全管理不是少数管理者和安全机构的事，而是一切与建筑生产有关的所有参与人共同的事。安全管理涉及生产活动的方方面面，涉及从开工到竣工交付的全部生产过程，涉及全部的生产时间，涉及一切变化着的生产因素。当然，这并非否定安全管理第一责任人和安全机构的作用。

因此，生产活动中必须坚持“四全”动态管理，即全员、全过程、全方位、全天候的动态安全管理。

5.发展性原则

安全管理是对变化着的建筑生产活动中的动态管理，其管理活动是不断发展变化的，以适应不断变化的生产活动，消除新的危险因素。这就需要我们不断地摸索新规律，总结新的安全管理办法与经验，指导新的变化后的管理，促使安全管理不断地上升到新的高度，提高安全管理的艺术和水平，促进文明施工。

6.强制性原则

严格遵守现行法律法规和技术规范是基本要求，同时强制执行和必要的惩罚措施缺一不可。关于《建筑法》《中华人民共和国安全生产法》《中华人民共和国工程建设标准强制性条文》等一系列法律法规的规定，都是在不断强调和规范安全生产，加强政府的监督管理，做到对各种生产违法行为的强制制裁有法可依。

安全是生产的法定条件，安全生产不因领导人的看法和注意力的改变而改变。项目的安全机构设置、人员配备、安全投入、防护设施用品等都必须采取强制性措施予以落实，“三违”现象（违章指挥、违章操作、违反劳动纪律）必须采取强制性措施加以杜绝。一旦出现安全事故，首先追究项目经理的责任。

（二）内容

根据施工项目的实际情况和施工内容，识别风险和安全隐患，找出安全管理控制点。

根据识别的重大危险源清单和相关法律法规，编制相应管理方案和应急预案。组织有关人员对方案和预案进行充分性、有效性、适宜性的评审，完善控制的组织措施和技术措施。

进行安全策划（对脚手架工程、高处作业、机械作业、临时用电、动用明火、沉井深挖基础、爆破作业、铺架施工、既有线施工、隧道施工、地下作业等要作出规定），编制安全规划和安全措施费的使用计划；制定施工现场安全、劳动保护、文明施工和作业环境保护措施，编制临时用电设计方案；按安全、文明、卫生、健康的要求布置生产（安全）、生活（卫生）设施；落实施工机械设备、安全设施及防护用品进场计划的验收；进行施工人员上岗安全培训、安全意识教育（三级安全教育）；对从事特种作业和危险作业人员、四新人员要进行专业安全技能培训，对从业资格进行检查；对洞口、临边、高处作业所采取的安全防护措施（“三宝”：安全帽、安全带、安全网；“四口”：楼梯口、电梯井口、预留洞口、通道口），指定专人负责搭设和验收；对施工现场的环境（废水、尘毒、噪声、振动、坠落物）进行有效控制，防止职业危害的发生；对现场的油库和炸药库等设施进行检查；编制施工安全技术措施等。

进行安全检查，按照分类方式的不同，安全检查可分为定期和不定期检查、专业性和季节性检查、班组检查和交接检查。检查可通过“看”“量”“测”“现场操作”等检查方法进行。检查内容包括安全生产责任制、安全保证计划、安全组织机构、安全保证措施、安全技术交底、安全教育、安全持证上岗、安全设施、安全标识、操作行为、规范管理、安全记录等。安全检查的重点是违章指挥和违章作业、违反劳动纪律，还有就是安全技术措施的执行情况，这也是施工现场安全保障的前提。

针对检查中发现的问题，下达“隐患整改通知书”，按规定程序进行整改，同时制定相应的纠正措施，现场安全员组织员工进行原因分析总结，吸取其中的教训，并对纠正措施的实施过程和效果进行跟踪验证。针对已发生的事故，按照应急程序进行处置，使损失最小化。对事故是否按处理程序进行调查处理，应急准备和响应是否可行进行评价，并改进、完善方案。

第二节　安全文明施工

一、一般项目安全文明施工

为做到建筑工程的文明施工，施工企业在综合治理、公示标牌、社区服务、生活设施等一般项目的管理上也要给予重视。

（一）综合治理

施工现场应在生活区内适当设置工人业余学习和娱乐的场所，以使劳动后的员工也能有合理的休息方式。施工现场应建立治安保卫制度、治安防范措施，并将责任分解落实到人，杜绝发生盗窃事件，由专人负责检查落实情况。

为促进综合治理基础工作的规范化管理，保证综合治理各项工作措施落实到位，项目部由安全负责人挂帅，成立由管理人员、工地门卫及工人代表参加的治安保卫工作领导小组，对工地的治安保卫工作全面负责。

及时对进场职工进行登记造册，主动到公安外来人口管理部门申请领取暂住证，门卫值班人员必须坚持日夜巡逻，积极配合公安部门做好本工地的治安联防工作。

集体宿舍做到定人定位，不得男女混居，杜绝聚众斗殴、赌博、嫖娼等违法事件发生，不准留宿身份不明的人员，来客留宿工地的，必须经工地负责人同意并登记备案，以保证集体宿舍的安全。做好防火防盗等安全保卫工作，资金、危险品、贵重物品等必须妥善保管。经常对职工进行法律法制知识及道德教育，使广大职工知法、懂法，从而减少或消除违法案件的发生。

严肃各项纪律制度，加强社会治安、综合治理工作，健全门卫制度和各项综合管理制度，增强门卫的责任心。门卫必须坚持对外来人员进行询问登记，身份不明者不准进入工地。夜间值班人员必须流动巡查，发现可疑情况，立即报告项目部进行处理。当班门卫一定要坚守岗位，不得在班中睡觉或做其他事情。发现违法乱纪行为，应及时予以劝阻和制止。对严重违法犯罪分子，应将其扭送或报告公安部门处理。夜间值班人员要做好夜间火情防范工作，一旦发现火情，立即发出警报，火情严重的要及时报警。搞好警民联系，共同协作搞好社会治安工作。及时调解职工之间的矛盾和纠纷，防止矛盾激化，对严重违反治安管理制度的人员进行严肃处理，确保全工程无刑事案件、无群体斗殴、无集体上访事件发生，以求一方平安，保证工程施工正常进行。

公司综合治理领导小组每季度召开一次会议，特殊情况下可随时召开。各基层单位综合治理领导小组每月召开一次会议，并有会议记录。公司综合治理领导小组每季度向上级汇报公司综合治理工作情况，项目部每月向公司综合治理领导小组书面汇报本单位综合治理工作情况，特殊情况应随时向公司汇报。

1.综合治理检查

综合治理检查包括以下3个方面：

（1）治安、消防安全检查。公司对各生活区、施工现场、重点部位（场所）采用平时检查（不定期地下基层、工地）与集中检查（节假日、重大活动等）相结合的办法实施检查、督促。项目部对所属重点部位至少每月检查一次，对施工现场的检查，特别是消防安全检查，每月不少于两次，节假日、重大活动的治安、消防检查应有领导带队。

（2）夜间巡逻检查。有专职夜间巡逻的单位要坚持每天进行巡逻检查，并灵活安排巡逻时间和路线；无专职夜间巡逻队的单位要教育门卫、值班人员加强巡逻和检查，保卫部门应适时组织夜间突击检查，每月不少于一次。

（3）分包单位管理。分包单位在签订《生产合同》的同时必须签订《治安、防火安全协议》，并在一周内提供分包单位施工人员花名册和身份证复印件，按规定办理暂住证，缴纳城市建设费。分包单位治安负责人要经常对本单位宿舍、工具间、办公室的安全防范工作进行检查，并落实防范措施。分包单位治安负责人联谊会每月召开一次。治安、消防责任制的检查，参照本单位治安保卫责任制进行。

2.法治宣传教育和岗位培训

加强职工思想道德教育和法治宣传教育，倡导“爱祖国、爱人民、爱劳动、爱科学、爱社会主义”的社会风尚，努力培养“有理想、有道德、有文化、守纪律”的社会主义劳动者。

积极宣传和表彰社会治安综合治理工作的先进典型以及为维护社会治安做出突出贡献的先进集体和先进个人，在工地范围内创造良好的社会舆论环境。

定期召开职工法制宣传教育培训班（可每月举办一次），并组织法治知识竞赛和考试，对优胜者给予表扬和奖励。

清除工地内部各种诱发违法犯罪的文化环境，杜绝职工看黄色录像、打架斗殴等现象发生。

加强对特殊工种人员的培训，充分保证各工种人员持证上岗。

积极配合公安部门开展法治宣传教育，共同做好刑满释放、解除劳教人员和失足青年的帮助教育工作。

3.住处管理报告

公司综合治理领导小组每月召开一次各项目部治安责任人会议，收集工地内部违法、违章事件。每月和当地派出所、街道综合治理办公室开碰头会，及时反映社会治安方面存在的问题。工地内部发生紧急情况时，应立即报告分公司综合治理领导小组，并会同公安部门进行处理、解决。

4.社区共建

项目部综合治理领导小组每月与驻地街道综合治理部门召开一次会议，讨论、研究工地文明施工、环境卫生、门前“三包”等措施。各项目部严格遵守市建委颁布的不准夜间施工规定，大型混凝土浇灌等项目尽量与居民取得联系，充分取得居民的谅解，搞好邻里关系。认真做好竣工工程的回访工作，对在建工程加强质量管理。

5.值班巡逻

值班巡逻的护卫队员、警卫人员，必须按时到岗，严守岗位，不得迟到、早退和擅离职守。

当班的管理人员应会同护、警卫人员加强警戒范围内巡逻检查，并尽职尽责。

专职执勤巡逻的护、警卫人员要勤巡逻、勤检查，每晚不少于5次，要害、重点部位要重点查看。

巡查中，发现可疑情况，要及时查明。发现报警要及时处理，查出不安全因素要及时反馈，发现罪犯要奋力擒拿、及时报告。

6.门卫制度

外来人员一律凭证件（介绍信或工作证、身份证）并有正确的理由，经登记后方可进出。外部人员不得借内部道路通行。

机动车辆进出应主动停车接受查验，因公外来车辆，应按指定部位停靠，自行车进出一律下车推行。

物资、器材出门，一律凭出门证（调拨单）并核对无误后方可出门。

外单位来料加工（包括材料、机具、模具等）必须经门卫登记。出门时有主管部门出具的证明，经查验无误注销后方可放行。物、货出门凡无出门证的，门卫有权扣押并报主管部门处理。

严禁无关人员在门卫室长时间逗留、看报纸杂志、吃饭和闲聊，更不得寻衅闹事。

门卫人员应严守岗位职责，发现异常情况应及时向主管部门报告。

7.集体宿舍治安保卫管理

集体宿舍应按单位指定楼层、房间和床号集中居住，任何人不得私自调整楼层、房间或床号。

住宿人员必须持有住宿证、工作证（身份证）、暂住证，三证齐全。凡无住宿证的依违章住宿处罚。

每个宿舍有舍长，有宿舍制度、值日制度，严禁男女混宿和脏、乱、差的现象发生。

住宿人员应严格遵守住宿制度，职工家属探亲（半月为限），需到项目部办理登记手续，经有关部门同意后安排住宿。严禁私带外来人员住宿和闲杂人员入内。

住宿人员严格遵守宿舍管理制度，宿舍内严禁使用电炉、煤炉、煤油炉和超过60W灯泡，严禁存放易燃、易爆、剧毒、放射性物品。

注意公共卫生，严禁随地大小便和向楼下泼剩饭、剩菜、瓜皮果壳和污水等。

住宿人员严格遵守公司现金和贵重物品管理制度，宿舍内严禁存放现金和贵重物品。

爱护宿舍内一切公物（门、窗、锁、台、凳、床等）和设施，损坏者照价赔偿。

宿舍内严禁赌博，起哄闹事，酗酒滋事，大声喧哗和打架斗殴。严禁私拉乱接电线等行为。

8.物资仓库消防治安保卫管理

物资仓库为重点部位。要求仓库管理人员岗位责任制明确，严禁脱岗、漏岗、串岗和擅离职守，严禁无关人员入库。

各类入库材料、物资，一律凭进料入库单经核验无误后入库，发现短缺、损坏、物单不符等一律不准入库。

各类材料、物资应按品种、规格和性能堆放整齐。易燃、易爆和剧毒物品应专库存放，不得混存。

发料一律凭领料单。严禁先发料后补单，仓库料具无主管部门审批一律不准外借。退库的物资材料，必须事先分清规格，鉴定新旧程度，列出清单后再办理退库手续，报废材料亦应分门别类放置统一处理。

仓库人员严格执行各类物资、材料的收、发、领、退等核验制度，做到日清月结，账、卡、物三者相符，定期检查，发现差错应及时查明原因，分清责任，报部门处理。

仓库严禁火种、火源。禁火标志明显，消防器材完好，并熟悉和掌握其性能及使用方法。

仓库人员应增强安全防范意识，定期检查门窗和库内电器线路，发现不安全因素及时整改。离库和下班后应关锁好门窗，切断电源，确保安全。

9.财务现金出纳室治安保卫管理

财务科属重点部位，无关人员严禁进出。

门窗有加固防范措施，技术防范报警装置完好。

严格执行财务现金管理规定，现金账目日结日清，库存过夜现金不得超过规定金额，并要存放于保险箱内。

严格按照支票领用审批和结算制度，空白支票与印章分人管理，过夜存放保险箱。不准向外单位提供银行账号和转借支票。

保险箱钥匙由专人保管，随身携带，不得放在办公室抽屉内过夜。

财务账册应妥善保管，做到不失散、不涂改、不随意销毁，并有防霉烂、虫蛀等措施。

下班离开时，应检查保险箱是否关锁、门窗关锁是否完好，以防意外。

10.浴室治安保卫管理

浴室专职专管人员应严格履行岗位职责，按规定时间开放、关闭浴室。

就浴人员应自觉遵守浴室管理制度，服从浴室专职人员的管理。就浴中严禁在浴池内洗衣、洗物，对患有传染病者不得安排就浴。

自觉维护浴室公共秩序。严禁撬门、爬窗，更不得起哄打架，损坏公物一律照价赔偿。

11.班组治安保卫

治安承包责任落实到人，保证全年无偷窃、打架斗殴、赌博、流氓等行为。

组织职工每季度不少于一次学法，增强职工的法治意识，自觉遵守公司内部治安管理的各项规章制度和社会公德，同违法乱纪行为做斗争。

做好班组治安防范。“四防”工作逢会必讲，形成制度。工具间（更衣室）门、窗关闭牢固，实行一把锁一把钥匙，专人保管。班后关闭门窗，切断电源，责任到人。

严格遵守公司“现金和贵重物品”的管理制度。工具箱、工作台不得存放现金和贵重物品。

严格对有色金属（包括各类电导线、电动工具等）的管理，执行谁领用、谁负责保管的制度。班后或用后一律入箱入库集中保管，因不负责任丢失或失盗的，由责任人按价赔偿。

严格执行公司有关用火、防火、禁烟制度。禁止在禁火区域吸烟（木工间木花必须日做日清），禁止在工棚、宿舍、工具间内违章使用电炉、煤炉和私接乱接电源确保全年无火警、火灾事故。

12.治安、值班

门卫保安人员负责守护工地内一切财物。值班应注意服装仪容的整洁。值班时间内保持大门及其周围环境整洁。闲杂人员、推销员一律不得进入工地。

所有人员进入工地必须戴好安全帽。外来人员到工地联系工作必须在门卫处等候，门卫联系有关管理人员确认后，由门卫登记，戴好安全帽方可进入工地。如外来人员未携带安全帽，则必须在门卫处借安全帽，借安全帽时可抵押适当物品并在离开时赎回。

门卫保安人员对所负责保护的财物，不得转送变卖、破坏及侵占。否则，除按照物品财务价值的双倍处罚外，情节严重的直接予以开除处理。上班时不得擅离职守，值班时严禁喝酒、赌博、睡觉或做勤务以外的事。

对进入工地的车辆，应询问清楚并登记。严格执行物品、材料、设备、工具携出的检查。夜间值班时要特别注意工地内安全，同时注意自身安全。

门卫保安人员应将值班中所发生的人、事、物明确记载于值班日记中，列入移交，接班者必须了解前班交代的各项事宜，必须严格执行交接班手续，下一班人员未到岗前不得擅自下岗。

车辆或个人携物外出，均需在保管室开具出门证，没有出门证一律不许外出。物品携出时，警卫人员应按照物品携出核对物品是否符合，如有数量超出或品名不符者，应予扣留查报或促其补办手续。凡运出、入工地的材料，值班人员必须写好值班记录，如有出入则取消当日出勤。

加强值班责任心，发现可疑行动，应及时采取措施。晚上按照工地实际情况及时关闭大门。非经特许，工地内禁止摄影，照相机也禁止携入。发现偷盗应视情节轻重，轻者予以教育训诫，重者报警，合理运用《中华人民共和国治安管理处罚条例》，严禁使用私刑。

（二）公示标牌

施工现场必须设置明显的公示标牌，标明工程项目名称、建设单位、设计单位、施工单位、项目经理和施工现场总代表人的姓名、开工和竣工日期、施工许可证批准文号等。施工单位负责施工现场标牌的保护工作，施工现场的主要管理人员在施工现场应当佩戴证明其身份的证卡。

施工现场的进口处应有整齐明显的“五牌一图”，即工程概况牌、工地管理人员名单牌、消防保卫牌、安全生产牌、文明施工牌、施工现场平面图。图牌应设置稳固，规格统一，位置合理，字迹端正，线条清晰，表示明确。

标牌是施工现场重要标志的一项内容，不但内容应有针对性，同时标牌制作、悬挂也应规范整齐，字体工整，为企业树立形象、创建文明工地打好基础。

为进一步对职工做好安全宣传工作，要求施工现场在明显处，应有必要的安全宣传图牌，主要施工部位、作业点和危险区域及主要通道口都应设有合适的安全警告牌和操作规程牌。

施工现场应该设置读报栏、黑板报等宣传园地，丰富学习内容，表扬好人好事。在施工现场明显处悬挂“安全生产，文明施工”宣传标语。

项目部每月出一期黑板报，全部由项目部安全员负责实施；黑板报的内容要有一定的时效性、针对性、可读性和教育意义；黑板报的取材可以是有关质量、安全生产、文明施工的报纸、杂志、文件、标准，与建筑工程有关的法律法规、环境保护及职业健康方面的内容；黑板报的主要内容，必须切合实际，结合当前工作的现状及工程的需要；初稿形成，必须经项目部分管负责人审批后再出刊；在黑板报出刊时，必须在落款部位注明第几期，并附有照片。

（三）社区服务

加强施工现场环保工作的组织领导，成立以项目经理为首，由技术、生产、物资、机械等部门组成的环保工作领导小组，设立专职环保员一名。建立环境管理体系，明确职责、权限。建立环保信息网络，加强与当地环保局的联系。不定期组织工地的业务人员学习国家、环境法律法规和本公司环境手册、程序文件、方针、目标、指标知识等内部标准，使每个人都了解ISO14001环保标准要求和内容。认真做好施工现场环境保护的监督检查工作，包括每月3次噪声监测记录及环保管理工作自检记录等，做到数据准确、记录真实。施工现场要经常采取多种形式的环保宣传教育活动，施工队进场要集体进行环保教育，不断增强职工的环保意识和法治观念，未通过环保考核者不得上岗。在普及环保知识的同时，不定期地进行环保知识的考核检查，鼓励环保革新发明活动。要制定出防止大气污染、水污染和施工噪声污染的具体制度。

积极全面地开展环保工作，建立项目部环境管理体系，成立环保领导小组，定期或不定期进行环境监测监控。加强环保宣传工作，增强全员环保意识。现场采取图片、表扬、评优、奖励等多种形式进行环保宣传，将环保知识的普及工作落实到每位施工人员身上。对上岗的施工人员实行环保达标上岗考试制度，做到凡是上岗人员均须通过环保考试。现场建立环保义务监督岗制度，保证及时反馈信息，对环保做得不足之处应及时提出整改方案，积极改进并完善环保措施。每月进行三次环保噪声检查，发现问题及时解决。严格按照施工组织设计中环保措施开展环保工作，其针对性和可操作性要强。

施工单位应当遵守国家有关环境保护的法律规定，采取措施控制施工现场的各种粉尘、废气、废水、固体废物，以及噪声、振动对环境的污染和危害。

应当采取下列防止环境污染的措施：

（1）妥善处理泥浆水，未经处理不得直接排入城市排水设施和河流。

（2）除附设有符合规定的装置外，不得在施工现场熔融沥青或焚烧油毡、油漆及其他会产生有毒有害烟尘和恶臭气体的物质。

（3）使用密封式的圈筒或者采取其他措施处理高空废弃物。

（4）采取有效措施控制施工过程中的扬尘。

（5）禁止将有毒有害废弃物用作土方回填。

（6）对产生噪声、振动的施工机械，应采取有效控制措施，减轻噪声扰民。

施工由于受技术、经济条件限制，对环境的污染不能控制在规定范围内的，建设单位应当会同施工单位事先报请当地人民政府建设行政主管部门和环境行政主管部门批准。必须进行夜间施工时，要进行审批，批准后按批复意见施工，并注意影响，尽量做到不扰民；与当地派出所、居委会取得联系，做好治安保卫工作，严格执行门卫制度，防止工地出现偷盗、打架、职工外出惹事等意外事情发生，防止出现扰民现象（特别是高考期间）。认真学习和贯彻国家、环境法律法规和遵守本公司环境方针、目标、指标及相关文件要求。

按当地规定，在允许的施工时间之外必须施工时，应有主管部门批准手续（夜间施工许可证），并做好周围群众工作。夜间10时至次日早晨6时时段，没有夜间施工许可证的，不允许施工。现场不得焚烧有毒、有害物质，有毒、有害物质应该按照有关规定进行处理。现场应制定不扰民措施，有责任人管理和检查，并与居民定期联系听取其意见，对合理意见应处理及时，工作应有记载。制定施工现场防粉尘、防噪声措施，使附近的居民不受干扰。严格按规定的早6时到晚10时时间作业。严格控制扬尘，不许从楼上往下扔建筑垃圾，堆放粉状材料要遮挡严密，运输粉状材料要用高密目网或彩条布遮挡严密，保证粉尘不飞扬。

严格控制废水、污水排放，不许将废水、污水排到居民区或街道。防止粉尘污染环境，施工现场设明排水沟及暗沟，直接接通污水道，防止施工用水、雨水、生活用水排出工地。混凝土搅拌车、货车等车辆驶出工地时，轮胎要进行清扫，防止轮胎污物被带出工地。施工现场设垃圾箱，禁止乱丢乱放。

施工建筑物采用密目网封闭施工，防止靠近居民区出现其他安全隐患及不可预见性事故，确保安全可靠。采用高强混凝土，防止现场搅拌噪声扰民及水泥粉尘污染。用木屑除尘器除尘时，在每台加工机械尘源上方或侧向安装吸尘罩，通过风机作用，将粉尘吸入输送管道，送到普料仓。使用机械如电锯、砂轮、混凝土振捣器等噪声较大的设备时，应尽量避开人们休息的时间，禁止夜间使用，防止噪声扰民。

（四）生活设施

生活设应纳入现场管理总体规划，工地必须要有环境卫生及文明施工的各项管理制度、措施要求，并落实责任到人。有卫生专职管理人员和保洁人员，并落实卫生包干区和宿舍卫生责任制度，生活区应设置醒目的环境卫生宣传标语、宣传栏、各分片区的责任人牌，在施工区内设置饮水处，吸烟室、生活区内种花草，美化环境。

生活区应有除“四害”措施，物品应摆放整齐，清洁，无积水，防止蚊、蝇滋生。生活区的生活设施（如水龙头、垃圾桶等）有专人管理，生活垃圾一日至少要早、晚清倒两次，禁止乱扔杂物，生活污水应集中排放。

生活区应设置符合卫生要求的宿舍、男女浴室或清洗设备、更衣室、男女水冲式厕所，工地有男女厕所，保持清洁。高层建筑施工时，可隔几层设置移动式的简单厕所，以切实解决施工人员的实际问题。施工现场应按作业人员的数量设置足够使用的沐浴设施，沐浴室在寒冷季节应有暖气、热水，且应有管理制度和专人管理。

食堂卫生符合《食品卫生法》的要求。炊事员必须持有健康证，着白色工作服工作。保持整齐清洁，杜绝交叉污染。食堂管理制度上墙，加强卫生教育，不食不洁食物，预防食物中毒，食堂有防蝇装置。

工地要有临时保健室或巡回医疗点，开展定期医疗保健服务，关心职工健康。高温季节施工要做好防暑降温工作。施工现场无积水，污水、废水不准乱排放。生活垃圾必须随时处理或集中加以遮挡，集中装入容器运送，不能与施工垃圾混放，并设专人管理。落实消灭蚊蝇滋生的承包措施，与各班组达成检查监督约定，以保证措施落实。保持场容整洁，做好施工人员有效防护工作，防止各种职业病的发生。

施工现场作业人员饮水应符合卫生要求，有固定的盛水容器，并有专人管理。现场应有合格的可供食用的水源（如自来水），不准把集水井作为饮用水，也不准直接饮用河水。茶水棚（亭）的茶水桶做到加盖加锁，并配备茶具和消毒设备，保证茶水供应，严禁食用生水。夏季要确保施工现场的凉开水或清凉开水或清凉饮料供应，暑伏天可增加绿豆汤，防止中暑、脱水现象发生。积极开展除“四害”运动，消灭病毒传染体。现场落实消灭蚊蝇滋生的承包措施，与承包单位签订检查约定，确保措施落实。

二、项目安全文明施工的保障

（一）现场围挡

工地四周应设置连续、密闭的围挡，其高度与材质应满足如下要求。

1.市区主要路段的工地周围设置的围挡高度不低于2.5 m；一般路段的工地周围设置的围挡高度不低于1.8 m。市政工地可按工程进度分段设置围挡或按规定使用统一的、连续的安全防护设施。

2.围挡材料应选用砌体，砌筑60 cm高的底脚并抹光，禁止使用彩条布、竹笆、安全网等易变形的材料，做到坚固、平稳、整洁、美观。

3.围挡的设置必须沿工地四周连续进行，不能有缺口。

4.围挡外不得堆放建筑材料、垃圾和工程渣土、金属板材等硬质材料。

（二）封闭管理

施工现场实施封闭式管理。施工现场进出口应设置大门，门头要设置企业标志，企业标志上标明集团、企业的规范简称；设有门卫室，制定值班制度。设警卫人员，制定警卫管理制度，切实起到门卫作用；为加强对出入现场人员的管理，规定进入施工现场的人员都必须佩戴工作卡，且工作卡应佩戴整齐；在场内悬挂企业标志旗。

未经有关部门批准，施工范围外不准堆放任何材料、机械，以免影响秩序、市容，损坏行道树和绿化设施。夜间施工要经有关部门批准，并将噪声控制到最低限度。

工地、生活区应有卫生包干平面图，根据要求落实专人负责，做到定岗、定人，做好公共场所、厕所、宿舍卫生打扫、茶水供应等生活服务工作。工地、生活区内道路平整，无积水，要有水源、水斗、灭害措施、存放生活垃圾的设施，要做到勤清运，确保场地整洁。

宣传企业材料的标语应字迹端正、内容健康、颜色规范，工地周围不随意堆放建筑材料。围挡周围整洁卫生、不违法占地，建设工程施工应当在批准的施工场地内组织进行，需要临时征用施工场地或者临时占用道路的，应当依法办理有关批准手续。

建设工程施工需要架设临时电网、移动电缆等，施工单位应当向有关主管部门报批，并事先通告受影响的单位和居民。

施工单位进行地下工程或基础工程施工时发现文物、古化石、爆炸物、电缆等应当暂停施工，保护好现场，并及时向有关部门报告，按有关规定处理后，方可继续施工。

施工场地道路平整畅通，材料机具分类并按平面布置图堆放整齐、标志清晰。

工地四周不乱倒垃圾、淤泥，不乱扔废弃物；排水设施流畅，工地无积水；及时清理淤泥；运送建筑材料、淤泥、垃圾，沿途不漏撒；沾有泥沙及浆状物的车辆不得驶出工地，工地门前无场地内带出的淤泥与垃圾；搭设的临时厕所、浴室有措施保证粪便、污水不外流。

单项工程竣工验收合格后，施工单位可以将该单项工程移交建设单位管理。全部工程验收合格后，施工单位方可解除施工现场的全部管理责任。

（三）施工场地

遵守国家有关环境保护的法律规定，应有效控制现场各种粉尘、废水、固体废弃物，以及噪声、振动对环境的污染和危害。

工地地面要做硬化处理，做到平整、不积水、无散落物。道路要畅通，并设排水系统、汽车冲洗台、三级沉淀池，有防泥浆、污水、废水措施。建筑材料、垃圾和泥土、泵车等运输车辆在驶出现场之前，必须冲洗干净。工地应严格按防汛要求，设置连续、通畅的排水设施，防止泥浆、污水、废水外流或堵塞下水道和排水管道。

工地道路要平坦、畅通、整洁、不乱堆乱放；建筑物四周浇捣散水坡，施工场地应有循环干道且保持畅通，不堆放构件、材料；道路应平整坚实，施工场地应有良好的排水设施，保证畅通排水。项目部应按照施工现场平面图设置各项临时设施，并随施工不同阶段进行调整，合理布置。

现场要有安全生产宣传栏、读报栏、黑板报，主要施工部位作业点和危险区域，以及主要道路口都要设有醒目的安全宣传标语或合适的安全警告牌。主要道路两侧用钢管制作扶栏，高度为1.2 m，两道横杆间距0.6 m，立杆间距不超过2 m，40 cm间隔刷黄黑漆作色标。

工程施工的废水、泥浆应经流水槽或管道流到工地集水池，统一沉淀处理，不得随意排放和污染施工区域以外的河道、路面。施工现场的管道不得有跑、冒、滴、漏或大面积积水现象。施工现场禁止吸烟，按照工程情况设置固定的吸烟室或吸烟处，吸烟室应远离危险区并设必要的灭火器材。工地应尽量做到绿化，尤其是在市区主要路段的工地更应该做到这点。

保持场容场貌的整洁，随时清理建筑垃圾。在施工作业时，应有防止尘土飞扬、泥浆洒漏、污水外流、车辆带泥土运行等措施。进出工地的运输车辆应采取措施，以防止建筑材料、垃圾和工程渣土飞扬撒落或流溢。施工中泥浆、污水、废水禁止随地排放，应选合理位置设沉淀池，经沉淀后方可排入市政污水管道或河道。作业区严禁吸烟，施工现场道路要硬化畅通，并设专人定期打扫。

（四）材料管理

1.材料堆放

施工现场场容规范化，需要在现场堆放的材料、半成品、成品、器具和设备，必须按已审批过的总平面图指定的位置进行堆放。应当贯彻文明施工的要求，推行现代管理方法，科学组织施工，做好施工现场的各项管理工作。施工应当按照施工总平面布置图规定的位置和线路设置，建设工程实行总包和分包的，分包单位确需进行改变施工总平面布置图活动的，应当先向总包单位提出申请，不得任意侵占场内道路，并应当按照施工总平面布置图设置各项临时设施现场堆放材料。

各种物料堆放必须整齐，高度不能超过1.6 m，砖成垛，砂、石等材料成方，钢管、钢筋、构件、钢模板应堆放整齐，用木方垫起，作业区及建筑物楼层内，应做到工完料清。除去现浇筑混凝土的施工层外，下部各楼层凡达到强度的拆模要及时清理运走，不能马上运走的必须码放整齐。各楼层内清理的垃圾不得长期堆放在楼层内，应及时运走，施工现场的垃圾应分类集中堆放。

所有建筑材料、预制构件、施工工具、构件等均应按施工平面布置图规定的地点分类堆放，并整齐稳固。必须按品种、分规格堆放，并设置明显标志牌（签），标明产地、规格等，各类材料堆放不得超过规定高度，严禁靠近场地围护栅栏及其他建筑物墙壁堆置，且其间距应在50 cm以上，两头空间应予封闭，防止有人入内，发生意外伤害事故。油漆及其稀释剂和其他对职工健康有害的物质，应该存放在通风良好、严禁烟火的仓库。

库房搭设要符合要求，有防盗、防火措施，有收、发、存管理制度，有专人管理，账、物、卡三相符，各类物品堆放整齐，分类插挂标牌，安全物质必须有厂家的资质证明、安全生产许可证、产品合格证及原始发票复印件，保管员和安全员共同验收、签字。

易燃易爆物品不能混放，必须设置危险品仓库，分类存放，专人保管，班组使用的零散的各种易燃易爆物品必须按有关规定存放。

工地水泥库搭设应符合要求，库内不进水、不渗水、有门有锁。各品种水泥按规定标号分别堆放整齐，专人管理，账、牌、物三相符，遵守先进先用、后进后用的原则。

工具间整洁，各类物品堆放整齐，有专人管理，有收、发、存管理制度。

2.库房安全管理

库房安全管理包括以下内容：

（1）严格遵守物资入库验收制度，对入库的物资要按名称、规格、数量、质量认真检查。加强对库存物资的防火、防盗、防汛、防潮、防腐烂、防变质等管理工作，使库存物资布局合理，存放整齐。

（2）严格执行物资保管制度，对库存物资做到布局合理，存放整齐，并做到标记明确、对号入座、摆设分层码垛、整洁美观，对易燃、易爆、易潮、易腐烂及剧毒危险物品应存放专用仓库或隔离存放，定期检查，做到勤检查、勤整理、勤清点、勤保养。

（3）存放爆炸物品的仓库不得同时存放性质相抵触的爆炸物品和其他物品，并不得超过规定的储存数量。存放爆炸物品的仓库必须建立严格的安全管理制度，禁止使用油灯、蜡烛和其他明火照明，不准把火种、易燃物品等容易引起爆炸的物品和铁器带入仓库，严禁在仓库内住宿、开会或加工火药，并禁止无关人员进入仓库。收存和发放爆炸物品必须建立严格的收发登记制度。

（4）在仓库内存放危险化学品应遵守以下规定：仓库与四周建筑物必须保持相应的安全距离，不准堆放任何可燃材料；仓库内严禁烟火，并禁止携带火种和引起火花的行为；明显的地点应有警告标志；加强货物入库验收和平时的检查制度，卸载、搬运易燃易爆化学物品时应轻拿轻放，防止剧烈振动、撞击和重压，确保危险化学品的储存安全。

（五）现场办公与住宿

施工现场必须将施工作业区与生活区、办公区严格分开，不能混用，应有明显划分，有隔离和安全防护措施，防止发生事故。在建工程内不得兼作宿舍，因为在施工区内住宿会带来各种危险，如落物伤人、触电或洞口和临边防护不严而造成事故，又如两班作业时，施工噪声影响现场住宿工人的休息。

寒冷地区，冬季住宿应有保暖措施和防煤气中毒措施。炉火应统一设置，有专人管理并有岗位责任。炎热季节，宿舍应有消暑和防蚊虫叮咬措施，保证施工人员有充足睡眠。宿舍内床铺及各种生活用品放置整齐，室内应限定人数，不允许男女混睡，有安全通道，宿舍门向外开，被褥叠放整齐、干净，室内无异味。宿舍外围环境卫生好，不乱泼乱倒，应设污物桶、污水池，房屋周围道路平整。室内照明灯具高度不低于2.5 m。宿舍、更衣室应明亮通风，门窗齐全、牢固，室内整洁，无违章用电、用火及违反治安条例现象。

职工宿舍要有卫生值日制度，实行室长负责，规定一周内每天卫生值日名单并张贴上墙，做到天天有人打扫，保持室内窗明几净，通风良好。宿舍内各类物品不到处乱放，应整齐美观。

宿舍内不允许私拉乱接电源，不允许烧电饭煲、电水壶、热得快等大功率电器，不允许做饭烧煤气，不允许用碘钨灯取暖、烘烤衣服。生活污水应集中排放，二楼以上也要有水源及水池，卫生区内无污水、无污物，废水不得乱倒乱流。

项目经理部根据场所许可和临设的发展变化，应尽最大努力为广大职工提供家属区域，使全体职工感受企业的温暖。为了为全员职工服务，职工家属一次性来队不得超过10天，逾期项目部不予安排住宿。职工家属子女来队探亲必须先到项目部登记，签订安全守则后，由项目部指定宿舍区号入室，不得任意居住，违者不予安排住宿。

来队家属及子女不得随意寄住和往返施工现场，如任意游留施工现场，发生意外，一切后果由本人自负。家属宿舍内严禁使用煤炉、电炉、电炒锅、电饭煲，加工饭菜，一律到伙房，违者按规章严加处罚。家属宿舍除本人居住外，不得任意留宿他人或转让他人使用，居住到期将钥匙交项目部，由项目部另作安排。如有违者，按规定处罚。

第三节　安全施工用电

一、施工现场临时用电安全技术知识

（一）临时用电组织设计及现场管理

1.施工现场临时用电设备

在五台及以上或设备总容量在50 kW及以上者，应由电气工程技术人员组织编制用电组织设计，且必须履行“编制—审核—批准”程序。

2.外电线路防护

在建工程不得在外电架空线路正下方施工、搭设作业棚、建造生活设施或堆放构件、架具、材料及其他杂物等。

（二）施工现场临时用电的原则

建筑施工现场临时用电工程专用的电源中性点直接接地的220～380 V三相四线制低压电力系统，必须符合下列规定：

1.采用三级配电系统

采用三级配电结构。所谓三级配电结构，是指施工现场从电源进线开始至用电设备中间应经过三级配电装置配送电力，即由总配电箱（配电室内的配电柜）、经分配电箱（负荷或若干用电设备相对集中处），到开关箱（用电设备处），分三个层次逐级配送电力。而开关箱与用电设备之间必须实行“一机一闸一漏一箱”，即每一台用电设备必须有自己专用的控制开关箱，而每一个开关箱只能用于控制一台用电设备。

2.采用TN-S接零保护系统

在施工现场专用变压器的供电TN-S接零保护系统中，电气设备的金属外壳必须与保护零线连接。保护零线应由工作接地线、配电室（总配电箱）电源侧零线或总漏电保护器电源侧零线处引出。

当施工现场与外电线路共用同一供电系统时，电气设备的接地、接零保护应与原系统保持一致。不得一部分设备作保护接零，另一部分设备作保护接地。

TN系统中的保护零线除必须在配电室或总配电箱处做重复接地外，还必须在配电系统的中间处和末端处做重复接地。保护零线每一处重复接地装置的接地电阻值不应大于10 Ω。

N线的绝缘颜色为淡蓝色，PE线的绝缘颜色为绿/黄双色。任何情况下，上述颜色标记严禁混用和互相代用。

3.采用二级漏电保护系统

二级漏电保护系统是指在整个施工现场临时用电工程中，总配电箱和开关箱中必须设置漏电保护开关。总配电箱中漏电保护器的额定漏电动作电流应大于30 mA，额定漏电动作时间应大于0.1 s，但其额定漏电动作电流与额定中心城市电动作时间的乘积应不大于30 mA · s；开关箱中漏电保护器的额定漏电动作电流应不大于30 mA，额定漏电动作时间应大于0.1 s。使用于潮湿或有腐蚀性场所的漏电保护器应采用防溅型产品，共额定漏电动作电流应不大于15 m，额定漏电动作时间应大于0.1 s。

（三）配电线路安全技术措施

电缆线路应采用埋地或架空敷设，严禁沿地面明设并应避免机械操作和介质腐蚀。

架空线必须架设在专用电杆上，严禁架设在树木、脚手架及其他设施上。

在建工程内的电缆线路必须采用电缆埋地引入，严禁穿越脚手架引入。电缆垂直敷设应充分利用在建工程的竖井、垂直孔洞等引入，固定点每楼层不得少于一处。

（四）配电箱及开关箱

现场临时用电应做到“一机一闸一漏一箱”。

配电箱、开关箱应装设端正、牢固。固定式配电箱、开关箱中心点与地面的垂直距离宜为1.4 ~ 1.6 m。移动式配电箱、开关箱应装设在坚固、稳定的支架上，其中心点与地面的垂直距离宜为0.8 ~ 1.6 m。

对配电箱、开关箱进行定期维修、检查时，必须将其前一级相应的电源隔离开关分闸断电并悬挂标注“禁止合闸、有人工作”的停电标志牌。

熔断器的熔体更换时，严禁采用不符合原规格的熔体代替。

（五）电动建筑机械和手持式电动工具、照明的用电安全技术措施

每一台电动建筑机械或手持式电动工具的开关箱内，除应装设过载、短路、漏电保护器外，还应按规范要求装设隔离开关或具有可见分断点的断路器，以及控制装置。不得采用手动双向转换开关作为控制电器。

夯土机械的负荷线应采用耐气候型橡皮护套铜芯软电缆。使用夯土机械必须按规定穿戴绝缘手套、绝缘鞋等个人防护用品，使用过程中应有专人调整电缆，电缆严禁缠绕、扭

结和被夯土机械跨越。

交流弧焊机的一次侧电源线长度应不大于5 m，二次线电缆长度应不大于30 m。

使用电焊机械焊接时必须穿戴防护用品。严禁露天冒雨从事电焊作业。

手持式电动工具的负荷线应采用耐气候型的橡皮护套软电缆，并不得有接头；I类手持电动工具的金属外壳必须做保护接零，操作I类手持电动工具的人员必须按规定穿戴绝缘手套、绝缘鞋等个人防护用品。

照明灯具的金属外壳必须与保护零线相连接。普通灯具与易燃物距离不宜小于300 mm；聚光灯、碘钨灯等高热灯具与易燃物距离不宜小于500 mm，且不得直接照射易燃物。达不到规定安全距离时，应采取隔热措施。

二、施工用电方案

施工现场临时用电设备在5台及5台以上，或设备总容量在50 kW及以上时，应编制临时用电施工组织设计，临时用电施工组织设计由施工技术人员根据工程实际编制后经技术负责人、项目经理审核，经公司安全、生产、技术部门会签，经公司总工程师审批签字，加盖施工单位公章后才能付诸实施。

临时用电施工组织设计的内容和步骤：首先，进行现场勘测，了解现场的地形和工程位置，了解输电线路情况；其次，确定电源线路配电室、总配电箱、分箱等的位置和线路走向，并编制供电系统图；最后，绘制详细的电气平面图作为临时用电的唯一依据。

（一）现场勘测

测绘现场的地形和地貌，新建工程的位置，建筑材料和器具堆放的位置，生产和生活临时建筑物的位置，用电设备装设的位置以及现场周围的环境。

（二）施工用电负荷计算

根据现场用电情况计算用电设备、用电设备组，以及作为供电电源的变压器或发电机的计算负荷。计算负荷被作为选择供电变压器或发电机、用电线路导线截面、配电装置和电器的主要依据。

（三）配电室（总配电箱）的设计

选择和确定配电室（总配电箱）的位置、配电室（总配电箱）的结构、配电装置的布置、配电电器和仪表、电源进线、出线走向和内部接线方式接地、接零方式等。

施工现场配有自备电源（柴油发电机组）的，变电所或配电室的设计应和自备电源（柴油发电机组）的设计结合进行，特别应考虑其联络问题，明确联络和接线方式。

（四）配电线路（包括基本保护系统）的设计

选择确定线路方向，配线方式（架空线路或埋地电缆等），敷设要求，导线排列，配线型号与规格及其周围的防护设施等。

（五）配电箱和开关箱设计

选择箱体材料，确定箱体的结构与尺寸，确定箱内电器配备和规格，确定箱内电气接线方式和电气保护措施等。

配电箱与开关箱的设计要和配电线路相适应，还要与配电系统的基本保护方式相适应，并满足用电设备的配电和控制要求，尤其要满足防漏电、触电的要求。

（六）接地与接地装置设计

根据配电系统的工作和基本保护方式的需要确定接地类别，确定接地电阻值，并根据接地电阻值的要求选择或确定自然接地体或人工接地体。对于人工接地体还要根据接地电阻值的要求，设计接地体的结构、尺寸和埋深及相应的土壤处理，并选择接地体材料。接地装置的设计还包括接地线的选用和确定接地装置各部门之间的连接要求等。

（七）防雷设计

防雷设计包括防雷装置位置的确定、防雷装置形成的选择及相关防雷接地的确定。防雷设计应保护防雷装置，其保护范围应可靠地覆盖整个施工现场，并能对雷害起到有效的保护作用。

（八）编制安全用电技术措施和电气防火措施

编制安全用电技术措施和电气防火措施时，要考虑电气设备的接地（重复接地）、接零（TN-S系统）保护问题，“一机一箱一闸一漏”保护问题，外电防护问题，开关电器的装设、维护、检修、更换问题，实施临时用电施工组织设计时应执行的安全措施问题，有关施工用电的验收问题及施工现场安全用电的安全技术措施等。

编制安全用电技术措施和电气防火措施时，不仅要考虑现场的自然环境和工作条件，还要兼顾现场的整个配电系统包括变电配电室（总配电箱）到用电设备的整个临时用电工程。

（九）绘制电气设备施工图

绘制电气设备施工图包括供电总平面图、变电所或配电室（总配电箱）布置图、变电或配电系统接线图、接地装置布置图等主要图纸。

三、一般项目施工用电安全

为保证建筑工程的施工用电安全，施工企业除必须做好上述保证项目的安全保证工作外，在其他一般项目的安全管理方面也必须加以重视，这些一般项目包括配电室电器装置规定、现场照明规定、用电档案的管理等。

（一）配电室电器装置

配电室的建筑基本要求是室内设备搬运、装设、操作和维修方便，运行安全可靠。其长度和宽度应根据配电屏的数量和排列方式决定，其高度视其进出线的方式，以及墙上是否装设隔离开关等因素综合考虑。配电室建筑物的耐火等级应不低于三级，室内不得存放易燃易爆物品，并应配备沙箱、1211灭火器等绝缘灭火器材，配电室的屋面应该有隔层和防水、排水措施，并应有自然通风和采光，还须有避免小动物进入的措施。配电室的门应向外开并上锁，以便紧急情况下室内人员撤离和防止闲杂人员随意进入。

1.配电室地面按要求采取绝缘措施

配电室内的地面应光平，上面应铺设不小于20 mm厚的绝缘橡皮板或用50 mm × 50 mm木枋上铺干燥的木板，主要考虑操作人员的安全，当设备漏电时，操作者可避免触电事故。

2.室内配电装置布设合理

变配电室是重要场所也是危险场所，除建筑上的要求必须达到外，其室外或周围必须标明警示标志，以引起有关人员的注意；不能随意靠近或进入变配电室内，以确保施工工地供电的安全。

配电箱开关箱内的开关电器应按其规定的位置紧固在电器安装板上，不得歪斜和松动。箱内的电器必须可靠完好，不准使用破损、不合格的电器。为便于维修和检查，漏电保护器应装设在电源隔离开关的负荷侧。各种开关电器的额定值应与其控制用电设备的额定值相适应。容量大于5.5 kW的动力电路应采用自动开关电器，更换熔断器的熔体时，严禁用不符合原规格的熔体代替。

熔丝的选择应满足以下条件：

（1）照明和电热线路：熔丝额定电流=1.1倍用电额定电流。

（2）一台电机线路：熔丝额定电流=（1.5 ~ 3）倍电机额定电流。

（3）多台电机线路：熔丝额定电流=（1.5 ~ 3）倍功率最大一台电机额定电流+工作中同时开动的电机额定电流之和。

（4）不允许用其他金属丝代替熔丝。如果随意使用金属丝，当设备发生短路故障时，其金属丝就不会熔断，严重的情况，导线烧掉，其金属丝也没有熔断，这种情况是非常危险的，轻则烧毁用电设备，重则可引起电线起火，酿成重大火灾事故。

熔断器及熔体的选择，应视电压及电流情况，一般单台直接启动电动机，熔丝可按电动机额定电流2倍左右选用（不能使用合股熔丝）。

（二）现场照明

照明灯具的金属外壳必须做保护接零。单相回路的照明开关箱内必须装设漏电保护器。由于施工现场的照明设备也同动力设备一样有触电危险，也应照此规定设置漏电保护器。

1.安全电压

安全电压额定值的等级为42 V、36 V、24 V、12 V、6 V。当电气设备采用超过24 V的安全电压时，必须采取防直接接触带电体的保护措施。

照明装置在一般情况下电源电压为220 V，但在下列5种情况下应使用安全电压的电源。

（1）室外灯具距地面低于3 m，室内灯具距地面低于2.5 m时，应采用36 V的电源电压。

（2）使用行灯，其电源的电压不超过36 V。

（3）隧道、人防工程电源电压应不大于36 V。

（4）在潮湿和易触及带电体场所，电源电压不得大于24 V。

（5）在特别潮湿场所和金属容器内工作，照明电源电压不得大于12 V。

2.照明动力用电按规定分路设置

照明与动力分设回路，照明用电回路正常的接法是在总箱处分路，考虑三相供电每相负荷平衡，单独架线供电。

3.照明专用回路必须装设漏电保护

施工现场的照明装置触电事故经常发生，造成触电伤害，照明专用回路必须装设漏电保护器，作为单独保护系统。

4.灯具金属外壳做接零保护

灯具金属外壳接零，设置保护零线，在灯具漏电时就可避免危险，但还必须设置漏电保护器进行保护。

5.照明供电不宜采用绞织线

照明用绞织线为RVS铜芯绞形聚氯乙烯软线（俗称花线），它的截面一般都较小，其规格为0.12 ~ 2.5 mm^2，照明一般使用0.75 ~ 1 mm^2的导线，一受力就容易扎断，用在施工现场是不合格的，同时室外环境条件差，其绝缘层易老化，产生短路。

6.手持照明灯、危险场所或潮湿作业

手持照明灯、危险场所或潮湿作业使用36 V以下的安全电压。

这些场所的作业必须使用36 V以下的安全电压，主要是这些场所触电的危险性大，在上述场所使用36 V以下的安全电压，危险就会大大降低，一旦发生漏电，可以切断电源，保证在漏电保护器失灵状态下，也不至于危及生命安全。

7.室内线路及灯具

室内线路安装高度低于2.4 m必须使用安全电压供电。

室内线路一般是指宿舍、食堂、办公室及现场建筑物内的工作照明及其线路，如果安装高度低于2.4 m（人伸手可能触及的高度），就会因线路破损等原因触电，一定要保证其高度要求。如果其高度低于2.4 m，就使用安全电压供电。

8.危险场所、通道口、宿舍等，按要求设置照明

危险场所和人员较集中的通道口、宿舍、食堂等场所，必须设置照明，以免人员行走或在昏暗场所作业时，发生意外伤害。在一般场所宜选用的额定电压为220 V。

（1）临时宿舍、食堂、办公室等场所，其照明开关、插座的要求。

①开关距地面高度一般为1.2 ~ 1.4 m，拉线开关距地面高度一般为2 ~ 3 m，开关距门框距离为150 ~ 200 mm。

②开关位置应与灯位相适应，同一室内开关方向应一致。

③多尘、潮湿、易燃易爆场所，开关应分别采用密闭型和防爆型，或安装在其他处所进行控制。

④不同电压的插座，应有明显的区别，不能混用。

⑤凡为携带式或移动式电器用的插座，单相应用三眼插座，三相应用四眼插座，工作零线和保护零线不能混接。

⑥明装插座距地面应不低于1.8 m，暗装和工业用插座应不低于30 cm。

（2）特殊场所对照明器的电压要求。

①隧道、人防工程，或有调温、导电、灰尘或灯具离地面高度低于2.4 m的场所照明，电源电压不大于36 V。

②在潮湿和易触及带电体场所的照明电源电压不得大于24 V。

③在特别潮湿的场所、导电良好的地面、锅炉或金属容器内工作的照明电源电压，不得大于12 V。

（3）室内外灯具安装的要求。

①室外路灯，距地面不得低于3 m，每个灯具都应单独装设熔断器保护。

②施工现场经常使用碘钨灯及钠铊铟等金属卤化物灯具，其高度宜安装在5 m以上，灯具应装置在隔热架或金属架上，不得固定在木、竹等支持架上，灯线应固定在接线柱上，不得靠近灯具表面。

③室内安装的荧光灯管应用吊链或管座固定，镇流器不得安装在易燃的结构件上，以免发生火灾。

④灯具的相线必须经开关控制，不得相线直接引入灯具，否则，只要照明线路不停电，即使照明灯具不亮，灯头也是带电的，易发生意外触电事故。

⑤如用螺口灯头，其中心触头必须与相线连接，其螺口部分必须与工作零线连接，否则，在更换或擦拭照明灯具时，易意外地触及螺口部分而发生触电。

⑥灯具内的接线必须牢固，灯具外的接线必须做好可靠绝缘包扎，以免漏电触及伤人。

⑦灯泡功率在100 W及其以下时，可选用胶质灯头；100 W以上及防潮灯具应选用瓷质灯头。

（三）用电档案

安全技术档案应由主管现场的电气技术人员负责建立与管理，其内容应包括如下几个方面：

（1）修改临时用电施工组织设计的资料。

（2）临时用电施工组织设计。

（3）技术交底资料。

（4）临时用电工程检查验收表，电气设备的试、检验凭单和调试记录，电工维修工作记录，现场临时用电（低压）电工操作安全技术交底，施工用电设备明细表，接地电阻测试记录表，施工现场定期电气设备检查记录表，配电箱每日专职检查记录表，施工用电检查记录表等。

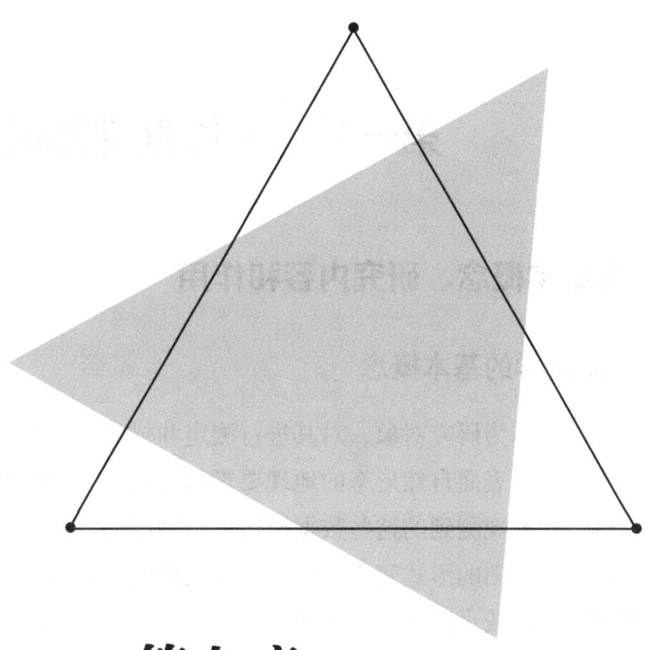

第七章

测绘基础

第一节　测绘基础知识

一、测绘学概念、研究内容和作用

（一）测绘学的基本概念

测绘学是以地球为研究对象，对其进行测定和描绘的科学。我们可以将测绘理解为利用测量仪器测定地球表面自然形态的地理要素和地表人工设施的形状、大小、空间位置及其属性等，然后根据观测到的这些数据通过地图制图的方法将地面的自然形态和人工设施等绘制成地图，通过图的形式建立并反映地球表面实地和地形图的相互对应关系等一系列的工作。在测绘范围较小区域，可不考虑地球曲率的影响而将地面当成平面；当测量范围是大区域，如一个地区、一个国家，甚至全球，由于地球表面不是平面，测绘工作和测绘学所要研究的问题就不像上面那样简单，而是变得复杂得多。此时，测绘学不仅研究地球表面的自然形态和人工设施的几何信息的获取和表述问题，而且要把地球作为一个整体，研究获取和表述其几何信息之外的物理信息，如地球重力场的信息以及这些信息随时间的变化。随着科学技术的发展和社会的进步，测绘学的研究对象不仅是地球，还需要将其研究范围扩大到地球外层空间的各种自然和人造实体。因此，测绘学完整的基本概念是研究对实体（包括地球整体、表面及外层空间各种自然和人造的物体）中与地理空间分布有关的各种几何、物理、人文及其随时间变化的信息的采集、处理、管理、更新和利用的科学与技术。就地球而言，测绘学就是研究测定和推算地面及其外层空间点的几何位置，确定地球形状和地球重力场，获取地球表面自然形态和人工设施的几何分布以及与其属性有关的信息，编制全球或局部地区的各种比例尺的普通地图和专题地图，建立各种地理信息系统，为国民经济发展和国防建设及地学研究服务。因此，测绘学主要研究地球多种时空关系的地理空间信息，与地球科学研究关系密切，可以说是地球科学的一个分支学科。

（二）测绘学的研究内容

测绘学的研究内容很多，涉及许多方面。现仅就测绘地球来阐述其主要内容。

（1）根据研究和测定地球形状、大小及其重力场成果建立一个统一的地球坐标系统，用以表示地球表面及其外部空间任一点在这个地球坐标系中准确的几何位置。由于地球的外形接近一个椭球（称为地球椭球），因此，地面上的任一点可用该点在地球椭球面上的经纬度和高程表示其几何位置。

（2）根据已知大量的地面点的坐标和高程，进行地表形态的测绘工作，包括地表的各种自然形态，如水系、地貌、土壤和植被的分布，也包括人类社会活动所产生的各种人工形态，如居民地、交通线和各种建筑物等。

（3）采用各种测量仪器和测量方法所获得的自然界和人类社会现象的空间分布、相互联系及其动态变化信息，并按照地图制图的方法和技术进行反映和展示出来的数据集即地图测绘。对于小面积的地表形态测绘，可以利用普通测量仪器，通过平面测量和高程测量的方法直接测绘各种地图；对于大面积地表形态的测绘工作，先用传感器获取区域地表形态和人工设施空间分布的影像信息，再根据摄影测量理论和方法间接测绘各种地图。

（4）各种工程建设和国防建设的规划、设计、施工和建筑物建成后的运营管理中，都需要进行相应的测绘工作，并利用测绘资料引导工程建设的实施，监视建筑物的形变。这些测绘工程往往要根据具体工程的要求，采取专门的测量方法。对于一些特殊的工程，还需要特定的高精度测量或使用特种测量仪器去完成相应的测量任务。

（5）在海洋环境（包括江河湖泊）中进行测绘工作，同陆地测量有很大的区别。主要是测量内容综合性强，需多种仪器配合施测，同时完成多种观测项目，测区条件比较复杂，海面受潮汐、气象因素等影响起伏不定，大多数为动态作业，观测者不能用肉眼透视水域底部，精确测量难度较大。要研究海洋水域的特殊测量方法和仪器设备，如无线电导航系统、电磁波测距仪器、水声定位系统、卫星组合导航系统、惯性组合导航系统及天文方法等。

（6）由于测量仪器构造上有不可避免的缺陷、观测者的技术水平和感觉器官的局限性，以及自然环境的各种因素，如气温、气压、风力、透明度和大气折光等变化，对测量工作都会产生影响，给观测结果带来误差。随着测绘科技的发展，测量仪器可以制造得越来越精密，甚至可以实现自动化或智能化；观测者的技术水平可以不断提高，能够非常熟练地进行观测，但也只能减小观测误差，将误差控制在一定范围内，而不能完全消除它们。因此，在测量工作中必须研究和处理这些带有误差的观测值，设法消除或削弱其误差，以便提高被观测量的质量，这就是测绘学中的测量数据处理和平差问题。它是依据一定的数学准则，如最小二乘准则，由一系列带有观测误差的测量数据，求定未知量的最佳估值及其精度的理论和方法。

（7）将承载各种信息的地图图形进行地图投影、综合、编制、整饰和制印，或者增加某些专门要素，形成各种比例尺的普通地图和专题地图。因此，传统地图学就是要研究地图制作的理论、技术和工艺。

（8）测绘学的研究和工作成果最终要服务于国民经济建设、国防建设及科学研究，

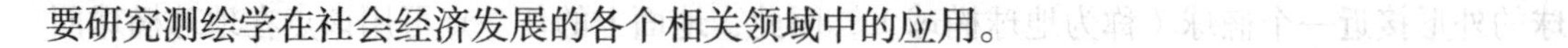

要研究测绘学在社会经济发展的各个相关领域中的应用。

（三）测绘学的作用

（1）测绘学在科学研究中的作用。地球是人类和社会赖以生存和发展的唯一星球。经过古往今来人类的活动和自然变迁，如今人类正面临一系列全球性或区域性的重大难题和挑战，测绘学在探索地球的奥秘和规律、深入认识和研究地球的各种问题中发挥着重要作用。由于现代测量技术已经或将要实现无人工干预自动连续观测和数据处理，可以提供几乎任意时域分辨率的观测系列，具有检测瞬时地学事件（如地壳运动、重力场的时空变化、地球的潮汐和自转变化等）的能力，这些观测成果可以用于地球内部物质结构和演化的研究，尤其是像大地测量观测结果在解决地球物理问题中可以起着某种佐证作用。

（2）测绘学在国民经济建设中的作用。测绘学在国民经济建设中具有广泛作用。在经济发展规划、土地资源调查和利用、海洋开发、农林牧渔业的发展、生态环境保护及各种工程、矿山和城市建设等各个方面都必须进行相应的测量工作，编制各种地图和建立相应的地理信息系统，以供规划、设计、施工、管理和决策使用。如在城市化进程中，城市规划、乡镇建设和交通管理等都需要城市测绘数据、高分辨率卫星影像、三维景观模型、智能交通系统和城市地理信息系统等测绘高新技术的支持。在水利、交通、能源和通信设施的大规模、高难度工程建设中，不但需要精确勘测和大量测绘资料，而且需要在工程全过程采用地理信息数据进行辅助决策。丰富的地理信息是国民经济和社会信息化的重要基础，对传统产业的改造、优化、升级与企业生产经营，发展精细农业，构建“数字中国”和“数字城市”，发展现代物流配送系统和电子商务，实现金融、财税和贸易信息化等，都需要以测绘数据为基础的地理空间信息平台。

（3）测绘学在国防建设中的作用。在现代化战争中，武器的定位、发射和精确制导需要高精度的定位数据、高分辨率的地球重力场参数、数字地面模型和数字正射影像。以地理空间信息为基础的战场指挥系统，可持续、实时地提供虚拟数字化战场环境信息，为作战方案的优化、战场指挥和战场态势评估实现自动化、系统化和信息化提供测绘数据和基础地理信息保障。这里，测绘信息可以提高战场上的精确打击力，夺得战争胜利或主动。公安部门合理部署警力，有效预防和打击犯罪也需要电子地图、全球定位系统和地理信息系统的技术支持。为建立国家边界及国内行政界线，测绘空间数据库和多媒体地理信息系统不仅在实际疆界划定工作中起着基础信息的作用，而且对于边界谈判、缉私禁毒、边防建设与界线管理等均有重要的作用。尤其是测绘信息中的许多内容涉及国家主权和利益，绝不可失其严肃性和严密性。

（4）测绘学在国民经济建设和社会发展中的作用。国民经济建设和社会发展的大多数活动是在广袤的地域空间进行的。政府部门或职能机构既要及时了解自然和社会经济要素的分布特征与资源环境条件，也要进行空间规划布局，还要掌握空间发展状态和政策的空间效应。但由于现代经济和社会的快速发展与自然关系的复杂性，使人们解决现代经济和社会问题的难度增加。为实现政府管理和决策的科学化、民主化，要求提供广泛通用的地理空间信息平台，测绘数据是其基础。在此基础上，将大量经济和社会信息加载到这个平台上，形成符合真实世界的空间分布形式，建立空间决策系统，进行空间分析和管理决策，实施电子政务。当今人类正面临环境日趋恶化、自然灾害频繁、不可再生能源和矿产资源匮乏及人口膨胀等社会问题。社会、经济迅速发展和自然环境之间产生了巨大矛盾。要解决这些矛盾，维持社会的可持续发展，则必须了解地球的各种现象及其变化和相互关系，采取必要的措施来约束和规范人类自身的活动，减少或防范全球变化向不利于人类社会的方面演变，指导人类合理利用和开发资源，有效地保护和改善环境，积极防治和抵御各种自然灾害，不断改善人类生存和生活环境质量。而在防灾减灾、资源开发和利用、生态建设与环境保护等影响社会可持续发展的种种因素方面，各种测绘和地理信息可用于规划、方案的制订，灾害、环境监测系统的建立，风险的分析，资源、环境调查与评估、可视化的显示及决策指挥等。

二、测绘学的学科分类

随着测绘科学技术的发展和时间的推移，测绘学的学科分类有着多种方法。按传统方法可将测绘学分为下面几种。

（一）大地测量学

大地测量学是一门量测和描绘地球表面的科学，是测绘学的一个分支。该学科主要是研究和测定地球形状、大小、地球重力场、整体与局部运动和地表面点的几何位置以及它们变化的理论和技术。在大地测量学中，测定地球的大小是指测定地球椭球的大小；研究地球形状是指研究大地水准面的形状（或地球椭球的扁率）；测定地面点的几何位置是指测定以地球椭球面为参考面的地面点位置。将地面点沿椭球法线方向投影到地球椭球面上，用投影点在椭球面上的大地经纬度表示该点的水平位置，用地面至地球椭球面上投影点的法线距离表示该点的大地高程。在一般应用领域，如水利工程，还需要以平均海水面（大地水准面）为起算面的高度，即通常所称的海拔高。

大地测量学的基本内容包括：①根据地球表面和外部空间的观测数据，确定地球形状和重力场，建立统一的大地测量坐标系；②测定并描述地壳运动、地极移动和潮汐变化等地球动力学现象；③建立国家大地水平控制网、精密水准网和海洋大地控制网，满足国家经济、国防建设的需要；④研究大规模、高精度和多类别的地面网、空间网和联合网的观测技术和数据处理理论与方法；⑤研究解决地球表面的投影变形及其他相应大地测量中的计算问题。

大地测量系统规定了大地测量的起算基准、尺度标准及其实现方式。由固定在地面上的点所构成的大地网或其他实体，按相应于大地测量系统的规定模式构建大地测量参考框架，大地测量参考框架是大地测量系统的具体应用形式。大地测量系统包括坐标系统、高程系统/深度基准和重力参考系统。

（二）摄影测量学

摄影测量学是研究利用摄影或遥感的手段获取目标物的影像数据，从中提取几何的或物理的信息，并用图形、图像和数字形式表达测绘成果的学科。它的主要研究内容有获取目标物的影像，并对影像进行量测和处理，将所测得的成果用图形、图像或数字表示。摄影测量学包括航空摄影、航天摄影、航空航天摄影测量和地面摄影测量等。航空摄影是在飞机或其他航空飞行器上利用航摄机摄取地面景物影像的技术。航天摄影是在航天飞行器（卫星、航天飞机、宇宙飞船）中利用摄影机或其他遥感探测器（传感器）获取地球的图像资料和有关数据的技术，它是航空摄影的扩充和发展。航空航天摄影测量是根据在航空或航天飞行器上对地摄取的影像获取地面信息，测绘地形图。地面摄影测量是利用安置在地面上基线两端点处的专用摄影机拍摄的立体像对，对所摄目标物进行测绘的技术，又称为近景摄影测量。

（三）地图制图学（地图学）

地图制图学是研究地图（包括模拟地图和数字地图）及其编制和应用的学科。主要研究内容包括地图设计，即通过研究、实验，制定新编地图内容、表现形式及其生产工艺程序的工作；地图投影，是研究依据一定的数学原理将地球椭球面的经纬线网描绘在地图平面上相应的经纬线网的理论和方法，也就是研究把不可展曲面上的经纬线网描绘成平面上的图形所产生各种变形的特性和大小以及地图投影的方法等；地图编制，是研究制作地图的理论和技术，主要包括制图资料的分析和处理，地图原图的编绘，以及图例、表示方法、色彩、图形和制印方案等编图过程的设计；地图制印，是研究复制和印刷地图过程中各种工艺的理论和技术方法；地图应用，是研究地图分析、地图评价、地图阅读、地图量算和图上作业等。

随着计算机技术的引入，出现了计算机地图制图技术。它是根据地图制图原理和地图编辑过程的要求，利用计算机输入、输出等设备，通过数据库技术和图形数字处理方法，实现地图数据的获取、处理、显示、存储和输出。此时地图是以数字形式存储在计算机中，称为数字地图。有了数字地图，就能生成在屏幕上显示的电子地图。计算机地图制图的实现，改变了地图的传统生产方式，节约了人力，缩短了成图周期，提高了生产效率和地图制作质量，使地图手工生产方式逐渐被数字化地图生产所取代。

（四）工程测量学

工程测量学主要是研究在工程建设和自然资源开发各个阶段进行测量工作的理论和技术，包括地形图测绘及工程有关的信息的采集和处理、施工放样及设备安装、变形监测分析和预报等，以及研究对与测量和工程有关的信息进行管理和使用。它是测绘学在国民经济建设和国防建设中的直接应用，包括规划设计阶段的测量、施工建设阶段的测量和运行管理阶段的测量。每个阶段测量工作的内容、重点和要求各不相同。

工程测量学的研究应用领域既有相对的稳定性，又是不断变化的。总的来说，它主要包括以工程建筑为对象的工程测量和以机器、设备为对象的工业测量两大部分。在技术方法上，可划分为普通工程测量和精密工程测量。工程测量学的主要任务是为各种工程建设提供测绘保障，满足工程所提出的各种要求。精密工程测量代表着工程测量学的发展方向。

现代工程测量已经远远突破了为工程建设服务的狭窄概念，而向所谓的“广义工程测量学”发展，认为一切不属于地球测量、不属于国家地图集范畴的地形测量和不属于官方的测量，都属于工程测量。

（五）海洋测绘学

海洋测绘学是研究以海洋及其邻近陆地和江河湖泊为对象所进行的测量和海图编制理论和方法的学科，主要包括海道测量、海洋大地测量、海底地形测量、海洋专题测量，以及航海图、海底地形图、各种海洋专题图和海洋图集等图的编制。海道测量，是以保证航行安全为目的，对地球表面水域及毗邻陆地所进行的水深和岸线测量及底质、障碍物的探测等工作。海洋大地测量是为测定海面地形、海底地形以及海洋重力及其变化所进行的大地测量工作。海底地形测量是测定海底起伏、沉积物结构和地物的测量工作。海洋专题测量是以海洋区域的地理专题要素为对象的测量工作。海图制图是设计、编绘、整饰和印刷海图的工作，同陆地地图编制基本一致。

三、测量的基准线和基准面

（一）大地水准面

地球表面被陆地和海洋所覆盖，其中海洋面积约占71%，陆地面积约占29%，人们常把地球形状看作被海水包围的球体。静止不流动水面称为水准面。水准面是物理面，水准面上的每一个分子各自均受到相等的重力作用，处处与重力方向（铅垂线）正交，同一水准面上的重力位相等，故此水准面也称重力等位面，水准面上任意一点的垂线方向均与水准面正交。地球表面十分复杂，难以用公式表达。设想海洋处于静止不动状态，以平均海水面代替海水静止时的水面，并向全球大陆内部延伸，使它形成连续不断的、封闭的曲面，这个特定的重力位水准面被称之为大地水准面。由大地水准面所包围的地球形体被称为大地体，在测量学中用大地体表示地球形体。

地球空间的任意一质点，都受到地球引力和地球自转产生的离心力的作用，质点实际上所受到的力为地球引力和离心力的合力，即大家所熟知的重力。

（二）参考椭球面

大地测量学的基本任务之一就是建立统一的大地测量坐标系，精确测定地面点的位置。但是，测量野外只能获得角度、长度和高差等观测元素，并不能直接得到点的坐标，为求解点的坐标成果，必须引入一个规则的数学曲面作为计算基准面，并通过该基准面建立起各观测元素之间以及观测元素与点的位置之间的数学关系。

地球自然表面复杂，不能作为计算基准面；大地水准面虽然比地球自然表面平滑许多，但由于地球引力大小与地球内部质量有关，而地球内部质量分布又不均匀，引起地面上各点垂线方向产生不规则变化，大地水准面实际上是一个有着微小起伏的不规则曲面，形状不规则，无法用数学公式精确表达为数学曲面，也不能作为计算基准面。

经过长期研究表明，地球形状近似一个两极稍扁的旋转椭球，即一个椭圆绕其短轴旋转而成的形体。而其旋转椭球面可以用较简单的数学公式准确地表达出来，所以测绘工作便取大小与大地体很接近的旋转椭球作为地球的参考形状和大小，一般称其外表面为参考椭球面。若对参考椭球面的数学式加入地球重力异常变化参数改正，便可得到与大地水准面较为接近的数学式。因此，在测量工作中是用参考椭球面这样一个规则的曲面代替大地水准面作为测量计算的基准面的。

世界各国通常均采用旋转椭球代表地球的形状，并称其为“地球椭球”。测量中把与大地体最接近的地球椭球称为总地球椭球；把与某个区域如一个国家大地水准面最为密合的椭球称为参考椭球，其椭球面称为参考椭球面。由此可见，参考椭球有许多个，而总地球椭球只有一个。

参考椭球面在测绘工作中具有以下重要作用：

（1）它是一个代表地球的数学曲面。

（2）它是一个大地测量计算的基准面。

（3）它是研究大地水准面形状的参考面。我们知道，参考椭球面是规则的，大地水准面是不规则的，两者进行比较，即可将大地水准面的不规则部分（差距和垂线偏差）显示出来。将地球形状分离为规则和不规则两部分，分别进行研究，这是几何大地测量学的基本思想。

（4）在地图投影中，讨论两个数学曲面的对应关系时，也是用参考椭球面来代替地球表面的。

因此，参考椭球面是地图投影的参考面。

将地球表面、水准面、大地水准面和参考椭球面进行比较，不难看出以下几点：

（1）地球表面是测量的依托面。它的形状复杂，不是数学表面，也不是等位面。

（2）水准面是液体的静止表面。它是重力等位面，不是数学表面，形状不规则。通过任一点都有一个水准面，水准面有无数个。水准面是野外测量的基准面。

（3）大地水准面是平均海水面及其在大陆的延伸。它具有一般水准面的特性。全球只有一个大地水准面。它是客观存在的，具有长期的稳定性，在整体上接近地球。大地水准面可以代表地球，并可作为高程的起算面。

（4）参考椭球面是具有一定参数、定位和定向的地球椭球面。它是数学曲面，没有物理意义。它的建立有一定的随意性。它可以在一定范围内与地球相当接近。参考椭球面是代表地球的数学曲面，是测量计算的基准面，同时又是研究地球形状和地图投影的参考面。

四、测量坐标系统和高程系统

坐标系是定义坐标如何实现的一套理论方法，包括定义原点、基本平面和坐标轴的指向等。

（一）数学坐标系统

常用的数学坐标系包括平面直角坐标系（二维）和空间直角坐标系（三维）。

（1）平面直角坐标系。在同一个平面上互相垂直且有公共原点的两条数轴构成平面直角坐标系，简称直角坐标系。通常，两条数轴分别置于水平位置与垂直位置，取向右与向上的方向分别为两条数轴的正方向。水平的数轴叫作X轴或横轴，垂直的数轴叫作Y轴或纵轴，X轴、Y轴统称为坐标轴，它们的公共原点O称为直角坐标系的原点，以点O为原点的平面直角坐标系记作平面直角坐标系XOY。

（2）空间直角坐标系。空间任意选定一点O，过点O作三条互相垂直的数轴OX、OY、OZ，它们都以O为原点且具有相同的长度单位。这三条轴分别称作X轴（横轴）、Y轴（纵轴）、Z轴（竖轴），统称为坐标轴。它们的正方向符合右手规则，即以右手握住Z轴，当右手的四个手指从X轴的正向以90°角度转向Y轴正向时，大拇指的指向就是Z轴的正向。这样就构成了一个空间直角坐标系，称为空间直角坐标系OXYZ。定点O称为该坐标系的原点，与之相对应的是左手空间直角坐标系。一般在数学中更常用右手空间直角坐标系，在其他学科方面因应用方便而异。

（二）测量坐标系统

测量坐标系统是供各种测绘地理信息工作使用的一类坐标系统，与数学坐标系统的最大区别在于X轴、Y轴的指向互换，在使用时应引起重视。

本书描述的测量坐标系统均为地固坐标系。地固坐标系指坐标系统与地球固联在一起，与地球同步运动的坐标系统。与地固坐标系对应的是与地球自转无关的天球坐标系统或惯性坐标系统。原点在地心的地固坐标系称为地心地固坐标系。地固坐标系的分类方式有多种，常用分类方法如下：

第一，根据坐标原点位置的不同，分为参心坐标系、地心坐标系、站心（测站中心）坐标系等。

参心坐标系是各个国家为了研究地球表面的形状，在使地面测量数据归算至椭球的各项改正数最小的原则下，选择和局部地区的大地水准面最为密合的椭球作为参考椭球建立的坐标系。“参心”指参考椭球的中心。由于参考椭球中心与地球质心不一致，参心坐标系又称为非地心坐标系、局部坐标系或相对坐标系。参心坐标系通常包括两种表现形式，即参心空间直角坐标系（以 X、Y、Z 为坐标元素）和参心大地坐标系（以 B、L、H 为坐标元素）。

地心坐标系是以地球质量中心为原点的坐标系，其椭球中心与地球质心重合，且椭球定位与全球大地水准面最为密合。地心坐标系通常包括两种表现形式，即地心空间直角坐标系和地心大地坐标系。

第二，根据坐标维数的不同，分为二维坐标系、三维坐标系、多维坐标系等。

第三，按坐标表现形式的不同，分为空间直角坐标系、空间大地坐标系、站心直角坐标系、极坐标系和曲线坐标系等。

为表达地球表面地面点相对地球椭球的空间位置，大地坐标系除采用地理坐标（大地经度B和纬度L）外，还要使用大地高H。地面点超出平均海水面的高程称为绝对高程或海拔高程，随着起算面和计算方法的不同，还存在其他各种高程系统，如以参考椭球面为高程起算面沿球面法线方向计算的大地高系统，以及以似大地水准面为高程起算面沿铅垂线方向计算的正常高系统等。

常见的高程系统有正高系统、正常高系统、力高系统及大地高系统等。

对测量上确定地面点平面位置和高程常用的大地坐标、高斯直角坐标及平面直角坐标和正高系统、正常高系统等简要介绍如下。

1.大地坐标系

地面上一点的平面位置在椭球面上通常用经度和纬度来表示，称为地理坐标。过地轴的平面称为子午面。子午面与旋转椭球体面的交线称为子午线或经线。过地轴中心且垂直于地轴的平面称为赤道面。赤道面与旋转椭球面的交线称为赤道。

2.高斯平面直角坐标系

地理坐标只能用来确定地面点在旋转椭球面上的位置，但测量上的计算和绘图，要求最好在平面上进行。大家知道，旋转椭球面是个闭合曲面，如何建立一个平面直角坐标系统呢？主要应用各种投影方法。我国采用横切圆柱投影——高斯——克吕格投影的方法来建立平面直角坐标系统，称为高斯——克吕格直角坐标系，简称高斯直角坐标系。

3.平面直角坐标系

当测区面积较小时，可不考虑地球曲率而将其当作平面看待。

如果将地球表面上的小面积测区当作平面看待，就没必要进行复杂的投影计算，可以直接将地面点沿铅垂线投影到水平面上，用平面直角坐标来表示它的投影位置和推算点与点之间的关系。

平面直角坐标系的原点记为O，规定纵坐标轴为X轴，与南北方向一致，自原点O起，指北者为正，指南者为负；横坐标轴为Y轴，与东西方向一致，自原点起，指东者为正，指西者为负。象限Ⅰ、Ⅱ、Ⅲ、Ⅳ按顺时针方向排列。坐标原点可取用高斯直角坐标值，也可以根据实地情况安置，一般为使测区所有各点的纵横坐标值均为正值，坐标原点大多安置在测区的西南角，使测区全部落在第Ⅰ象限内。

第二节　测绘基准、测绘系统和测量标志

一、测绘基准

（一）测绘基准的概念

测绘基准是指一个国家的整个测绘的起算依据和各种测绘系统的基础，测绘基准包括所选用的各种大地测量参数、统一的起算面、起算基准点、起算方位，以及有关的地点、设施和名称等。测绘基准主要包括大地基准、高程基准、深度基准和重力基准。

（1）大地基准。大地基准是建立大地坐标系统和测量空间点点位的大地坐标的基本依据。

（2）高程基准。高程基准是建立高程系统和测量空间点高程的基本依据。

（3）深度基准。深度基准是海洋深度测量和海图上图载水深的基本依据。我国目前

采用的深度基准因海区不同而有所不同。中国海区从1956年采用理论最低潮面（理论深度基准面）作为深度基准。内河、湖泊采用最低水位、平均地水位或设计水位作为深度基准。

（4）重力基准。重力基准是建立重力测量系统和测量空间点的重力值的基本依据。

（二）测绘基准的特征

（1）科学性。任何测绘基准都是依靠严密的科学理论、科学手段和方法经过严密的演算和施测建立起来的，其形成的数学基础和物理结构都必须符合科学理论和方法的要求，从而使测绘基准具有科学性特点。

（2）统一性。为保证测绘成果的科学性、系统性和可靠性，满足科学研究、经济建设和国防建设的需要，一个国家和地区的测绘基准必须是严格统一的。测绘基准不统一，不仅使测绘成果不具有可比性和衔接性，也会对国家安全和城市建设以及社会管理带来不良的后果。

（3）法定性。测绘基准由国家最高行政机关国务院批准，测绘基准数据由国务院测绘行政主管部门负责审核，测绘基准的设立必须符合国家的有关规范和要求，使用测绘基准由国家法律规定，从而使测绘基准具有法定性特征。

（4）稳定性。测绘基准是一切测绘活动和测绘成果的基础和依据，测绘基准一经建立，便具有相对稳定性，在一定时期内不能轻易改变。

（三）测绘基准管理

每个国家对测绘基准管理非常严格，我国《测绘法》对测绘基准进行规定，主要体现在以下两个方面：

（1）国家规定测绘基准。测绘基准是国家整个测绘工作的基础和起算依据，包括大地基准、高程基准、深度基准和重力基准。测绘基准的作业保证国家测绘成果的整体性、系统性和科学性，实现测绘成果起算依据的统一，保障测绘事业为国家经济建设、国防建设和社会发展服务。《测绘法》明确规定从事测绘活动，应当使用国家规定的测绘基准和测绘系统，执行国家规定的测绘技术规范和标准。

国家对测绘基准的规定非常严格，主要体现在两个方面：一是测绘基准的数据由国务院测绘行政主管部门审核后，还必须与国务院其他有关部门、军队测绘主管部门进行会商，充分听取各相关部门的意见；二是测绘基准的数据经相关部门审核后，必须经过国务院批准后才能实施，各项测绘基准数据经国务院批准后，便成为所有测绘活动的起算依据。

（2）国家要求使用统一的测绘基准。我国《测绘法》规定，从事测绘活动应当使用国家规定的测绘基准和测绘系统。从事测绘活动使用国家规定的测绘基准是从事测绘活动的基本技术原则和前提，不使用国家规定的测绘基准，要依法承担相应的法律责任。

二、测绘系统

（一）测绘系统的概念

测绘系统是指由测绘基准延伸，在一定范围内布设的各种测量控制网，它们是各类测绘成果的依据，包括大地坐标系统、平面坐标系统、高程系统、地心坐标系统和重力测量系统。

（1）大地坐标系统。大地坐标系统是用来表述地球点的位置的一种地球坐标系统，它采用一个接近地球整体形状的椭球作为点的位置及其相互关系的数学基础，大地坐标系统的三个坐标是大地经度、大地纬度和大地高。

（2）平面坐标系统。平面坐标系统是指确定地面点的平面位置所采用的一种坐标系统。大地坐标系统是建立在椭球面上的，而地图绘制的坐标是在平面上的，因此，必须通过地图投影把椭球面上的点的大地坐标科学地转换成展绘在平面上的平面坐标。平面坐标用平面上两轴相交成直角的纵、横坐标表示。我国在陆地上的平面坐标系统是采用“高斯——克吕格平面直角坐标系”。它是利用高斯——克吕格投影将不可平展的地球椭球面转换成平面而建立的一种平面直角坐标系。

（3）高程系统。高程系统是用以传算全国高程测量控制网中各点高程所采用的统一系统。

（4）地心坐标系统。地心坐标系统是以坐标原点与地球质心重合的大地坐标系统或空间直角坐标系统。

（5）重力测量系统。重力测量系统是指重力测量施测与计算所依据的重力测量基准和计算重力异常所采用的正常重力公式的总称。

（二）测绘系统管理

我国《测绘法》对测绘系统管理进行了明确的规定，并设立了严格的测绘法律责任。

1.测绘系统管理的基本法律规定

（1）从事测绘活动要使用国家规定的测绘系统。

（2）国家建立全国统一的大地坐标系统、平面坐标系统、高程系统、地心坐标系统和重力测量系统，确定国家大地测量等级和精度。《测绘法》第九条对国家建立统一的测绘系统进行了规定，并明确测绘系统的具体规范和要求由国务院测绘行政主管部门会同国务院其他有关部门、军队测绘主管部门制定。

（3）采用国际坐标系统和建立相对独立的平面坐标系统要依法经过批准。《测绘法》明确规定采用国际坐标系统，在不妨碍国家安全的前提下，必须经国务院测绘行政主管部门会同军队测绘主管部门批准。因建设、城市规划和科学研究的需要，大城市和国家重大工程项目确需建立相对独立的平面坐标系统的，由国务院测绘行政主管部门批准；其他确需建立相对独立的平面坐标系统的，由省、自治区、直辖市人民政府测绘行政主管部门批准。

（4）未经批准擅自采用国际坐标系统和建立相对独立的平面坐标系统的，应当承担相应的法律责任。

2.测绘系统管理的职责

（1）国务院测绘行政主管部门的职责。

①负责建立全国统一的大地坐标系统、平面坐标系统、高程系统、地心坐标系统和重力测量系统。

②会同国务院其他有关部门、军队测绘主管部门制定国家大地测量等级和精度以及国家基本比例尺地图的系列和基本精度的具体规范和要求。

③会同军队测绘主管部门审批国际坐标系统。

④负责因建设、城市规划和科学研究的需要，大城市和国家重大工程项目确需建立相对独立的平面坐标系统的审批。

⑤负责全国测绘系统的维护和统一的监督管理。

（2）省级测绘行政主管部门的职责。

①建立本省行政区域内与国家测绘系统相统一的大地控制网和高程控制网。

②负责因建设、城市规划和科学研究的需要，除大城市和国家重大工程项目以外确需建立相对独立的平面坐标系统的审批。

③负责本省行政区域内全国统一的测绘系统的维护和统一监督管理。

（3）市、县级测绘行政主管部门的职责。

①建立本行政区域内与国家测绘系统相统一的大地控制网和高程控制网的加密网。

②负责测绘系统的维护和统一监督管理。

（三）国际坐标系统管理

1.国际坐标系统的概念

国际坐标系统是指全球性的坐标系统，或者国际区域性的坐标系统，或者其他国家建立的坐标系统。随着全球卫星定位技术的广泛应用，在中华人民共和国领域和管辖的其他海域采用国际坐标系统比较方便，便于交流，但与现行坐标系统不一致，考虑到维护国家安全等因素，《测绘法》规定在不妨碍国家安全的情况下，确有必要采用国际坐标系统的，必须经国务院测绘行政主管部门会同军队测绘主管部门批准。

2.采用国际坐标系统的条件

按照测绘法规定，采用国际坐标系统，必须坚持三个原则：一是在我国采用国际坐标系统必须以不妨碍国家安全为原则，对于妨碍国家安全的，不允许其采用国际坐标系统；二是采用国际坐标系统必须以确有必要为原则；三是采用国际坐标系统，必须以经国务院测绘行政主管部门会同军队测绘主管部门审批为原则。按照上述原则，申请采用国际坐标系统，必须符合下列条件：

（1）国家现有坐标系统不能满足需要而采用国际坐标系统的；

（2）采用国际坐标系统后的资料，将为社会公众提供的；

（3）在较大区域范围内采用国际坐标系统的；

（4）其他确有必要采用国际坐标系统的；

（5）独立的法人单位或政府相关部门；

（6）有健全的测绘成果及资料档案管理制度。

3.申请采用国际坐标系统需要提交的材料

（1）采用国家坐标系统申请书；

（2）采用国际坐标系统的理由；

（3）申请人企业法人营业执照或机关、事业单位法人证书；

（4）能够反映申请单位的测绘成果与资料档案管理制度的证明文件。

申请采用国际坐标系统的单位，应当按照《采用国际坐标系统审批程序规定》的要求，经国家测绘地理信息局准予许可后，方可采用国际坐标系统。

（四）相对独立的平面坐标系统管理

1.相对独立的平面坐标系统的概念

相对独立的平面坐标系统，是指为了满足在局部地区进行大比例尺测图和工程测量的需要，以任意点和方向起算建立的平面坐标系统或者在全国统一的坐标系统基础上，进行中央子午线投影变换以及平移、旋转等而建立的平面坐标系统。相对独立的平面坐标系统是一种非国家统一的，但与国家统一坐标系统相联系的平面坐标系统。这种独立的平面坐标系统通过与国家坐标系统之间的联测，确定两种坐标系统之间的数学转换关系，即称之为相对独立的平面坐标系统与国家坐标系统相联系。

2.建立相对独立的平面坐标系统的原则

建立相对独立的平面坐标系统的，必须坚持以下原则：一是必须是因建设、城市规划和科学研究的需要，如果不是满足建设、城市规划和科学研究的需要，必须按照国家规定采用全国统一的测绘系统；二是确实需要建立，建立相对独立的平面坐标系统必须有明确的目的和理由，不建设就会对工程建设、城市规划等造成严重影响的；三是必须经过批准，未按照规定程序经省级以上测绘行政主管部门批准，任何单位都不得建立相对独立的平面坐标系统；四是应当与国家坐标系统相联系，建立的相对独立的平面坐标系统必须与国家统一的测量控制网点进行联测，建立与国家坐标系统之间的联系。

3.建立相对独立的平面坐标系统的审批

建立相对独立的平面坐标系统的审批是一项有数量限制的行政许可。为保障城市建设的顺利进行，保持测绘成果的连续性、稳定性和系统性，维护国家安全和地区稳定，一个城市只能建设一个相对独立的平面坐标系统。为加强对建立相对独立的平面坐标系统的管理，国家测绘局于2007年颁布了《建立相对独立的平面坐标系统管理办法》，对建立相对独立的平面坐标系统的审批权限进行了详细规定。

（1）国家测绘地理信息局的审批职责。

①50万人口以上的城市；

②列入国家计划的国家重大工程项目；

③其他确需国家测绘地理信息局审批的。

（2）省级测绘行政主管部门的审批职责。

①50万人口以下的城市；

②列入省级计划的大型工程项目；

③其他确需省级测绘行政主管部门审批的。

（3）申请建立相对独立的平面坐标系统应提交的材料。

①建立相对独立的平面坐标系统申请书；

②属工程项目的申请人的有效身份证明；

③立项批准文件；

④能够反映建设单位测绘成果及资料档案管理设施和制度的证明文件；

⑤建立城市相对独立的平面坐标系统的，应当提供该市人民政府同意建立的文件；

⑥建立相对独立的平面坐标系统的城市市政府同意的文件，应当提交原件。

（4）不予批准的情形。

依据《建立相对独立的平面坐标系统管理办法》的规定，有以下情况之一的，对建立相对独立的平面坐标系统的申请不予批准：

①申请材料内容虚假的；

②国家坐标系统能够满足需要的；

③已依法建有相关的、相对独立的平面坐标系统的；

④测绘行政主管部门依法认定的应当不予批准的其他情形。

4.建立相对独立的平面坐标系统的法律责任

《测绘法》对未经批准，擅自建立相对独立的平面坐标系统的，设定了严格的法律责任，主要包括给予警告，责令改正，可以并处 10 万元以下的罚款；构成犯罪的，依法追究刑事责任；尚不够刑事处罚的，对负有直接责任的主管人员和其他直接责任人员，依法给予行政处分。

新中国成立以来，我国已经建立了全国统一的测绘基准和测绘系统，并不断得到完善和精化，其中包括天文大地网、平面控制网、高程控制网和重力控制网等，为不同时期国家的经济建设、国防建设、科学研究和社会发展提供了有力的基准保障。近年来，国家十分重视测绘基准和测绘系统建设，不断加大对测绘基准和测绘系统建设的投入力度，加强国家现代测绘基准体系基础设施建设，积极开展现代测绘基准体系建设关键技术研究，现代测绘基准体系建设取得了重要进展，逐步使我国的测绘基准和测绘系统建设处于世界领先行列。

三、测量标志

测量标志是国家重要的基础设施，是国家经济建设、国防建设、科学研究和社会发展的重要基础。长期以来，我国在陆地和海洋边界内布设了大量的用于标定测量控制点空间地理位置的永久性测量标志，包括各等级的三角点、基线点、导线点、军用控制点、重力点、天文点、水准点和卫星定位点的木质规标和标石标志、GPS卫星地面跟踪站以及海底大地点设施等，这些标志在我国各个时期的国民经济建设和国防建设中都发挥了巨大的作用，是国家宝贵的财富。

（一）测量标志的概念

测量标志是指在陆地和海洋标定测量控制点位置的标石、规标及其他标记的总称。标石一般是指埋设于地下一定深度，用于测量和标定不同类型控制点的地理坐标、高程、重力、方位和长度等要素的固定标志；规标是指建在地面上或建筑物顶部的测量专用标架，作为观测照准目标和提升仪器高度的基础设施。根据使用用途和时间期限，测量标志可分为永久性测量标志和临时性测量标志两种。

1.永久性测量标志

永久性测量标志是指设有固定标志物以供测量标志使用单位长期使用的需要永久保存的测量标志，包括国家各等级的三角点、基线点、导线点、军用控制点、重力点、天文点、水准点和卫星定位点的木质规标、钢质规标和标石标志，以及用于地形测图、工程测量和形变测量等的固定标志和海底大地点设施等。

2.临时性测量标志

临时性测量标志是指测绘单位在测量过程中临时设立和使用的，不需要长期保存的标志和标记。如测站点的木桩、活动规标、测旗、测杆、航空摄影的地面标志以及描绘在地面或建筑物上的标记等，都属于临时性测量标志。

（二）测量标志建设

测量标志建设，是指测绘单位或者工程项目建设单位为满足测绘工作的需要而建造、设立固定标志的活动。关于测量标志建设，《测绘法》和《测量标志保护条例》都有明确的规定，主要体现在以下几个方面：

（1）使用国家规定的测绘基准和测绘标准。

（2）选择有利于测量标志长期保护和管理的点位。

（3）设置永久性测量标志的，应当对永久性测量标志设立明显标记；设置基础性测量标志的，还应当设立由国务院测绘行政主管部门统一监制的专门标牌。

（4）设置永久性测量标志，需要依法使用土地或者在建筑物上建设永久性测量标志的，有关单位和个人不得干扰和阻挠。建设永久性测量标志需要占用土地的，地面标志占用土地的范围为36～100 m^2，地下标志占用土地的范围为16～36 m^2。

（5）设置永久性测量标志的部门应当将永久性测量标志委托测量标志设置地的有关单位或人员负责保管，签订测量标志委托保管书，明确委托方和被委托方的权利和义务，并由委托方将委托保管书抄送乡级人民政府和县级以上地方人民政府管理测绘工作的部门备案。

（6）符合法律法规规定的其他要求。

（三）测量标志保管与维护

1.测量标志保管

（1）设立明显标记。永久性测量标志是建立在地面或地下的固定标志。为了防止永久性测量标志遭到破坏，必须设立明显的标记，使人们能够很方便地识别测量标志，并委托当地有关单位指派专人负责保管，进而达到保护的目的。

（2）实行委托保管制度。测量标志分布面广，数量巨大，保护测量标志必须充分依靠当地的人民群众。《测量标志保护条例》规定，设置永久性测量标志的部门应当将永久性测量标志委托测量标志设置地的有关单位或人员负责保管，签订测量标志委托保管书，明确委托方和被委托方的权利和义务，并由委托方将委托保管书抄送乡级人民政府和县级以上人民政府管理测绘工作的部门备案。

测量标志保管人员的职责，主要包括：①经常检查测量标志的使用情况，查验永久性测量标志使用后的完好状况；②发现永久性测量标志有移动或者损毁的情况，及时向当地乡级人民政府报告；③制止、检举和控告移动、损毁和盗窃永久性测量标志的行为；④查询使用永久性测量标志的测绘人员的有关情况。

根据《测量标志保护条例》的规定，国务院其他有关部门按照国务院规定的职责分工，负责管理本部门专用的测量标志保护工作。军队测绘主管部门负责管理军事部门测量标志保护工作，并按照国务院、中央军事委员会规定的职责分工负责管理海洋基础测量标志保护工作。

（3）工程建设要避开永久性测量标志。工程建设避开永久性测量标志，是指在两个相邻测量标志之间建设建筑物不能影响相邻标志之间相互通视，在测量标志附近建设建筑物不能影响卫星定位设备接收卫星传送信号，工程建设不得造成测量标志沉降或者位移，在测量标志附近建设微波站、广播电视台站、雷达站和架设线路等，要避免受到电磁干扰影响测量仪器正常使用等。为合理保护测量标志，避免工程建设损毁测量标志，《测绘法》明确规定，进行工程建设应当避开永久性测量标志。

（4）拆迁永久性测量标志要经过批准，并支付拆迁费用。工程建设要尽量避开永久性测量标志，但实际工作中无法避开永久性测量标志的工程项目非常多，如涉及国家重大投资的工程项目、城市规划布局调整等，在大型工程项目实施过程中，造成测量标志损毁或者移动是不可避免的。《测绘法》规定，确实无法避开的，需要拆迁永久性测量标志或者使永久性测量标志失去效能的，应当经国务院测绘行政主管部门或者省、自治区、直辖市人民政府测绘行政主管部门批准，涉及军用控制点的，应当征得军队测绘主管部门的同意。所需迁建费用由工程建设单位承担，以用于永久性测量标志的恢复重建。

（5）使用测量标志应当持有测绘作业证件，并保证测量标志的完好。永久性测量标志作为测绘基础设施，承载着精确的数据信息，是从事测绘活动的基础。非测绘人员随意使用永久性测量标志很容易造成测量标志损坏或者使测量标志失去使用效能。为此，《测绘法》规定测绘人员使用永久性测量标志，必须持有测绘作业证件，并保证测量标志的完好。《测量标志保护条例》规定，违反测绘操作规程进行测绘，使永久性测量标志受到损坏的，无证使用永久性测量标志并且拒绝县级以上人民政府管理测绘工作的部门监督和负责保管测量标志的单位和人员查询的，要依法承担相应的法律责任。

（6）定期组织开展测量标志普查和维护。定期开展测量标志普查和维护工作是保护测量标志的重要措施和手段。设置永久性测量标志的部门应当按照国家有关的测量标志维修规程，对永久性测量标志定期组织维修，保证测量标志正常使用。通过定期组织开展测量标志普查,发现测量标志损毁或者将失去使用效能的,应当及时维护,确保测量标志完好。

2.测量标志拆迁审批职责

（1）国务院测绘行政主管部门审批职责。

①国家一、二等三角点（含同等级的大地点）、水准点（含同等级的水准点）；

②国家天文点、重力点（包括地壳形变监测点等具有物理因素的点）、GPS点（B级精度以上）；

③国家明确规定需要重点保护的其他永久性测量标志等。

（2）省级测绘行政主管部门审批职责。

①国家三、四等三角点（含同等级的大地点）、水准点（含同等级的水准点）；

②省级测绘行政主管部门建立的不同等级的三角点、水准点、GPS点等；

③省级测绘行政主管部门明确需要重点保护的其他永久性测量标志。

（3）市、县级测绘行政主管部门的审批职责。

①国家平面控制网、高程控制网和空间定位网的加密网点；

②市、县测绘行政主管部门自行建造的其他不同等级的三角点、水准点和GPS点。

3.测量标志维护

测量标志维护是指测绘行政主管部门或测量标志建设单位采用物理加固、设立警示牌等手段确保测量标志完好、能够正常使用的活动。测量标志维护是各级测绘行政主管部门的一项重要职责。

（1）开展测量标志普查。开展测量标志普查工作是做好测量标志维护的基础，测量标志维护要在准确掌握测量标志完好状况的前提下进行。各级测绘行政主管部门通过开展测量标志普查，及时了解测量标志损毁程度和分布区域及特点，做到心中有数，为科学编制测量标志维修规划和计划打下基础。

（2）制订测量标志维修规划和计划。《测量标志保护条例》第十七条规定，测量标志保护工作应当执行维修规划和计划。全国测量标志维修规划，由国务院测绘行政主管部门会同国务院其他有关部门制定。省、自治区、直辖市人民政府管理测绘工作的部门应当组织同级有关部门，根据全国测量标志维修规划，制订本行政区域内的测量标志维修计划，并组织协调有关部门和单位统一实施。制订测量标志维修规划和计划是测量标志有序维护的重要保障，对于科学维护、分类管理和强化责任，具有重要的意义。

（3）按照测量标志维修规程进行维修。《测量标志保护条例》第十八条规定，设置永久性测量标志的部门应当按照国家有关的测量标志维修规程，对永久性测量标志定期组织维修，保证测量标志正常使用。按照测量标志维修规程，通过筑设加固井、设立防护墙、加设警示牌等方式，修复或者维护测量标志，从而保证测量标志能够正常使用。

（四）测量标志的使用

1.测量标志使用的基本规定

测量标志使用是指测绘单位在测绘活动中使用测量标志测定地面点空间地理位置的活动。我国现行《测绘法》《测量标志保护条例》对测绘人员使用永久性测量标志的法律规定，主要包括以下两方面内容。

（1）测绘人员使用永久性测量标志，应当持有测绘作业证件，接受县级以上人民政府管理测绘工作部门的监督和负责保管测量标志的单位和人员的查询，并按照操作规程进行测绘，保证测量标志的完好。

（2）国家对测量标志实行有偿使用，但使用测量标志从事军事测绘任务的除外。测量标志有偿使用的收入应当用于测量标志的维护、维修，不得挪作他用。

2.测绘人员的义务

（1）测绘人员使用永久性测量标志，必须持有测绘作业证件，并保证测量标志的完好；

（2）测绘人员根据测绘项目开展情况建立永久性测量标志，应当按照国家有关的技术规定执行，并设立明显的标记；

（3）接受县级以上测绘行政主管部门的监督和测量标志保管人员的查询；

（4）依法缴纳测绘基础设施使用费；

（5）积极宣传测量标志保护的法律法规和相关政策。

（五）法律责任

《测绘法》及《测量标志保护条例》对违反测量标志保护法律、行政法规的行为，设定了严格的法律责任，有下列行为之一的，给予警告，责令改正，可以并处5万元以下的罚款；造成损失的，依法承担赔偿责任；构成犯罪的，依法追究刑事责任；尚不够刑事处罚的，对负有直接责任的主管人员和其他直接责任人员，依法给予行政处分：

（1）损毁或者擅自移动永久性测量标志和正在使用中的临时性测量标志的；

（2）侵占永久性测量标志用地的；

（3）在永久性测量标志安全控制范围内从事危害测量标志安全和使用效能的活动的；

（4）在测量标志占地范围内，建设影响测量标志使用效能的建筑物的；

（5）擅自拆除永久性测量标志或者使永久性测量标志失去使用效能，或者拒绝支付迁建费用的；

（6）违反操作规程使用永久性测量标志，造成永久性测量标志毁损的；

（7）无证使用永久性测量标志并且拒绝县级以上人民政府管理测绘工作的部门监督和负责保管测量标志的单位和人员查询的；

（8）干扰或者阻挠测量标志建设单位依法使用土地或者在建筑物上建设永久性测量标志的。

第三节　测量误差基础

一、测量误差概述

在测量工作中，无论测量仪器多精密、观测多仔细，测量结果总是存在着差异。例如，对某段距离进行多次丈量，或反复观测同一角度，发现每次观测结果往往不一致。又如，观测三角形的三个内角，其和并不等于理论值180°。这种观测值之间或观测值与理论值之间存在差异的现象，说明观测结果存在着各种测量误差。

1.测量误差产生的原因

导致测量误差产生的原因概括起来有下列3种。

（1）观测者。由于观测者的感觉器官的鉴别能力的局限性，在仪器安置、照准和读数等工作中都会产生误差。同时，观测者的技术水平及工作态度也会对观测结果产生影响。

（2）测量仪器。测量工作所使用的测量仪器都具有一定的精密度，从而使观测结果的精度受到限制。另外，仪器本身构造上的缺陷也会使观测结果产生误差。

（3）外界观测条件。外界观测条件是指野外观测过程中外界条件的因素，如天气的变化、植被的不同、地面土质松紧的差异、地形的起伏、周围建筑物的状况，以及太阳光线的强弱、照射角度的大小等。

有风会使测量仪器不稳，地面松软可使测量仪器下沉，强烈阳光照射会使水准管变形，太阳的高度角、地形和地面植被决定了地面大气温度梯度，观测视线穿过不同温度梯度的大气介质或靠近反光物体，都会使视线弯曲，产生折光现象。因此，外界观测条件是保证野外测量质量的重要因素。

观测者、测量仪器和观测时的外界条件是引起观测误差的主要因素，通常称为观测条件。观测条件相同的各次观测，称为等精度观测。观测条件不同的各次观测，称为非等精度观测。任何观测都不可避免地要产生误差。为了获得观测值的正确结果，就必须对误差进行分析研究，以便采取适当的措施来消除或削弱其影响。

2.测量误差的分类

测量误差按其性质，可分为系统误差、偶然误差和粗差。

（1）系统误差。由仪器制造或校正不完善、观测员生理习性、测量时外界条件或仪器检定时不一致等原因引起。在同一条件下获得的观测列中，其数据、符号或保持不变，或按一定的规律变化。在观测成果中具有累积性，对成果质量影响显著，应在观测中采取相应措施予以消除。

（2）偶然误差。它的产生取决于观测进行中的一系列不可能严格控制的因素（如湿度、温度和空气振动等）的随机扰动。在同一条件下获得的观测列中，其数值、符号不定，表面看没有规律性，实际上是服从一定的统计规律的。随机误差分为两种：一种是误差的数学期望不为零，称为“随机性系统误差”；另一种是误差的数学期望为零，称为偶然误差。这两种随机误差经常同时发生，须根据最小二乘法原理加以处理。

（3）粗差。是由一些不确定因素引起的误差，国内外学者在粗差的认识上还未有统一的看法，目前的观点主要有几类：一类是将粗差看作与偶然误差具有相同的方差，但期望值不同；另一类是将粗差看作与偶然误差具有相同的期望值，但其方差巨大；还有一类是认为偶然误差与粗差具有相同的统计性质，但有正态与病态的不同。以上理论均是把偶然误差和粗差视为属于连续型随机变量的范畴。还有一些学者认为粗差属于离散型随机变量。

当观测值中剔除了粗差，排除了系统误差的影响，或者与偶然误差相比系统误差处于次要地位后，占主导地位的偶然误差就成了我们研究的主要对象。从单个偶然误差来看，其出现的符号和大小没有一定的规律性，但对大量的偶然误差进行统计分析，就能发现其规律性，误差个数越多，规律性越明显。这样在观测成果中可以认为主要是存在偶然误差，研究偶然误差占主导地位的一系列观测值中求未知量的最或然值以及评定观测值的精度等是误差理论要解决的主要问题。

3.偶然误差的统计特性

由于观测结果主要存在着偶然误差，为了评定观测结果的质量，必须对偶然误差的性质做进一步分析。

二、衡量精度的指标

1.精度的含义

在一定的观测条件下进行的一组观测，它对应着一定的误差分布。观测条件好，误差分布就密集，则表示观测结果的质量就高；反之，观测条件差，误差分布就松散，观测成果的质量就低。因此，精度就是指一组误差分布的密集与离散的程度，即离散度的大小。显然，为了衡量观测值的精度高低，可以通过绘出误差频率直方图或画出误差分布曲线的方法进行比较。

2.衡量精度的指标σ

衡量精度的指标有多种，这里介绍几种常用的精度指标。

（1）中误差。Δ越小，$f(\Delta)$越大。当Δ=0时，函数$f(\Delta)$达到最大值$\frac{1}{\sigma\sqrt{2\pi}}$；反之，Δ越大，$f(\Delta)$越小。当Δ趋近∞时，$f(\Delta)$为0。一维分布密度函数有如下性质：

①$f(\Delta)$为偶函数，曲线对称于纵轴；

②$f(\Delta)$随着误差绝对值的增大而减小，当$\Delta\to\infty$，$f(\Delta)\to 0$；

③当Δ=0时，$f(0)$为函数最大值；

④误差曲线拐点的横坐标为中误差，即$\Delta=\pm\sigma$，这可由$f(\Delta)$求二阶导数得出。

观测值的标准差定义式为

$$\sigma=\sqrt{\lim_{n\to\infty}\frac{\left[\Delta^2\right]}{n}} \tag{7-1}$$

由定义式（7-1）可知，标准差是在$n\to\infty$时的理论精度指标。在测量工作中，观测次数n总是有限的，为了评定精度，只能用有限个真误差求取标准差的估值，测量中通常称标准差的估值为中误差，用m表示，即

$$m=\pm\sqrt{\frac{\left[\Delta^2\right]}{n}} \tag{7-2}$$

式（7-2）可以是同一个量观测值的真误差，也可以是不同量观测值的真误差，但必须都是等精度的同类观测值的真误差。由中误差公式可知，中误差是代表一组等精度真误差的某种平均值，其值越小，即表示该组观测中绝对值较小的误差越多，则该组观测值的

精度越高。

（2）极限误差。偶然误差的第一特性表明，在一定的观测条件下偶然误差的绝对值不会超过一定的限值，这个限值就是极限误差。由概率论可知，在等精度观测的一组偶然误差中，误差出现在$[-\sigma,+\sigma][-2\sigma\ +2\sigma][-3\sigma\ +3\sigma]$区间内的概率分别为

$$P(-\sigma<\Delta\leqslant+\sigma)\approx68.3\%$$

$$P(-2\sigma<\Delta\leqslant+2\sigma)\approx95.5\%$$

$$P(-3\sigma<\Delta\leqslant+3\sigma)\approx99.7\%$$

也就是说，绝对值大于两倍标准差的偶然误差出现的概率为4.5%；而绝对值大于3倍标准差的偶然误差出现的概率仅为0.3%，这实际上是接近于零的小概率事件，在有限次观测中不太可能发生。因此，在测量工作中通常规定2倍或3倍中误差作为偶然误差的限值，称为极限误差或容许误差：$\Delta_{容}=2\sigma\approx2\ m$或$\Delta_{容}=3\sigma\approx3\ m$，前者要求较严，后者要求较宽，如果观测值中出现大于容许误差的偶然误差，则认为该观测值不可靠，相应的观测值应进行重测、补测或舍去不用。

（3）相对误差。对评定精度来说，有时只用中误差还不能完全表达测量结果的精度高低。例如，分别丈量了100 m和200 m两段距离，中误差均为±0.02 m。虽然两者的中误差相同，但就单位长度而言，两者精度并不相同，后者显然优于前者。为了客观反映实际精度，常采用相对误差。

观测值中误差m的绝对值与相应观测值S的比值称为相对中误差。它是一个无名数，常用分子为1的分数表示，即

$$K=\frac{|m|}{S}=\frac{1}{\frac{S}{|m|}} \tag{7-3}$$

上例中前者的相对中误差为1/5000，后者为1/10000，表明后者精度高于前者。

对于真误差或容许误差，有时也用相对误差来表示。例如，距离测量中的往返测之差与距离值之比就是所谓的相对真误差，即

$$\frac{\left|D_{往}-D_{返}\right|}{D_{平均}}=\frac{1}{\frac{D_{平均}}{\Delta D}} \tag{7-4}$$

与相对误差对应，真误差、中误差和容许误差都是绝对误差。

三、误差传播定律

当对某量进行了一系列的观测后，观测值的精度可用中误差来衡量。但在实际工作中，往往会遇到某些量的大小并不是直接测定的，而是由观测值通过一定的函数关系间

接计算出来的。例如，水准测量中，在一测站上测得后、前视读数分别为a、b，则高差h=a-b，这时高差h就是直接观测值a、b的函数。当a、b存在误差时，h也受其影响而产生误差，这就是所谓的误差传播。阐述观测值中误差与观测值函数中误差之间关系的定律称为误差传播定律。

四、算术平均值及中误差

增加观测次数能削弱偶然误差对算术平均值的影响，提高其精度。但因观测次数与算术平均值中误差并不是线性比例关系，所以，当观测次数达到一定数目后，即使再增加观测次数，精度却提高得很少。因此，除适当增加观测次数外，还应选用适当的观测仪器和观测方法，选择良好的外界环境，才能有效地提高精度。

五、加权平均值及中误差

计算观测量的最或然值应考虑到各观测值的质量和可靠程度，显然对精度较高的观测值，在计算最或然值时应占有较大的比例；反之，精度较低的应占较小的比例，为此各个观测值要给定一个数值来比较它们的可靠程度，这个数值在测量计算中被称为观测值的权。显然，观测值的精度越高，中误差就越小，权就越大，反之亦然。

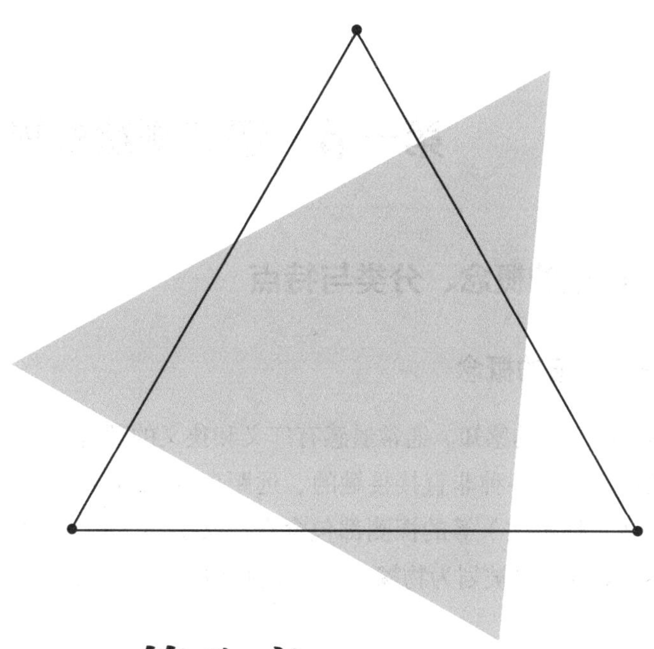

第八章

遥感测绘原理

第一节　遥感测绘概述

一、遥感的概念、分类与特点

（一）遥感的概念

遥感，即遥远的感知。通常遥感有广义和狭义的理解。

广义遥感泛指各种非直接接触的、远距离探测目标的技术。利用电磁场、力场、机械波（声波、地震波）等的探测都包含在广义遥感之中。实际工作中，重力、磁力、声波、地震波等的探测被划为物探（物理探测）的范畴。因此，只有电磁波探测属于遥感的范畴。

狭义遥感是指应用探测仪器（传感器），不与被测目标直接接触，在高空或远距离处，接收目标辐射或反射的电磁波信息，并对这些信息进行加工处理与分析，从而揭示目标的特征性质及其运动状态的综合性探测技术。

遥感不同于遥测（telemetry）和遥控（remote control）。遥测是指对被测物体某些运动参数和性质进行远距离测量的技术，分为接触测量和非接触测量。遥控是指远距离控制目标物运动状态和过程的技术。遥感，特别是空间遥感，其过程的完成往往需要综合运用遥测和遥控技术，如卫星遥感，必须有对卫星运行参数的遥测和卫星工作状态的控制。

（二）遥感的分类

遥感的分类多种多样，目前还没有一个完全统一的分类标准。基于对遥感定位的不同理解，常见的分类方式有以下几种。

1.按遥感的对象分类

（1）宇宙遥感，遥感的对象是宇宙中的天体和其他物质的遥感。

（2）地球遥感，遥感的对象是地球和地球事物的遥感，可分为环境遥感和资源遥感。

以地球表层环境（包括大气圈、陆海表面和表面以下的浅层）为对象的遥感叫作环境遥感。环境遥感主要对自然与社会环境的动态变化进行监测和作出评价与预报。由于人口增长与资源的开发利用，自然与社会环境随时都在发生变化，遥感多时相、周期短的特点可以迅速地为环境监测、评价和预报提供可靠依据。

以地球资源的探测、开发、利用、规划、管理和保护为主要内容的遥感技术及其应用过程叫作资源遥感。利用遥感信息探测地球资源，其成本低、速度快，有利于克服恶劣的自然环境的限制，减少勘探资源的盲目性。

2.按遥感平台（运载工具）分类

（1）地面遥感，是指传感器设置在地面平台上，如车载、船载、三脚架、手提、固定或活动的高架平台等。其作用是基础性和服务性的，如收集地物光谱、为航空航天传感器定标、验证航空航天传感器的性能。

（2）航空遥感，又称机载遥感，是指在飞机（飞艇或热气球）飞行高度上对地球表面进行探测。其特点是灵活性大、图像清晰、分辨率高，并且历史悠久，已经形成了较完整的理论和应用体系。航空遥感还可以进行各种遥感实验与校正工作。

（3）航天遥感，又称星载遥感，是指在卫星轨道高度上（包括运载在卫星、航天飞机、宇宙飞船、航天空间站上）对地球表面进行探测。其特点是成像高度高、宏观性好，可进行重复观测、图像获取速度快、不受沙漠和冰雪等恶劣自然环境的限制。1972年，美国发射了第一颗陆地卫星，标志着航天遥感时代的开始。

（4）航宇遥感，是指传感器设置于星际飞机上，对地月系统外的目标进行探测。

3.按传感器的探测波段分类

（1）紫外遥感，探测波段为0.01 ~ 0.38 μm。

（2）可见光遥感，探测波段为0.38 ~ 0.76 μm。

（3）红外遥感，探测波段为0.76 ~ 1000 μm。目前，红外遥感主要有两个研究与应用领域：

①反射红外遥感，探测波段为0.76 ~ 3 μm，是反射红外波段，它与可见光遥感的共同特点是辐射源是太阳，在这两个波段上只反映地物对太阳辐射的反射，根据地物反射率的差异，就可以获得有关目标物的信息；

②热红外遥感，探测波段为6 ~ 15 μm，是指通过红外敏感元件，探测物体的热辐射能量，显示目标的辐射温度或热场分布，在常温（约300 K）下地物热辐射的绝大部分能量位于此波段，在此波段的地物的热辐射能量大于太阳的反射能量，且其具有昼夜工作的能力。

（4）微波遥感，探测波段为1 mm ~ 1 m。通过接收遥感仪器本身发出的电磁波束的回波信号，对物体进行探测、识别和分析。其特点是对云层、地表植被、松散沙层和干燥冰雪具有一定的穿透能力，能全天候工作。

4.按传感器工作方式分类

（1）主动遥感，又称有源遥感，是指从遥感平台上的人工辐射源向目标发射一定波长的电磁波，同时接收目标物反射或散射回来的电磁波，以此所进行的探测。

（2）被动遥感，又称无源遥感，是指用传感器接收目标自身辐射或反射太阳辐射的电磁波信息而进行的探测。

5.按成像波段的宽度与数量分类

（1）多光谱遥感，把光谱分成几个或十几个较窄的波段来同步接收信息，单一图像的波段宽度一般是在几十纳米至几百纳米之间，可同时得到一个目标物不同波段的多幅图像。

（2）高光谱遥感，把光谱分成几十个甚至数百个很窄的连续的波段来接收信息，每个波段宽度可小于10 nm。

6.按遥感资料的记录方式分类

（1）成像遥感，传感器接收的目标电磁辐射信号可转换成（数字或模拟）图像。

（2）非成像遥感，传感器接收的目标电磁辐射信号不能形成图像。

7.按遥感应用领域分类

从大的研究领域，可分为外层空间遥感、大气层遥感、陆地遥感、海洋遥感等；从具体应用领域或应用目的，可分为资源遥感、环境遥感、农业遥感、林业遥感、城市遥感、海洋遥感、地质遥感、气象遥感和军事遥感等。当然，还可以划分为更细的专业遥感领域进行专题研究。

遥感分类尽管很多，但依照其分类标志的不同，即可了解不同的遥感分类系统。

（三）遥感的特点

遥感主要根据物体对电磁波的反射和辐射特征对目标进行采集，并形成了对地球资源和环境进行“空—天—地”一体化的立体观测体系。因此，遥感有如下主要特点。

（1）感测范围大，具有综合、宏观的特点。遥感从飞机或人造地球卫星上获取的航空或卫星图像的观测范围比在地面上观察的视域范围要大得多，景观一览无余，为人们研究地面各种自然、社会现象及其分布规律提供了便利的条件。

（2）信息量大，具有手段多、技术先进的特点。根据不同的任务，遥感技术可选用不同波段和传感器获取信息。遥感可提供丰富的光谱信息，即不仅能获得地物可见光波段的信息，而且可以获得紫外、红外、微波等波段的信息。遥感所获得的信息量远远超过了可见光波段范围所获得的信息量，这无疑扩大了人们的观测范围和感知领域，加深了人们对事物和现象的认识。例如，微波具有穿透云层、冰层和植被的能力，红外线则能探测地表温度的变化等。因此，遥感使人们对地球的监测和对地物的观测达到多方位和全天候。

（3）获取信息快，更新周期短，具有动态监测的特点。因卫星围绕地球运转，故能及时获取所经过地区的各种自然现象的最新资料，可更新原有资料，现势性好；可对取得的不同时相资料及图像进行对比、分析和对地物动态变化的情况进行研究，为环境监测及地物发展演化规律的研究分析提供了基础，这是人工实地测量和航空摄影测量无法比拟的。

（4）具有获取信息受条件限制少的特点。在地球上有很多地方自然条件极为恶劣，人类难以到达，如沙漠、沼泽、高山峻岭等。采用不受地面条件限制的遥感技术，特别是航天遥感，可方便及时地获取各种宝贵资料。

（5）应用领域广，具有用途大、效益高的特点。遥感技术在各类动态变化监测方面越来越显示出它的优越性。遥感已广泛应用于环境监测、资源勘测、农林水利、地质勘探、环境保护、气象、地理、测绘、海洋研究和军事侦察等领域，深入很多学科，且应用领域还在不断扩展。遥感在众多领域的广泛应用产生了可观的经济效应和卓有成效的社会效应。

二、遥感技术系统

遥感过程是指遥感信息的获取、传输、处理、分析解译和应用的全过程。它包括：遥感信息源（或地物）的物理性质、分布及其运动状态，环境背景及电磁波光谱特征，大气的干扰和大气窗口，传感器的分辨能力、性能和信噪比，图像处理及识别，人的视觉生理和心理及其专业素质等。因此，遥感过程不仅涉及遥感本身的技术过程，还涉及地物景观和现象的自然发展演变过程及人们的认识过程。这一复杂过程当前主要通过对被测目标的信息特征研究、数据获取、数理统计分析、模式识别及地学分析等方法完成。遥感过程实施的技术保证则依赖于遥感技术系统。

（一）目标物的电磁波特征

人们通过大量实践发现，地球上的所有物体都以它们本身特有的规律、不同的自然状态，在不等量地吸收、反射、散射、辐射和透射电磁波，这种对电磁波固有的波长特征叫作物体的光谱特征。例如，植物的叶子之所以看起来是绿色的，是叶绿素对红色光和蓝色光的强吸收，而对绿色光的强反射所致。

正因为各种物体的光谱特征互不相同，所以在事先采集（实况调查）了各种物体的光谱特征以后，只要能使传感器收集、记录这些不同性质的光谱特征，把传感器获得的与事先采集的光谱特征进行比较，就可以区别不同的物体，这就是遥感的基本原理。

任何目标物都具有发（辐）射、反射和吸收电磁波的性质，这就是遥感的信息源。目标物与电磁波的相互作用，构成了目标物的电磁波特征，它是遥感探测的依据。

（二）遥感信息的获取、传输与记录

传感器（又名遥感器）是指收集、探测和记录目标反射和发射来的电磁波的装置，信息的获取主要由传感器来完成。目前使用的传感器主要有数码相机、扫描仪、雷达、成像光谱仪、光谱辐射计等。遥感平台是搭载传感器并使传感器有效工作的设备，如遥感车、航天飞机、人造地球卫星等。

传感器接收到目标地物的电磁波信息，记录在数字磁介质或胶片上。胶片是由人或回收舱送到地面回收，而数字磁介质上记录的信息可通过卫星上的微波天线传输给地面的卫星接收站。地面站接收到遥感卫星发送来的数字信息，记录在高密度的磁介质上（如高密度数字磁带或光盘等），并进行一系列的处理，如信息恢复、辐射校正、卫星姿态校正、投影变换等，再转换为用户可使用的通用数据格式或转换成模拟信号（记录在胶片上），才能被用户使用。

从理论讲，对整个电磁波波段都可以进行遥感，但受到大气窗口和技术水平的限制，目前只能在有限的几个波段上进行，其中重要的波段为可见光和近红外波段、中红外和热红外波段、微波波段等。在这些遥感波段上，物体所固有的电磁波特征还要受到太阳及大气等环境条件的影响，因而传感器接收到目标反射或辐射的电磁波后，还需进行校正处理及解译分析，才能得到各个领域的有效信息。

（三）遥感信息的处理、解译与分析

遥感信息的获取是由传感器接收并记录目标反射或自身发射的电磁波来完成的。事实上，传感器获取的电磁波是多元的。对于被动遥感，太阳辐射通过大气层时部分被大气散射、吸收和透射，透过大气层的太阳辐射到达地表，还有一部分被地物散射、吸收和反射，地物反射的电磁波及自身发射的电磁波经过大气时，再次被大气衰减后剩余的部分才被传感器接收。对于主动遥感，有同样的作用机理。当然，传感器接收的电磁波还包括大气散射的部分，如天空光等。大气对电磁波的作用是复杂的。传感器接收的电磁波的多元性使遥感数据处理与分析复杂化。

遥感信息处理是指通过各种技术手段对遥感探测获得的信息进行的各种处理。例如，为了消除探测中各种干扰和影响，使其信息准确可靠，进行各种校正（辐射校正、几何校正等）处理；为了使所获遥感图像更清晰，以便识别和解译，进行各种增强处理等。为了确保遥感信息应用时的质量和精度，充分发挥遥感信息的应用潜力，遥感信息处理是必不

可少的。

在遥感信息处理、分析与解译中，非遥感的辅助数据具有重要价值。辅助数据包括野外站点采集和调查的数据、实验室数据及各类专题图，如土地利用、水文、地貌、行政区划图等。它们不仅用于遥感数据的补充和校正，还用于对遥感最终结果的分析与评价。

数据处理、解译与分析主要有以下两种方式：

（1）目视解译或模拟数字图像处理（digital image processing，DIP），是借助于不同的观测、解译设备，如立体镜、彩色合成仪、密度分割仪等，通过解译基本要素，如大小、形状、色调、纹理、组合方式等，依据解译者的知识、经验识别和提取目标的大小、形状、位置、范围及其变化信息。基于个人经验的目视解译往往精度优于数字图像处理的精度。但目视解译由于人的生理局限性，不能区分图像上的细微差异。对于黑白航空像片，人眼仅能区分8～16个灰度级，对于256个灰度级甚至更高辐射量化级记录的原始图像，目视解译则无法完成信息的提取。

（2）计算机图像处理，即数字图像处理，是指利用数理统计等多种数据处理方法及计算机领域的知识自动识别和提取目标的信息。目前已有很多成熟的方法和软件，主要是基于像元色调/颜色的统计识别技术，同时也将纹理、组合等信息，以及人工智能、神经网络、模糊逻辑的方法应用到遥感数据分析中。

（四）遥感信息应用

遥感信息应用是遥感的最终目的。遥感信息应用应根据专业目标的需要，选择适宜的遥感信息及其工作方法进行，以取得较好的社会效益和经济效益。

这项工作由各专业人员根据不同的应用需要而进行。在应用过程中，也需要大量的信息处理和分析，如不同遥感信息的融合及遥感与非遥感信息的复合等。

遥感数据产品主要有各种图形、图像、专题图、表格、各种地学参数（温度、湿度、生物覆盖度、地表粗糙度等）、数据文件等。这些数据可借助于地理信息系统（geographic information system，GIS）进行各种不同层次的综合分析，能显著提高信息产品的精度。

总之，遥感是一个综合性的系统，涉及航空、航天、光电、物理、计算机和信息科学及诸多的应用领域，其发展与这些学科紧密相关。

第二节　遥感物理基础

一、电磁波辐射基本原理

（一）电磁波与电磁波谱

1.电磁波及其特征

（1）电磁波。

根据麦克斯韦（Maxwell）电磁场的理论，电和磁是紧密联系着的两种运动形式。当电磁振荡进入空间，变化的电场能够在它的周围激起变化的磁场，同时变化的磁场又能在其周围激起新的变化的电场，如此使电磁振荡在空间向远处传播，在更远的区域内引起新的变化磁场。这种使电场和磁场在空间交替产生的振动传播称为电磁波，由电磁振荡向各个不同方向传播，如γ射线、X射线、紫外线、可见光、红外线、微波、无线电波等都是电磁波。

（2）电磁波特征。

①电磁波是横波。电磁波是通过电场与磁场之间相互联系和转化进行传播的，是物质运动能量传播的两种特殊形式，即空间只要存在电磁场就存在能量。

②波粒二象性。电磁波具有波粒二象性，即波动性与粒子性。电磁波在传播过程中，主要表现为波动性，在与物质相互作用时，又主要表现为粒子性，连续的波动性和不连续的粒子性是对立的，但又统一于电磁波的性质中。在近代物理中，电磁波也称为电磁辐射。电磁波传播到气体、液体、固体介质时，会发生反射、折射、吸收、透射等现象。光的波动性形成了光的干涉、衍射、偏振等现象，而光在光电效应和黑体辐射中则显示出光的粒子性。

当两个（或两个以上）频率和振动方向相同、相位相同或相位差恒定的电磁波在空间叠加时，合成波的振幅为各个波的振幅的矢量和，会出现交叠区某些地方振动加强、某些地方振动减弱或完全抵消的现象，这种现象称为干涉。一般来说，凡是单色波都是相干波。

取得时间和空间相干波对于利用干涉进行距离测量是相当重要的。激光就是相干波，是光波测距仪的理想光源。微波遥感中的雷达也是应用干涉原理成像的，其图像上会出现颗粒状或斑点状的特征，这是一般非相干的可见光图像所没有的，对微波遥感的解译意义重大。

衍射是指光线偏离直线路程的现象。偏振是指电磁波的电场振动的方向。对于可见光和红外遥感，尚未开发利用偏振的性质；对于雷达，因发射和接收各有水平和垂直极化两种选择（分别用H和V表示），所以共有四种组合；在微波遥感中，偏振被称为极化，极化是微波遥感中的一个重要参数。

电磁波波动性的特征参数主要有：波长，用λ表示，是波在一个振动周期内传播的距离，即在波传播的方向上两相邻的波峰或波谷之间的距离，常用米（m）、厘米（cm）、毫米（mm）、微米（μm）、纳米（nm）等单位度量；频率，用f表示，是指单位时间内完成振动的次数，即单位时间内同一个点通过的波峰（或波谷）数，常用单位为赫兹（Hz）；振幅，用A表示，是指电磁波振动的强度，被定义为振动偏移平衡位置的最大距离，即每个波峰的高度，其平方就是强度，对应着遥感图像中的强度、亮度；相位，表示电磁波在时间和空间做正弦变化时，各振动点相对于周期起点的位置，通常用角度或弧度为单位。波动的基本特征是时、空周期性，其时、空周期性可以由波动方程的波函数来表示。

③电磁波在真空中以光速传播。尽管电磁波的波长变化范围很大，但它们在真空中的传播速度都是相等的。在真空中，电磁波的传播速度等于光速c（$c=3\times10^8$ m/s）。实际上，电磁波在传播过程中遇到气体、液体或固体介质时会发生反射、吸收和透射等现象，并遵循与光波相同的规律。在其他介质中的传播速度均小于真空中的光速。

2.电磁波谱

电磁波产生的方式是多种多样的，如电磁振荡、晶格或分子的热运、晶体或分子及原子的电子能级跃迁、原子核的振动与转动、内层电子的能级跃迁、原子核内的能级跃迁等，其波长变化范围很大。其主要应用部分约跨18个数量级，从$10^{-11}\sim10^{6}$ cm。

各种电磁波的波长（或频率）不同，主要是因为其产生电磁波的物理机制（波源）不同。例如，无线电波是由电磁振荡发射的；微波是利用谐振腔及波导管激励与传输，通过微波天线向空间发射的；红外辐射是由于分子的振动和转动导致能级跃迁时产生的；可见光与近紫外辐射是由于原子、分子中的外层电子跃迁时产生的；远紫外、X射线和γ射线是由于内层电子的跃迁和原子核内状态的变化而产生的；宇宙射线来自宇宙空间。

各种电磁波，由于波长（或频率）的不同，它们的性质有很大的差别，如传播的方向性、穿透性、可见性和颜色等。可见光可以直接被人眼感觉到各种颜色的不同，红外线能克服夜障，微波可穿透云、雾、雨等。目前，遥感所能应用的主要波段是紫外线、可见光、红外线、微波。下面具体介绍各电磁波段的主要特征。

（1）紫外线。

紫外线（ultraviolet ray，UR）的波长范围在0.001～0.38 μm，主要源于太阳辐射。由于太阳辐射通过大气层时被臭氧等强烈吸收，只有0.3～0.38 μm的紫外线能部分地穿过大气层，散射严重，其探测高度通常在2000 m以下。紫外线在遥感中的应用比其他波段晚，目前主要用于测定碳酸盐岩分布。此外，紫外线对水面漂浮的油膜比对周围的水反射强烈，常用于对油污的检测。

（2）可见光。

可见光（visible light，VL）的波长范围在0.38～0.76 μm，主要源于太阳辐射，是人肉眼看得见的、电磁波中很短的一段。尽管大气对它有一定的吸收和散射作用，但它仍是遥感成像最常用的波段，是鉴别物质特征的主要波段。可见光能分成一条由红、橙、黄、绿、青、蓝、紫七色组成的光带，这条光带称为光谱。利用可见光成像的手段有摄影和扫描两种方式。在可见光波段内，大部分地物都具有良好的反射特征，不同地物在此波段的图像易于区分。为进一步探测地物间的细微差别，可将此波段分为蓝（0.38～0.50 μm）、绿（0.50～0.60 μm）、红（0.60～0.76 μm）等波段，甚至几十到成百个不同宽窄的波段，分别对地物进行探测，这种分波段成像的方法一般被称为多光谱遥感和高光谱遥感。航空、航天遥感成像中均用到可见光波段。

（3）红外线。

红外线（infrared ray，IR）的波长范围在0.76～1000 μm，根据性质可分为近红外（0.76～1.3 μm）、短波红外（1.3～3.0 μm）、中红外（3.0～6.0 μm）、远红外（6.0～15.0 μm）和超远红外（15～1000 μm），近红外又称为光红外或反射红外，中红外和远红外又称为热红外。近红外和短波红外主要源于太阳辐射，中红外主要源于太阳辐射及地物热辐射，而远红外主要源于地物热辐射。红外线波段较宽，在此波段地物间不同的反射特征和发射特征都可以较好地表现出来，该波段在遥感成像中有重要的应用。在整个红外线波段内进行的遥感称为红外遥感，按其内部波段的详细划分又可将红外遥感分为近红外遥感、热红外遥感等。红外线波段均可用于航空航天遥感。

红外线是人眼看不见的，能聚焦、色散、反射，具有光电效应，对一些物质现象有特殊反应，如叶绿素、水、半导体、热等。

（4）微波。

微波（microwave，MW）的波长范围在1 mm～1 m，可分为毫米波（1～10 mm）、厘米波（1～10 cm）和分米波（1～10 dm），其波长比可见光、红外线要长，具有一定的穿透力，如穿透云雾，甚至能穿透冰层和地面松散层，受大气层中云、雾的散射干扰小，能全天候进行遥感观测。地物在微波波段的电磁辐射能量较小，接收和记录均较困难，要求传感器非常灵敏。为了能够利用微波的优势进行遥感，一般由传感器主动向地面目标发射微波，然后记录地物反射的电磁辐射能量（主动遥感）。使用微波的遥感称为微波遥感，由于微波遥感是采用主动方式进行遥感成像，不受光照等条件的限制，白天、晚上均可进行地物的微波特征成像，因此，微波遥感也是一种全天时的遥感技术。微波遥感在航空、航天遥感中均得到广泛应用。

（二）电磁辐射

1.电磁辐射源

自然界中一切物体（目标物），如大气、土地、水体、植被和人工构筑物等，只要温度在绝对温度0 K（–273.15 ℃）以上，都具有反射、吸收、透射和辐射电磁波的特征，都以电磁波的形式时刻不停地向外传送能量，这种传送能量的方式称为辐射。辐射是以电磁波的形式向外发散的，以波动的形式传播能量。任何物体都是辐射源，不仅包括发光、发热的物体，还包括能发出其他波段电磁波的物体，只是辐射长度和波长不同而已。遥感的辐射源可分为自然辐射源和人工辐射源两大类。

微波雷达、激光雷达是人工辐射源，太阳和地球是自然辐射源。太阳是可见光和近红外的主要辐射源，用5800 K的黑体辐射可模拟太阳辐射。传感器探测到的小于2.5 μm波长的辐射能主要是地球反射的太阳辐射能量；大于6 μm波长的辐射能量主要是地物自身的热辐射；波长为2.5 ~ 2.6 μm的，两者都要考虑。

（1）自然辐射源。

自然辐射源主要包括太阳辐射和地物的热辐射。太阳辐射是可见光和近红外遥感系统的主要辐射源，地球则是远红外遥感的辐射源。

太阳是一个巨大的电磁辐射源，太阳表面温度高达6000 K，内部温度则更高，每秒辐射的能量大于3.84×10^{26} J。由于大气对太阳辐射具有一定的吸收、散射和反射作用，太阳辐射能量有一定的损失，但其到达地球的能量仍有1.73 × 10 J，地球的主要能量来源就是太阳。太阳辐射覆盖了很宽的波长范围，从短于10^{17}m的γ射线一直到波长大于20 km的无线电波。在太阳电磁辐射中，可见光的辐照度最大，可见光和红外两波段的电磁辐射能量占总辐射能量的90%以上，紫外、X射线和无线电波波段在太阳电磁辐射能量中占的比例很小。地球的表面平均温度为27 ℃（绝对温度为300 K），地球辐射峰值为9.66 μm，地球辐射属于远红外波段。

（2）人工辐射源。

主动式遥感（主动式微波遥感）采用人工辐射源。人工辐射源是指人为发射具有一定波长（或一定频率）的波束，工作时接收地物散射该波束返回的后向反射信号，根据其强弱探知地物或测距，称为雷达探测。雷达又可分为微波雷达和激光雷达，在微波遥感中，目前常用的技术是侧视雷达。一般情况下，微波辐射源常用的波段为0.8 ~ 30 cm，而激光辐射源波长范围则较宽，短波波长可到0.24 μm，长波波长可到1000 μm。

2.电磁辐射分析

电磁辐射（electromagnetic radiation，EMR）是指电磁辐射能量的传递过程（包括辐射、吸收、反射和透射等），是能量的一种动态形式，当它与物质相互作用时才表现出来。电磁辐射在传播过程中主要表现为波动性，当电磁辐射与物质相互作用时，主要表现为微观量子化。由于电磁辐射的粒子性，某时刻到达传感器的电磁辐射能量才具有统计性。遥感技术正是利用电磁波的波粒二象性，才能探测到目标物电磁辐射信息。

在遥感中，需要测量从目标反射或目标本身发射的电磁辐射能量，该项工作称为辐射量测定，有辐射测量（radiation measurement）和光谱测量（spectrum measurement）两种测定方式，它们使用不同的术语和单位。辐射测量是以 γ 射线到电磁波的整个波长范围为对象的物体辐射量测定，而光谱测量则是对波长间隔内的物体辐射量的测定。

3.电磁辐射的度量

电磁波传递就是电磁辐射能量的传递，遥感探测实际上是电磁辐射能量的测定。辐射的度量单位主要有以下几种：

（1）辐射能量（Q）：电磁辐射的能量，单位为焦耳（J）。

（2）辐射通量（ϕ）：单位时间内通过某一面积的电磁辐射能量，$\Phi = \mathrm{d}Q / \mathrm{d}t$，单位为瓦（W），即焦耳/秒（J/s）。辐射通量是波长的函数，总辐射通量是各波段辐射量之和或辐射通量的积分值。

（3）辐射通量密度（W）：单位时间内通过单位面积的辐射通量，$W=\mathrm{d}\Phi / \mathrm{d}S$，单位为瓦/米^2（$W/m^2$），S为面积。

（4）辐射照度（I）：简称辐照度，即被辐射的物体表面单位面积上的辐射通量，$I=\mathrm{d}\Phi / \mathrm{d}S$，单位为瓦/米^2（$W/m^2$）

（5）辐射出射度（M）：辐射源的物体表面单位面积上的辐射通量，$W=\mathrm{d}\Phi / \mathrm{d}S$，单位为瓦/米^2（$W/m^2$）。辐射出射度为物体发出的辐射，辐射照度为物体接收的辐射，它们都与波长 λ 有关。

（6）辐射强度：描述点辐射源的辐射特征，是指在某一方面上单位立体角内的辐射通量。

（7）辐射亮度（L）：假定有一辐射源呈面状，向外辐射的强度随辐射方向而不同，则辐射亮度定义为辐射源在某一方向的单位投影表面、单位立体角内的辐射通量，即

$$L = \frac{\Phi}{\Omega(A\cos\theta)} \tag{8-1}$$

式中，立体角 Ω 单位是球面度，无量纲。辐射源向外辐射电磁波时，L的单位为W/（sr·m^2），L往往随 θ 角而改变。

辐射亮度（L）与观察角（θ）无关的辐射源称为朗伯源，一些粗糙的表面可近似看作朗伯源。涂有氧化镁的表面可近似看成朗伯源，常被用作遥感光谱测量时的标准板。太阳通常也近似地被看成朗伯源，是为了将对太阳辐射的研究简单化。严格地说，只有黑体才是朗伯源。

在辐射测量的各个量中，当加上“光谱”这一术语时，则是指单位波长宽度的量，如光谱辐射通量、光谱辐射亮度等。

（三）电磁辐射定律

1.黑体辐射

（1）黑体。

温度高于绝对温度0 K（—273.16 ℃）的任何物体都具有发射电磁波的能力。地球上的所有物体的温度都高于0K，都具有发射电磁波的能力。地物的电磁波发射能力主要与温度有关。

为了衡量地物发射电磁波能力的大小，常以黑体辐射作为度量标准，如果一个物体对于任何波长的电磁辐射都全部吸收，则这个物体称为绝对黑体，简称黑体。

早在1860年，基尔霍夫（Kirchhoff）得出了“好的吸收体也是好的辐射体”这一定律，即一定温度下的物体，对某一特定长度波长的电磁辐射的吸收能力和发射能力相互对应。它说明了凡是吸收热辐射能力强的物体，它们的热发射能力也强；凡是吸收热辐射能力弱的物体，它们的热发射能力也弱。

一个不透明的物体对入射到它上面的电磁波只有吸收和反射作用，且此物体的光谱吸收率 $\alpha(\lambda, T)$ 与光谱反射率 $\beta(\lambda, T)$ 之和恒等于1。实际上，对于一般物体而言，上述系数都与波长和温度有关，但黑体的吸收率 $\alpha(\lambda, T)=1$、反射率 $\beta(\lambda, T)=0$；与之相反的绝对白体，则能反射所有的入射光，即反射率 $\beta(\lambda, T)=1$、吸收率 $\alpha(\lambda, T)=0$，与温度和波长无关。

理想的黑体在实验室是用一个带有小孔的空腔做成的，空腔壁由不透明的材料制成，空腔壁对辐射只有吸收和反射作用。当从小孔进入的辐射照射到空腔壁上时，大部分辐射被吸收，仅有5%或更少的辐射被反射。经过n次反射后，如果有通过小孔射出的能量，也只有$(5\%)^n$，当n大于10时，认为此空腔符合黑体的要求。黑色烟煤的吸收系数接近99%，被认为是最接近黑体的自然物体。恒星和太阳的辐射也被看作接近黑体辐射的辐射源。

（2）普朗克黑体辐射定律。

1900年，普朗克用量子理论推导黑体辐射通量密度W_λ与其温度T的关系，以及波长

λ分布的辐射定律，即

$$W_\lambda(\lambda,T)=\frac{2\pi hc^2}{\lambda^5}\cdot\frac{1}{e^{ch/\lambda kT}-1} \tag{8-2}$$

式中，W_λ为波谱辐射通量密度［W/（cm^2·μm）］；λ为波长（μm）；h为普朗克常量，$h=6.626\times10^{-34}$ J·s；c为光速，$c=3\times10^8$ m/s；k为玻尔兹曼（Boltzmann）常量，$k=1.38\times10^{-23}$ J/K；T为绝对温度（K）。

因此，电磁辐射能量与它的波长成反比，即辐射的波长越长，其电磁辐射能量越低。这对遥感具有重要意义，如地表的微波辐射能量要比波长较短的红外电磁辐射能量低，遥感探测系统更难感应其低能量的信号。

（3）斯特藩—玻尔兹曼定律。

与曲线下的面积成正比的总辐射通量密度W是随温度T的增加而迅速增加。总辐射通量密度W可在从零到无穷大的波长范围内。对式（8-3）进行积分，即

$$W=\int_0^\infty\frac{2\pi hc^2}{\lambda^5}\cdot\frac{1}{e^{ch/\lambda kT}-1}d\lambda \tag{8-3}$$

可得到黑体的总辐射通量密度与黑体绝对温度的4次方成正比，此关系称为斯特藩一玻尔兹曼（Stefan-Boltzmann）定律，可表示为

$$W=\frac{2\pi^5k^4}{15c^2h^3}T^4=\sigma T^4 \tag{8-4}$$

$$\sigma=\frac{2\pi^5k^4}{15c^2h^3}=5.67\times10^{-8}\ \mathrm{W/\left(m^2K^4\right)} \tag{8-5}$$

式中，σ为斯特藩—玻尔兹曼常量，T为黑体的绝对温度（K）。

对于一般物体来讲，传感器检测到其辐射后就可以用式（8-4）概略推算物体的总电磁辐射能量W或绝对温度T。热红外遥感就是利用这一原理探测和识别目标物的。斯特藩—玻尔兹曼定律还说明，不同物体具有不同的电磁辐射能量，记录下的其电磁辐射能量的差别就为区别它们提供了基础，这也是在遥感图像上识别不同物体的基础。

（4）维恩位移定律。

对式（8-4）进行微分，并求极值，得

$$\lambda_{\max}T=b=2.898\times10^{-3}\ \mathrm{m\cdot K} \tag{8-6}$$

可得维恩（Wien）位移定律：黑体辐射光谱中辐射最强的波长λ_{max}与黑体绝对温度T成反比。式中，b称为维恩位移定律常量。

由维恩位移定律可知，当黑体的温度升高时，单色辐射出射度最大值向短波方向移动。例如，燃烧充分的无烟煤发出的是蓝绿色光，而燃烧不充分的无烟煤发出的是红色光。若知道了某物体的温度，就可推算出它辐射的波段。在遥感技术上，常用这种方法选

择传感器和确定对目标物进行热红外遥感的最佳波段。

（5）其他。

不同温度的辐射通量密度曲线彼此不相交，温度越高，所有波长上的辐射通量密度越大，即

$$W \propto \frac{1}{\lambda^4} \tag{8-7}$$

则其辐射高度为

$$L_f = \frac{2\pi hf^3}{c^2} \times \frac{1}{e^{hf/kT} - 1} \tag{8-8}$$

但在微波波段，$hf \ll kT$，则有

$$e^{\frac{hf}{kT}} = 1 + \frac{hf}{kT} + \frac{\left(\frac{hf}{kT}\right)^2}{2!} + \frac{\left(\frac{hf}{kT}\right)^3}{3!} + \cdots = 1 + \frac{hf}{kT} \tag{8-9}$$

$$L_f = \frac{2kT}{s^2} f^2 = \frac{2kT}{\lambda^2} \tag{8-10}$$

$$L = -\frac{2kT}{\lambda}\Bigg|_{\lambda_1}^{\lambda_2} \tag{8-11}$$

因此，在微波波段，黑体的辐射亮度与温度的1次方成正比。

2.实际物体辐射

（1）基尔霍夫辐射定律。

把实际物体看作辐射源，研究其辐射的特征，将其与黑体进行比较，基尔霍夫发现，在任意给定的温度T下，地物单位面积上的电磁辐射能量密度$W(T)$与其吸收率$\alpha(T)$之比对任何地物都是常数，并等于在同一温度T下的绝对黑体辐射通量密度$W_{黑}(T)$，即基尔霍夫辐射定律，也称基尔霍夫辐射表达式，即

$$W_{黑}(T) = \frac{W(T)}{\alpha(T)} \tag{8-12}$$

（2）一般物体的发射辐射。

基尔霍夫定律表明了实际物体的辐射通量密度W与同一温度、同一波长黑体辐射通量密度的关系，α是此条件下的吸收系统（$0< \alpha <1$）。有时也称为比辐射率或发射率，记作ε，表示实际物体与同温度的黑体在相同条件下辐射通量密度之比，即

$$\alpha = \frac{W}{W_{黑}} = \varepsilon \tag{8-13}$$

可见，吸收率等于发射率，即地物的吸收率越大，发射率也越大。

发射率是一个介于0～1的数，用来比较此辐射源接近黑体的程度。各种不同的材料，表面磨光的程度不一样，发射率也不一样，并且随着波长和材料的温度而变化。由斯特藩—玻尔兹曼定律$W_{黑}=\sigma T^4$得

$$W=\alpha W_{黑}=\varepsilon W \quad =\varepsilon\sigma T^4 \tag{8-14}$$

对于地面热红外辐射来说，式（8–14）表明红外辐射的能量与温度的4次方成正比，所以地面地物微小的温度差异，就会引起红外辐射能量显著的变化。地表的这一红外辐射特征构成了热红外遥感探测的理论基础。

（四）太阳辐射与大气窗口

1.太阳辐射

（1）太阳常数。

地球上的能源主要来源于太阳，太阳是被动遥感最主要的辐射源。传感器从空中或空间接收的地物反射的电磁波，主要是太阳辐射的一种转换形式。到达地球的太阳辐射占太阳总辐射的1/（2×10^9），由于地球是个球体，仅半个球面承受太阳辐射，且球面上的各个部分因太阳高度角不同，能量的分布也不均衡，直射时接收的辐射多，斜射时接收的辐射少。

（2）太阳辐射光谱。

太阳常数指不受大气影响，在距离太阳一个天文单位内，垂直于太阳辐射的方向上，黑体单位面积单位时间内接收的太阳电磁辐射能量，通常用太阳常数描述地球接收太阳辐射的大小，即

$$I_{\odot}=1.360\times10^3\ \mathrm{W/m^2} \tag{8-15}$$

可以认为太阳常数是大气顶端接收的太阳能量。

长期观测表明，太阳常数的变化不会超过1%。由对太阳常数的测量和已知的日地距离很容易计算太阳的总辐射通量$\Phi_{\odot}=3.826\times10^{26}$ W。反过来，根据太阳的总辐射通量和日地距离，又可以计算太阳常数。

在电磁波遥感技术中，传感器从空中收集载有目标特征的信息，主要是收集太阳对这些目标的辐射的反射信息。太阳辐射习惯上称为太阳光。太阳光通过地球大气照射到地面，经过地面物体反射又返回，再经过大气到达传感器。在这个过程中，要经历大气的吸收、再辐射、反射、散射等一系列过程。这时，传感器接收的辐射强度与太阳辐射到达地球大气上空时的辐射强度相比，已发生了很大的变化。

2.地球大气及其对太阳辐射的影响

遥感过程中对地面物体辐射的探测、收集是在大气中进行的，地物辐射在到达传感器之前都要穿过厚度不同的大气层。例如，对可见光遥感来说，电磁波从太阳照射到地面，再从地面到达传感器，其间需要两次穿过大气层，所以大气对电磁波传输过程的影响是遥感需要考虑的问题之一。

（1）地球大气。

氧化氮、氢（这些物质在80 km以下的相对比例保持不变，称为不变成分），以及臭氧、水蒸气、液态和固态水（雨、雾、雪、冰等）、盐粒、尘烟（这些物质的含量随高度、湿度、位置的变化而变化，称为可变成分）等组成。

①对流层。对流层处于从地表到平均高度12 km的范围内。相对于8000 km厚的大气层来说，它是个薄层。对流层主要有以下特点：

——气温随高度上升而下降，每增高1 km约下降6 ℃。若地面温度为5 ℃～6 ℃，则对流层顶的温度降至–55 ℃左右。

——对流层的空气密度最大，其空气密度和气压随高度升高而减小。地面空气密度为1.3 kg/m^3，气压为1.0×10^5 Pa，对流层顶部空气密度减小到0.4 kg/m^3，气压降低到2.6×10^4 Pa左右。

——空气中不变成分的相对含量为：氮，约占78.09%；氧约占20.95%；氩等其余气体共占不到1%；可变成分中，臭氧含量较少，水蒸气含量不固定，在海面潮湿的大气中，水蒸气含量可高达2%，液态和固态水含量也随气象变化，1.2～3.0 km处是最容易形成云团的区域；近海面或盐湖上空含有盐粒；城市工业区和干旱无植被覆盖的地区上空有尘烟微粒。

②平流层。平流层在12～80 km的垂直区间中，平流层又可分为同温层、暖层和冷层空气密度继续随高度上升而下降。这一层中不变成分的气体含量与对流层的相对比例关系一样，只是绝对密度变小，其水蒸气含量很少，可忽略不计；臭氧含量比对流层大，25～30 km处的臭氧含量较大，这个区间称为臭氧层，再向上又减少，至55 km处趋近于零。

③电离层。电离层在20～1000 km的垂直区间中。电离层空气稀薄，因太阳辐射作用而发生电离现象，分子被电离成离子和自由电子状态。电离层中气体成分为氧、氦、氢及氧离子，无线电波在电离层中发生全反射现象。电离层温度很高，上层达600℃～800 ℃。

④外大气层。1000 km以上为外大气层。1000～2500 km处主要是氦离子，称为氦层；2500～25000 km处主要成分是氢离子，氢离子又称质子层。温度可达1000 ℃。

（2）地球大气对太阳辐射的影响（大气对电磁波传输过程的影响）。

由于对流层空气密度大，而且有大量的云团、尘烟存在，故电磁波在该层内被吸收和散射而引起衰减。因此，电磁波的传输特征主要在对流层内研究。

大气对电磁波传输过程的影响包括6个方面，即吸收、散射、扰动、折射、反射和偏振。对于遥感数据来说，主要的影响因素是散射和吸收。在紫外、红外与微波波段，引起电磁波衰减的主要原因是大气吸收；在可见光波段，引起电磁波衰减的主要原因是大气散射。

①大气层的吸收作用。太阳辐射穿过大气层时，大气分子对电磁波的某些波段有吸收作用。大气中对太阳辐射的主要吸收体是水蒸气、二氧化碳和臭氧，并且这些气体分子或水蒸气分子对波长是有选择性吸收的。臭氧主要吸收0.3 μm以下的紫外区的电磁波，9.6 μm处有弱吸收，4.75 μm和14 μm处吸收更弱，已不明显；二氧化碳主要吸收带为2.60～2.80 μm（吸收峰为2.70 μm）、4.10～4.45 μm（吸收峰为4.3 μm）、9.1～10.9 μm（吸收峰为10.0 μm）、12.9～17.1 μm（吸收峰为14.4 μm），全在红外区；水蒸气主要吸收带在0.70～1.95 μm（最强处为1.38 μm和1.87 μm）、2.5～3.0 μm（2.7 μm处吸收最强）、4.9～8.7 μm（6.3 μm处吸收最强）。15～1000 μm的超红外区，以及微波中0.164 cm和1.348 cm处；氧气对微波中0.253 cm及0.5 cm处也有吸收现象。另外，甲烷、工业集中区附近的高浓度一氧化氮、氨气、硫化氢、氧化硫等都具有吸收电磁波的作用，但吸收率很低，可忽略不计。

②大气层的散射作用。电磁波在传播过程中遇到小微粒而使传播方向发生改变并向各个方向散开，称为散射。尽管强度不大，但从遥感数据角度分析，太阳辐射到地面又反射到传感器的过程中，两次通过大气，传感器所接收的能量除了反射光还增加了散射光。这两次影响增加了信号中的噪声部分，造成遥感图像质量的下降。

太阳辐射通过大气时遇到空气分子、尘粒、云滴等质点时，都要发生散射。但散射并不像吸收那样把辐射能转变为热能，而只是改变辐射方向，使太阳辐射以质点为中心向四面八方传播。经过散射之后，有一部分太阳辐射就到不了地面。

散射现象的实质是电磁波在传输中遇到大气微粒而产生的一种衍射现象。大气散射现象发生时的物理现象、规律与大气中的分子或其他微粒的直径及电磁波波长的长短密切相关，这种现象只有当大气中的分子或其他微粒的直径小于或相当于电磁波波长时才发生。大气散射有以下三种情况：

——瑞利（Rayleigh）散射。大气中微粒的直径比电磁波波长小得多时发生的散射叫瑞利散射，又称分子散射，散射光分布均匀且对称。这种散射主要是大气中的分子对可见光的散射引起的，如氮气、二氧化碳、臭氧和氧气等。电磁波波长越短，被散射得越厉害；波长越长，散射得越弱。对于一定大小的分子来说，散射强度与波长的4次方成反比，即$I \propto \lambda^{-4}$，这种散射是有选择性的。当向四面八方的散射光线较弱时，原传播方向上的透射率便越强。当太阳垂直穿过大气层时，可见光波段损失的能量可达10%。

——米氏散射。当大气中微粒的直径与辐射的波长相当时发生的散射，称为米氏散射。这种散射主要由大气中的微粒（如烟、尘埃、小水滴及气溶胶等）引起。米氏散射的散射强度与波长的2次方成反比，即$I \propto \lambda^{-2}$，并且散射在光线向前方向比向后方向更强，方向性比较明显。例如，云、雾等悬浮粒子大小与0.76～15 μm的红外线波长接近，所以云、雾对红外线的散射主要是米氏散射。因此，潮湿天气时米氏散射影响较大。

——无选择性散射。当大气中微粒的直径比波长大得多时发生的散射属于无选择性散射。这种散射的特征是散射强度与波长无关，即在符合无选择性散射条件的波段中，任何波长的散射强度都相同。当空气中存在较多的尘埃或雾粒时，一定范围的长、短波都被同样散射，使天空呈灰白色，并且无论从云层下面还是从云层上面看，都是灰白色。有时为了区别有选择性和无选择性散射，将前者称为散射，后者称为漫射（又称朗伯反射）。

由以上分析可知，散射造成太阳辐射的衰减，但散射强度遵循的规律与波长密切相关。而太阳的电磁辐射几乎包括电磁辐射的各个波段，因此在大气状况相同时，会出现各种类型的散射。对于大气分子、原子引起的瑞利散射主要发生在可见光和近红外波段；对于大气微粒引起的米氏散射对近紫外线到红外线波段都有影响，当波长进入红外线波段后，米氏散射的影响超过瑞利散射；大气云层中，小雨滴的直径相对其他微粒最大，对可见光只有无选择性散射，云层越厚，散射越强；而对微波来说，微波波长比粒子的直径大得多，则属于瑞利散射的类型，波长越长，散射强度越小，所以微波才可能有最小散射、最大透射，具有穿透云雾的能力。

此外，大气分子的散射使太阳辐射中的一部分转化为天空辐射（光），它与太阳辐射一起产生了对地面的辐射照度。随着太阳高度角的变化，天空辐射照度与太阳辐射照度占总辐射照度的比例也随之变化。太阳高度角小，太阳辐射所经过的大气路程长，散射机会多，因而天空辐射照度就大；随着太阳高度角增加至30°，太阳辐射照度与天空辐射照度的比例基本稳定在80%：20%左右。由于天空辐射的存在，遥感记录的地面辐射信息中也含有天空辐射，这往往使遥感图像出现偏色、反差降低等现象。因此，应尽量消除天空辐射的影响，如航空摄影时常用加滤光片的方法来消除天空辐射对成像的不良影响。

③大气层的折射作用。光在到达大气与透明物体的分界面，或者光在到达密度不同的两层大气分界面时，会发生传播方向的曲折，这种现象被称为光的折射。光的折射遵从折射定律。

④大气层的反射作用。大气中有云层，当电磁波到达云层时，就像到达其他物体界面一样，不可避免地要产生反射现象，这种反射同样满足反射定律。各波段受到的影响程度不同，削弱了电磁波到达地面的强度。因此，应尽量选择无云的天气接收遥感信号。

大气中云层和较大颗粒的尘埃能将太阳辐射中的一部分能量反射到宇宙空间。其中，反射最明显的是云，不同的量、不同的形状、不同的厚度所发生的反射是不同的。高云平均反射25%，中云平均反射50%，低云平均反射65%，很厚的云层反射可达90%。笼统地讲，云量反射平均达50%～55%。

假设大气层顶的太阳辐射是100%，那么太阳辐射通过大气后发生散射、吸收和反射，向上散射占4%，大气吸收占21%，云量吸收占3%，云量反射占23%。

⑤大气层的偏振作用。当无偏的自然光与大气中的粒子、尘埃发生散射后会形成一定的偏振特征，从而产生偏振光。天空中存在许多不同偏振度和偏振化方向的偏振光，会形成一种相对稳定的偏振态分布，形成大气偏振模式。

⑥大气层的扰动作用。大气扰动也叫“乱流”，主要是指空气做不规则的流动，是近地面气流受崎岖地面影响或地面受热不均匀所致，通常前者叫“机械扰动”，后者叫“热力扰动”。扰动强度由风速大小、地表崎岖程度和温度直减率而定。大气扰动往往产生阵风和造成飞机颠簸。

3.大气窗口

（1）大气窗口分析。

太阳辐射在到达地面之前会穿过大气层，大气折射只是改变太阳辐射的方向，并不改变其强度。但大气反射、吸收和散射的共同影响却衰减了太阳辐射强度，剩余部分才为透射部分。不同波段的电磁波通过大气后衰减的程度是不一样的，因而遥感所能使用的电磁波是有限的。有些大气中电磁辐射透射率很小，甚至完全无法透过，这些区域就难于或不能被遥感所使用，称为“大气屏障”。反之，有些波段的电磁辐射通过大气后衰减较小，透射率较高，对遥感十分有利，这些波段通常称为“大气窗口”。遥感使用的探测波段都在大气窗口之内。

（2）遥感辐射传输方程。

辐射传输方程是指从辐射源经过大气层到达传感器的过程中电磁辐射能量变化的数学模型。对可见光到近红外波段（0.4～2.5 μm）来说，在卫星上传感器入瞳处的光谱辐射亮度L是大气层外太阳辐射照度$I_0(\lambda)$、大气及大气与地面相互作用的总和。在辐射传输过程中，到达地表的电磁辐射能量主要是太阳直射辐射照度和天空散射辐射照度之和。由于地表目标反射是各向异性的，故从传感器观测方向的地物目标反射的电磁辐射能量经大气散射和吸收后，进入传感器视场的辐射含有目标信息。太阳发射的能量有一部分未到地面之前就被大气散射和吸收，其中部分被散射的能量也进入传感器视场。此外，由于周围环境的原因，入射到环境表面的辐射被反射后，有一部分经大气散射，进入传感器视场；还有一部分又被大气反射到目标表面，再被目标表面反射，透过大气进入传感器视场。因此，一幅图像上各点，由于位置、视角环境的不同，辐射的情况也各不相同。

二、地物的光谱特征

电磁辐射能量入射到地物时，物体对入射能量产生不同程度的反射、透射、吸收、散射和发射。电磁辐射能量与物体的相互作用是有选择的，它决定于物体的表面性质和内部的原子、分子结构。不同的物质反射、发射电磁波的能量因波长长短而不同，既有质的差异，又有量的变化。这种变化规律就是地物的光谱特征。不同类型的地物，其响应电磁波的特征不同，地物光谱特征是遥感识别地物的基础。地物的光谱特征主要包括反射、发射、透射等。

在可见光与近红外波段（0.3 ~ 2.5 μm），地表物体自身的热辐射几乎等于零。地物的光谱主要以反射太阳辐射为主。当然，太阳辐射到达地面后，物体除了有反射作用外，还有对电磁辐射的吸收作用，如黑色物体的吸收能力较强。最后，电磁辐射未被吸收和反射的其余部分则是透过的部分，即

到达地面的电磁辐射能量=反射能量+吸收能量+透射能量

一般来说，绝大多数物体对可见光都不具备透射能力，而有些物体（如水）对一定波长的电磁波则具有较强透射能力，特别是0.45 ~ 0.56 μm的蓝、绿光波段，一般水体的透射深度可达10 ~ 20 m，混浊水体则为1 ~ 2 m，清澈水体甚至可透到100 m。

一般不能透过可见光的地面物体对波长为 5 cm 的电磁波具有透射能力，如超长波的透过能力就很强，可以透过地面岩石、土壤。利用这一特征成功制作超长波辐射探测装置，在不破坏地面物体的情况下探测地下情况，在遥感界和石油地质界取得了令人瞩目的成果。

（一）地物反射光谱特征

1.地物的反射类别

地物对电磁波的反射有三种形式，即镜面反射、漫反射和方向反射。从空间对地面观察时，对于平面且地面物体均匀分布地区，可以看成漫反射；对于地形起伏且地面结构复杂地区，为方向反射。

（1）镜面反射。

镜面反射是指物体的反射满足反射定律，入射波与反射波在同一平面内，入射角与反射角相等。当发生镜面反射时，对于不透明物体，其反射的能量等于入射能量减去物体吸收的能量；对于透明物体，其反射的能量等于入射能量减去物体吸收的能量及透射的能量。反射的能量集中在一个方向上，反射方向可根据入射的方向求取。自然界中真正的镜面很少，非常平静的水面可以近似认为是镜面。

（2）漫反射。

漫反射是指不论入射方向如何，虽然反射率ρ与镜面反射一样，但反射方向却是“四面八方”，即把反射的能量分散到各个方向。因此，从某一方向看漫反射面，其亮度一定小于镜面反射的亮度。严格来说，对于漫反射面，当入射辐射照度一定时，从任何角度观

察反射面，其反射辐射亮度是一个常数，这种反射面又叫朗伯面。设平面的总反射率为ρ，某一方向上的反射因子为ρ'，则

$$\rho = \pi\rho' \tag{8-16}$$

式中，ρ'为常数，与方向角或高度角无关。自然界中真正的朗伯面也很少，新鲜的氧化镁（MgO）、硫酸钡（$BaSO_4$）、碳酸镁（$MgCO_3$）表面，在反射天顶角$\theta \leqslant 45°$时，可以近似看成朗伯面。

（3）方向反射。

实际地物表面由于地形起伏，在某个方向上反射最强烈，这种现象称为方向反射。方向反射也称实际物体反射，介于镜面反射和漫反射之间。它发生在地物粗糙度继续增大的情况下，这种反射没有规律可循。一般来讲，实际物体表面在有入射波时各个方向都有反射能量，但大小不同。在入射辐射照度相同时，反射辐射亮度的大小既与入射方位角和天顶角有关，也与反射方向的方位角和天顶角有关。

2.光谱反射率与地物反射光谱

（1）光谱反射率。

通常反射率定义为物体的反射通量（Φ_ρ）与入射通量（Φ_λ）之比，即 $\rho = \Phi_\rho / \Phi_\lambda$。这是在理想的漫反射情况下的定义，是指在整个电磁波波长范围的平均反射率。实际上，由于物体的固体结构特征，对不同波长的电磁波是有选择性的反射。例如，绿色植物的叶子是由上表皮、叶绿素颗粒组成的栅栏组织和多孔薄壁细胞组成。入射到叶子上的太阳辐射透射上表皮，蓝色光、红色光波段的电磁辐射被叶绿素全部吸收而进行光合作用；绿色光波段的大部分光辐射也被吸收，但仍有一部分被反射，所以叶子呈绿色；而近红外波段的光辐射可以穿透叶绿素，被多孔薄壁细胞组织所反射，近红外波段上形成强反射。对绿色植被来讲，它们在可见光的蓝色光、绿色光、红色光及近红外波段处的反射率是不同的。对类似这种性质的地物仅用上述的定义来反映它们的反射率是不客观的。因此，定义光谱反射率（ρ_λ）为地物在某波段（λ）的反射通量与该波段的入射通量之比，即

$$\rho_\lambda = \frac{\ddot{O}_{\rho_\lambda}}{\ddot{O}_\lambda} \tag{8-17}$$

地物对不同波长的反射率是变化的，同一波长作用于不同地物时其反射率也是不同的。反射率的大小还与地物表面的粗糙度和颜色有关，一般粗糙的表面反射率低。此外，环境因素，如温度、湿度、季节等，也会影响地物的反射率大小，如同一地区、同一地物在不同季节的遥感图像上的色调差异会很大。

遥感探测器记录的亮度值是地物反射率大小的反映。反射率大，探测器记录的亮度值就大，遥感图像上表现为色调浅；反射率低，则表现为色调深。遥感图像色调的差异是识

别地物类别和进行目视解译的重要标志。

（2）地物反射光谱

地物反射率随波长变化而改变的特征称为地物反射光谱特征。地物存在“同物异谱”和“异物同谱”现象。“同物异谱”是指相同类型的个体地物，在某个波段上具有不同的光谱特征；“异物同谱”是指不同类型的地物具有相同的光谱特征。

物体的反射光谱限于紫外、可见光和近红外波段，尤其是后两个波段。一个物体的反射光谱特征主要取决于该物体与入射辐射相互作用的波长选择，即对入射辐射的反射、吸收和透射的选择性，其中反射作用是主要的。物体对入射辐射的选择性作用受物体的组成成分、结构、表面状态及物体所处环境的控制和影响。在漫反射的情况下，组成成分和结构是控制因素。

（3）地物反射光谱曲线。

将地物的光谱反射率与波长的关系在直角坐标系中描述的曲线称为地物反射光谱曲线。反射光谱是某物体的反射率（或反辐射能）随波长变化的规律，以波长 λ 为横坐标，反射率 ρ 为纵坐标，所得的曲线即为该物体的反射光谱曲线。

地物反射光谱曲线除随不同地物（反射率）不同外，同种地物在不同内部结构和外部条件下表现（反射率）的形态也不同。一般来说，地物反射率随波长变化有规律可循，从而为遥感数据与对应地物的识别提供依据。

物体的结构和组成成分不同，反射光谱特征也不同，即各种物体的反射光谱曲线的形状是不一样的，即便是在某波段相似甚至一样，但在另外的波段还是有很大的区别。

综上所述，不同地物有不同的光谱反射率，同一地物在不同波段有不同的光谱反射率。因此，在同一幅图像上不同的地物会有不同的色调；同一地物在不同波段的图像上也会有不同的色调。同时，依据反射光谱曲线的形状，可以把地物大致分为两类：光谱反射率基本不随波长的变化而变化的地物——灰体；光谱反射率随波长的变化而变化的地物——选择性反射体。

3.常见地物的反射光谱曲线

正因为不同地物在不同波段有不同的反射率这一特征，物体的反射光谱曲线才可作为解译和分类的物理基础，广泛地应用于遥感图像的分析和评价中。

（1）植物的反射光谱曲线。

植物的反射光谱曲线（光谱特征）规律性明显而独特。但由于植物均进行光合作用，各类绿色植物具有很相似的反射光谱特征，主要分为以下三段：

①可见光波段（0.38～0.76 μm）有一个小的反射峰，位置在0.55 μm（绿色光）附近，反射率为10%～20%，两侧0.45 μm（蓝色光）和0.67 μm（红色光）处则有两个吸收

带。这一特征是由叶绿素的影响造成的，叶绿素对蓝色光和红色光吸收作用强，而对绿色光反射作用强。

②在近红外波段（0.7～0.8 μm）有两个反射的“陡坡”，至1.1 μm附近有峰值，形成植被的独有特征。这是由于受植被叶细胞结构的影响，故除了吸收和透射的部分，形成了高反射率。

③在近红外波段（1.3～2.5 μm）受到绿色植物含水量的影响，吸收率大增，反射率大大下降，特别是以1.45 μm、1.95 μm和2.7 μm为中心的部分是水的吸收带，形成了低谷。

④植物光谱在上述基本特征下仍有细部差别，这种差别与植物种类、季节、病虫害影响、含水量等有关系。为了区分植被种类，需要对植被光谱进行研究。陆地资源卫星的主要任务之一就是监测地球表面植被覆盖的情况，在研制传感器时，为确定传感器的探测波段，进行植被光谱测试是必要的。

（2）土壤的反射光谱曲线。

自然状态下土壤表面的反射率没有明显的峰值和谷值，土壤的反射光谱曲线与土壤类别、含水量、有机质含量、砂、土壤表面的粗糙度、粉砂相对百分含量等有关，肥力也对反射率有一定的影响。

（3）水体的反射光谱曲线。

水体的反射主要在蓝绿光波段，其他波段吸收率很强，特别是在近红外、中红外波段有很强的吸收带，反射率几乎为零，在遥感中常用近红外波段确定水体的位置和轮廓，在此波段的遥感图像上，水体的色调很黑，与周围的植被和土壤有明显的反差，很容易进行识别和解译。

但当水中含有其他物质时，反射光谱曲线会发生变化。水中含有泥沙时，由于泥沙的散射作用，可见光波段反射率会增加，峰值出现在黄红波段；水中含有叶绿素时，近红外波段明显抬升，这些都是图像分析的重要依据。

（4）岩石的反射光谱曲线。

岩石的反射光谱曲线无统一的特征，岩石成分、矿物质含量、含水状况、风化程度、颗粒大小、色泽、表面光滑程度等都影响岩石反射光谱曲线的形态。在遥感探测中，可以根据所测岩石的具体情况选择不同的波段。

（5）人工地物的反射光谱曲线。

人工地物目标主要包括各种道路、广场、建筑物及人工林与人工河等。人工林与人工河的反射光谱特征与自然状态下的植被与水体大体相同。各种道路的反射光谱曲线形状大体相似，但由于建筑材料的不同而存在一定的差异，如水泥路的反射率最高，土路、沥青路次之等。

4.影响地物光谱反射率变化的因素

有很多因素会引起反射率的变化，如太阳位置、遥感探测器位置、地理位置、地形、季节、气候变化、地面湿度变化、地物本身的变异、大气状况等。

太阳位置主要是指太阳高度角和方位角，如果太阳高度角和方位角不同，则地面物体的入射辐射照度也就发生变化。为了减小这两个因素对反射率变化的影响，遥感卫星轨道大多设计在同一地方时间通过当地上空，但季节变化和当地经纬度变化造成的太阳高度角和方位角的变化是不可避免的。

遥感探测器位置是指探测器的观测角和方位角，分别用θ'和φ'表示，若太阳高度角和方位角分别用θ和φ表示，则反射率与这四个角度的关系为

$$\rho\left(\theta,\ \varphi;\ \theta',\ \varphi'\right)=\frac{\mathrm{d}M\left(\theta',\ \varphi'\right)}{\mathrm{d}I(\theta,\ \varphi)} \tag{8-18}$$

式中，$\left(\theta',\ \varphi'\right)$为反射光的辐射出射度，$I(\theta,\ \varphi)$为入射光的辐射照度。

不同的地理位置、太阳高度角和方位角、地理景观等都会引起反射率的变化，还有海拔高度、大气透明度改变也会造成反射率的变化。一般空间遥感用的传感器大部分设计成垂直指向地面，这样影响较小，但由卫星姿态引起的传感器指向偏离垂直方向，仍会造成反射率的变化。

地物本身的变异，如植物的病害，将使反射率发生较大变化。土壤的含水量也直接影响着土壤的反射率，含水量越高，红外线波段的吸收越严重；反之，水中的含沙量增加将使水的反射率提高。

随着时间的推移、季节的变化，同一种地物的光谱反射率曲线也发生变化，如新雪和陈雪、不同月份的树叶等。即使在很短的时间内，各种随机因素的影响（包括外界的随机因素和仪器的响应偏差）也会引起反射率的变化。

（二）地物发射光谱特征

黑体热辐射由普朗克定律描述，它仅依赖于波长和温度。然而，自然界中实际物体发射和吸收的辐射量都比相同条件下黑体的低。地物除了自身有一定温度之外，还因吸收太阳光等外来能量而受热增温。一般地物的温度都高于绝对零度，都会发射电磁波。而且，实际物体的辐射不仅依赖于波长和温度，还与构成物体的材料、表面状况等因素有关。通常用发射率ε来表示它们之间的关系。

1.地物光谱发射率

单位面积上地物发射的某一波长的辐射通量密度W_λ'与同温下黑体在同一波长上的辐射通量密度W_λ之比，成为地物光谱发射率，记为ε_λ，即

$$\varepsilon_\lambda = \frac{W_\lambda'}{W_\lambda} \tag{8-19}$$

即光谱发射率ε_λ就是实际物体与同温度的黑体在相同条件下辐射通量密度之比。

一般情况下，不同地物有不同的光谱发射率，同一地物在不同波段的光谱发射率也不相同。不同地物间的光谱发射率的差异也代表了地物发射能力的不同，发射率大的地物，其发射电磁波的能力强。

2.地物发射光谱曲线

地物在不同波段上发射的辐射通量密度不同，即其光谱发射率ε_λ不同。以ε_λ为纵轴，以波长ε_λ为横轴，将ε_λ与λ的对应关系在平面直角坐标系中绘制成曲线，该曲线称为地物发射光谱曲线。依据光谱发射率随波长的变化形式，将实际物体分为两类：一类是选择性辐射体，地物的光谱发射率在各波长处不同，即$\varepsilon_\lambda = f(\lambda)$；另一类是灰体，地物的光谱发射率在各波长处基本不变，即$\varepsilon_\lambda = \varepsilon$。按$\varepsilon_\lambda$的变化情况，把地物分为几种类型：黑体$\varepsilon_\lambda = \varepsilon = 1$；灰体$\varepsilon_\lambda = \varepsilon$，但$0 < \varepsilon < 1$；选择性辐射体$\varepsilon_\lambda = f(\lambda)$；理想反射体（绝对白体）$\varepsilon_\lambda = \varepsilon = 0$。

发射率是一个介于0~1的数，用于比较此辐射源接近黑体的程度。各种不同的材料，其表面磨光的程度不一样，发射率也不一样，并且随着其波长和材料的温度而变化。

同一种物体的发射率还与温度有关。大多数物体可以视为灰体，可知

$$W_\lambda' = \varepsilon_\lambda W_\lambda = \varepsilon_\lambda \sigma T^4 \tag{8-20}$$

实际测定物体的光谱辐射通量密度曲线并不像描绘的黑体光谱辐射通量密度曲线那样光滑。为了便于分析，常常用一个最接近灰体辐射曲线的黑体辐射曲线作为参照，这时的黑体辐射温度称为等效黑体辐射温度（或等效辐射温度），记为$T_{等效}$（光度学中称为色温）。等效黑体辐射温度与辐射曲线温度不等，可近似地确定它们之间的关系为

$$T_{等效} = \sqrt[4]{\varepsilon_\lambda} T' \tag{8-21}$$

式中，T'为实际物体的辐射温度。

将$W_\lambda' = \varepsilon_\lambda \sigma T^4$和$W_\lambda = \sigma T^4$代入式$W_{黑}(T) = \dfrac{W(T)}{\alpha(T)}$，得

$$\varepsilon_\lambda = \alpha \tag{8-22}$$

说明任何物体的发射率等于其吸收率。

另外，入射到物体表面的电磁波与物体之间产生三种作用，即反射、吸收和透射。若入射到地表面的电磁辐射能量为E，被物体反射的能量为E_ρ，被物体吸收的能量为E_α，透射过物体的电磁辐射能量为E_τ，则根据能量守恒定理有

$$\frac{E_\alpha}{E} + \frac{E_\tau}{E} + \frac{E_\rho}{E} = 1 \text{或} 1 = \alpha + \tau + \rho \tag{8-23}$$

式中，α 为吸收率，τ 为透射率，ρ 为反射率。

对于不透射电磁波的物体，$\tau = 0$，所以 $1 = \alpha + \rho$，得

$$\mathring{a}_{\lambda} = 1 - \rho \tag{8-24}$$

式（8–24）表明了不透射电磁波的物体的发射率与反射率之间的关系，在红外波段，温度高的物体与温度低的物体相比，温度高的物体的反射率要低。

3.红外光谱波段太阳辐射与地物发射情况

红外光谱波段是指波长大于0.74 μm小于1 mm的波长范围。在红外光谱波段，地物的辐射特征差异较大，又将红外光谱波段分为近红外（短波红外）、中红外、热红外（远红外）。

（1）近红外。

近红外波段为0.76 ~ 3.0 μm。这个波段能量主要来自太阳辐射，其辐射通量密度 W_{λ}，约为100 W/m^{2}的数量级；而地物辐射在近红外波段能量很小，其辐射通量密度 W_{λ}，只有0.1 W/m^{2}的数量级，两者之比约为1000：1。因此，在此波段只反映地物对太阳辐射的反射，而基本上不反映地物本身热辐射的高低。离开了太阳辐射就不能进行近红外遥感，故近红外遥感只能在白昼成像。

（2）中红外。

中红外波段为3 ~ 5 μm。这个波段既有太阳辐射，又有地物辐射。3 ~ 5 μm恰好在太阳辐射峰值（0.5 μm）与常温地物发射峰值（10 μm）之间。在此波段内，太阳的电磁辐射能量很小，W_{λ} 只有10 W/m^{2}的数量级，而地物发射能量更小，W_{λ} 只有1.0 W/m^2，二者之比为10：1，所以地物对太阳电磁辐射能量的反射是主要的遥感信息。由于夜间没有太阳辐射，夜间的遥感信息只能靠地物本身的热辐射，这时对地面上的高温物体效果较好。在此波段昼夜均可成像，但白天成像的图像解译很困难。

（3）热红外。

热红外波段是8 ~ 14 μm。这个波段太阳电磁辐射能量很小，W_{λ} 约为1 W/m^{2}的数量级；而地物辐射的 W_{λ}，随温度不同而变化，在10 ~ 10^6 W/m^{2}数量级，当地表温度为40 ℃时，W_{λ} 的数量级为100 W/m^2。因此，在此波段内遥感响应主要来自地物本身的热辐射，地物反射的太阳电磁辐射能量可以忽略不计。

众所周知，所有的物质只要其温度超过绝对零度，就会不断发射红外辐射，但地面常温下的热辐射峰值波长范围就发生在6 ~ 15 μm，把热红外中6.0 ~ 15 μm波段作为热红外遥感探测的主要光谱波段。

地物的热辐射基本具备黑体辐射的三个特征，常温下地物热辐射的电磁波主要集中在热红外波段。依据黑体辐射定律，整个红外光谱波段由太阳辐射和地物辐射两部分组成。

（4）远红外。

远红外波段为15 ~ 30 μm。这个波段的地热辐射能量较大，其W_λ的数量级约为100 W/m^2，太阳辐射在此波段相对很小。但由于大气的透射率不高，所以远红外波段不能用于远距离遥感。

（三）地物的反射光谱特征测量

在遥感技术的发展过程中，世界各国都十分重视地物光谱特征的测定。1947年，苏联学者克里诺夫就测试并公开了自然物体的反射光谱。对于遥感图像的三大信息内容（光谱信息、空间信息、时间信息），光谱信息用得最多。在遥感中，测量地物的反射光谱曲线主要有以下三种作用：

（1）它是选择遥感光谱波段、设计遥感仪器的依据。

（2）在外业调查中，它是选择合适的飞行时间和飞行方向的基础资料。

（3）它是有效进行遥感数字图像处理的前提之一，是用户解译、识别、分析遥感图像的基础。

地物发射光谱和反射光谱的测定可在实验室和野外试验区进行。光谱特征不受环境影响的物体均可在实验室测定，但光谱特征不受环境影响的物体几乎是不存在的，实验室内主要是对岩石、矿物、土壤和植物进行模拟试验，从理论上研究影响光谱特征的因素及其变化规律。室内测定的优点是测量条件稳定，测量精度较高，有利于进行理论分析。但是，有些物体采样破坏了其物理与几何特征，测量条件不易达到，所以测量结果不能反映野外的真实情况。

大多数物体的光谱特征是随环境而变化的，主要在野外进行测定。野外测定结果比较接近实际情况，但受各种条件的限制，测量精度较低。由于自然界中的各种物体并不是理想的漫反射体，也不是镜面反射体，所以太阳高度角和方位角、仪器的高度角和方位角，以及光轴倾角的变化对地物光谱特征的测量都会产生一定的影响。因此，在光谱测定中，一定要选择最佳测量条件。同时，还必须选择合适的地面试验区，对试验区内各种地物及有关环境条件和物理参数进行测量。这些物理参数主要包括表面的水分含量、地面覆盖层结构、风化面情况、测区地理位置和太阳高度角、大气状况等，最后进行综合分析。只有这样，才能确定试验区内各种物体的光谱特征及其变化规律。

第三节　遥感成像原理与图像特征

遥感成像的主要器件是遥感传感器。传感器是收集、探测、记录地物电磁辐射能量的装置，是遥感技术的核心部分。传感器对电磁波波段的响应能力（如探测灵敏度和光谱分辨率）、传感器的空间分辨率及图像的几何特征、传感器获取地物电磁波信息量的大小和可靠程度等性能决定了遥感的能力。

一、遥感传感器

（一）传感器的基本结构

遥感传感器也叫传感器，是获取遥感数据的关键设备。由于设计和获取数据的特点不同，传感器的种类繁多，就其基本结构原理来看，目前遥感中使用的传感器大体上可分为摄影成像、扫描成像、雷达成像和非图像等类型的传感器。无论哪种类型的传感器，它们基本上都由收集器、探测器、处理器和输出器四部分组成。

（1）收集器：收集地物辐射的能量。具体的元件有透镜组、反射镜组、天线等。

（2）探测器：将收集的辐射能转变成化学能或电能。具体的元器件有感光胶片、光电二极管、光敏和热敏探测元件、共振腔谐振器等。

（3）处理器：对收集的信号进行处理。如胶片的显影、定影；电信号的放大处理、变换、校正和编码等。处理器的类型有摄影处理装置、电子处理装置等。

（4）输出器：输出获取的数据。输出器类型有扫描晒像仪、阴极射线管、电视显像管、磁带记录仪、彩色喷笔记录仪等。

（二）传感器的分类

传感器的种类很多，分类方式也多种多样，常见的分类方式有以下三种。

（1）按电磁辐射来源分类，可分为主动式传感器和被动式传感器。主动式传感器本身向目标发射电磁波，然后收集从目标反射回来的电磁波信息，如合成孔径雷达等；被动式传感器收集的是地面目标反射的太阳辐射的能量或目标本身辐射的电磁辐射能量，如摄影相机和多光谱扫描仪等。

（2）按传感器的成像原理和所获取图像的性质分类，可将传感器分为摄影机、扫描仪和雷达三种。摄影机按所获取图像的特征，又可细分为框幅式、缝隙式、全景式三种扫描类型的传感器；按扫描成像方式，又可分为光机扫描仪和推扫式扫描仪；雷达按其天线形式，分为真实孔径雷达和合成孔径雷达（synthetic aperture radar，SAR）。

（3）按传感器对电磁波信息的记录方式分类，可分为成像方式的传感器和非成像方式的传感器。成像方式的传感器的输出结果是目标的图像；而非成像方式的传感器的输出结果是研究对象的特征数据，如微波高度计记录的是目标距平台的高度数据。

（三）光学传感器的特征

光学传感器获取的信息中最重要的特征有三个，即光谱特征、辐射度量特征和几何特征，这些特征决定了光学传感器的性能。

（1）光谱特征主要包括传感器能够观测的电磁波的波长范围、各通道的中心波长等。在照相胶片型传感器中，其光谱特征主要由所用胶片的感光特征和滤光片的透射特征率决定；在扫描型传感器中，主要由所用的探测元件及分光元件的特征决定。

（2）辐射度量特征主要包括传感器的探测精度（包括所测亮度的绝对精度和相对精度）、动态范围（可测量的最大信息与传感器可检测的最小信号之比）、信噪比（有意义的信号功率与噪声功率之比），以及把模拟信号转换为数字量时所产生的量化等级、量化噪声等。

（3）几何特征是用光学传感器获取图像的一些几何学特征的物理量描述，主要指标有视场角、瞬时视场、波段间的配准等，视场角指传感器能够感光的空间范围，也叫立体角，它与摄影机的视角扫描仪的扫描宽度意义相同；瞬时视场是指传感器内单个探测元件的受光角度或观测视野，它决定了在给定高度上瞬间观测的地表面积，这个面积就是传感器所能分辨的最小单元。瞬时视场越小，最小可分辨单元越小，图像空间分辨率越高。瞬时视场取决于传感器光学系统和探测器的大小。传感器不能分辨小于瞬时视场的目标，通常也把传感器的瞬时视场称为“空间分辨率”，即传感器所能分辨的最小目标的尺寸。

（四）CCD传感器

CCD传感器是用一种称为电荷耦合器件的探测元件制成的传感器。这种探测元件由硅等半导体材料制成，器件上受光或电激发作用产生的电荷靠电子或空穴运载，在固体内移动，以产生输出信号。通过模数转换器芯片转换成数字图像等数字信号，数字信号可传输给计算机，就能根据需要在计算机中进行数字信号处理。

CCD传感器按其探测器的不同排列形式，分为线阵列传感器和面阵列传感器。线阵列传感器一般称为推扫式扫描仪，是目前获取卫星遥感图像的主要传感器之一。面阵列传感器一般称为数码摄影机，是目前数字摄影测量的主要传感器。

1.线阵列传感器成像方式

将若干个CCD元器件排列成一行，称为线阵列传感器。例如，法国SPOT卫星使用的传感器高分辨率可见光成像装置就是两种CCD线阵列传感器，其中，全色高分辨率可见光成像装置用6000个元器件组成行。

2.面阵列传感器成像方式

将若干个CCD元器件排列在一个矩形区域中，即可构成面阵列传感器。每个CCD元器件对应于一个像元。它与框幅式摄影机相似，某一瞬间获得一幅完整的图像，因而是一个单中心投影，其构像关系可直接使用框幅式中心投影的航空像片的构像关系式。

目前，长线阵列、大面阵列传感器已经问世，长线阵列可达12000个像元，长为96 mm，大面阵列可达到5120像元×5120像元，像幅为61.4 mm×61.4 mm。每个像元的空间分辨率可达到2～3 m，甚至1 m以上。

二、摄影成像原理

摄影是通过成像设备获取物体图像的技术。传统摄影依靠光学镜头及放置在焦平面的感光胶片记录物体图像。数字摄影则通过放置在焦平面的光敏电子器件（如CCD探测元件），经光/电转换，以数字信号记录物体的图像，当今摄影成像传感器多数为CCD数码摄影机。摄影机按工作方式和记录方式又可分为单镜头分幅摄影机、多镜头分幅摄影机、航带摄影机和全景摄影机等。摄影成像常用于航空摄影，用于航空摄影的相机也叫航测摄影机。

（一）单镜头框幅式摄影成像

早期的摄影成像是根据卤化银物质在光照下会发生分解这一机制，将卤化银物质均匀地涂布在片基上，制成感光胶片。摄影时，通过镜头将地面物质反射或发射的电磁波聚焦成像在感光胶片上，俗称曝光。曝光后的感光胶片形成像，经摄影处理（显影、定影）后显示图像。观察两幅黑白摄影图像，其黑白程度是由摄影处理过程中金属银聚集密度大小决定的，密度越大，图像越黑；密度越小，图像越白。黑和白的变化与地物反射或发射电磁波强弱有密切关系，而且其变化是逐渐过渡的。这种图像是典型的遥感模拟图像，受胶片感光能力局限的影响，摄影成像的工作波段为0.29～1.40 m。不同的应用目的可以采用不同的胶片，可以有黑白的或彩色的。获取这种模拟图像的方式也常叫框幅式摄影成像，常用的相机是单镜头框幅式摄影机。

随着计算机技术及微电子技术的发展，图像获取的设备和材料也发生了革命性变革，出现了基于CCD的固态摄影机。CCD固态摄影机抛弃了传统的胶片成像方式，而是生成数字图像或视频信号，这些图像可直接输入计算机进行实时快速的处理。传统的摄影成像是使用胶卷或胶片等感光材料记录图像，对于CCD固态摄影机（也称数码摄影）而言，这一过程是一个光电转换过程，使用的“感光”材料是图像传感器——CCD或互补型金属氧化物半导体。然后将光学信号转变为模拟电信号，经模数转换后记录在图像储存卡上。

目前，数码相机已经成为现代航空摄影测量图像获取的主要手段，在摄影测量领域得到广泛应用。然而，单镜头框幅式数码相机多数属于日常生活用的普通相机，遥感成像基本是用多镜头框幅式数码相机。

（二）多镜头分幅式摄影成像

由于用单镜头分幅式摄影机拍摄的照片或图像具有较宽的波段响应范围（全色波段0.3~0.7 μm），在此波段范围内的地物对不同波长电磁辐射的不同反射将无法在一幅照片上得到体现。为了得到地物对不同波长电磁辐射的反射特征，在航空摄影时人们也常使用多镜头分幅式摄影机。用于多镜头分幅式摄影成像的航空数码相机主要以两种方式发展：一种是基于线阵列传感器的方式，代表产品有徕卡ADS40；另一种是基于面阵列传感器的方式，代表产品有中国的SWDC、德国数字成图相机（digital mapping camera，DMC）、奥地利/美国的UCD等。

三、扫描成像原理

扫描成像是依靠探测元器件和扫描镜对目标地物以瞬时视场为单位进行的逐点、逐行采样，以得到目标地物电磁辐射特征信息，形成一定波段的图像。扫描成像的探测范围包括微波、红外、可见光、紫外。

（一）光机扫描仪成像

光机扫描成像的传感器叫光机扫描仪。光机扫描仪的全称是光学机器扫描成像系统，主要由光机扫描系统、检测系统（进行光电转换）、信号处理系统（进行电子放大和光学转换）、信号记录系统组成，依靠机械转动装置使镜头摆动，形成对目标地物的逐点、逐行扫描。也就是说，光机扫描仪是借助于遥感平台沿飞行方向运动和传感器本身光学机械横向扫描，达到地面覆盖、得到地面条带图像的成像装置。

1.红外扫描仪

（1）结构。

旋转扫描镜的作用是实现对地面垂直航线方向的扫描，并将地面辐射的电磁波反射到反射镜组；反射镜组的作用是将地面辐射的电磁波聚焦在探测器上；探测器则是将辐射能转变成电能，探测器通常做成一个很小面积的点元，有的小到几微米，随输入辐射能的变化，探测器输出的电流强度视频信号发生相应的变化；制冷器是为了隔离周围的红外辐射直接照射探测器，一般机载传感器可使用液氧或液氮制冷；处理器主要是对探测器输出的视频信号放大和进行光电变换，它是由低噪声前置放大器和光电变换线路等组成；输出端是一个阴极射线管和胶片转动装置，视频信号经光电变换线路调制阴极射线管的阴极，这时阴极射线管屏幕上扫描线的亮度变化对应于地面扫描现场内的辐射量变化，照片曝光后可得到扫描线的图像。

（2）成像过程。

当旋转棱镜旋转时，镜面对地面横越航线方向扫视一次，在地面瞬时视场内的地面辐射能由旋转棱镜反射到反射镜组；经反射镜组反射，聚焦在分光器上，经分光器分光后分别照射到相应的探测器上；探测器则将辐射能转变为视频信号，再经电子放大器放大和调整，在阴极射线管上显示瞬时视场的地面图像，底片曝光后记录。随着棱镜的旋转，垂直于飞行方向的地面依次被扫描，形成一条条相互衔接的地面图像，最后形成连续的地面条带图像。

①瞬时视场角：扫描系统在某一时刻对空间所张的角度，即探测元件的线度与光学系统的总焦距之比。

②像点：瞬时视场角在图像上对应的点，也叫像元、像素。

③空间分辨率：瞬时视场在地面对应的距离。扫描角越大，分辨率越低；航高越高，分辨率也越低。

④扫描线的衔接为

$$W = a / T \tag{8-25}$$

式中，a 为探测器的空间分辨率，T 为旋转棱镜扫描一次的时间，W 为飞机的地速。此时，两个扫描带的重叠度为零，但没有空隙。为使扫描线正确衔接，速度与行高之比应为一个常数。由于空间分辨率随扫描角发生的变化而使红外扫描图像产生的畸变，通常称为全景畸变。其形成的原因与全景摄影机类似，是像距保持不变，总在焦面上，而物距随 θ 角发生变化而致。红外扫描仪还存在一个温度分辨率的问题，温度分辨率与探测器的响应率 R 与传感器系统内的噪声有直接关系。为了较好地区分温度差异，红外系统的噪声等效温度限制在 $0.1 \sim 0.5\,\text{K}$，而系统的温度分辨率一般为等效噪声温度的 $2 \sim 6$ 倍。

（3）热红外像片的色调特征。

热红外像片上的色调变化与相应地物的辐射强度变化呈函数关系。前面已经介绍过，地物发射电磁波的功率与地物的发射率成正比，与地物温度的4次方成正比，温度的变化能产生较高的色调差别。例如，机场停机坪的热红外像片，飞机已发动的温度较高，色调浅；飞机未发动的温度低，显得很暗，水泥跑道发射率较高，出现灰色调；飞机的金属蒙皮发射率很低，显得很黑。

2.多光谱扫描仪

（1）结构。

①扫描反射镜。扫描反射镜是一个表面镀银的椭圆形的铍反射镜，长轴为33 cm，短

轴为23 cm。当仪器垂直观察地面时，来自地面的光线与进入聚光镜的光线成90°，扫描反射镜摆动的幅度为±2.899°，摆动频率为13.62 Hz，周期为73.42 ms，总观测视场角为11.56°。扫描反射镜的作用是获取垂直飞行方向两边共185 km范围内的、来自景物的电磁辐射能量，配合飞行器向前运行获得地表的二维图像。

②反射镜组。反射镜组由主反射镜和次反射镜组成，焦距为82.3 cm，第一反射镜的孔径为22.9 cm，第二反射镜的孔径为8.9 cm，相对孔径为3.6 cm。反射镜组的作用是将反射进入扫描反射镜的地面景物聚集在成像面上。

③成像板。成像板上排列有24+2个玻璃纤维单元，按波段排列成4列，每列有6个纤维单元，每个纤维单元为扫描仪的瞬时视场的构像范围。由于瞬时视场为86 μ rad，而卫星高度为915 km，观察到地面上的面积为79 m×79 m。Landsat-4卫星的轨道高度下降为705 km，其多光谱扫描仪的瞬时视场在地面为83 m×83 m，在遥感中称为空间分辨率。Landsat-2、Landsat-3卫星的扫描仪上增加了一个热红外通道，编号为MSS8，波长范围为10.4～12.6 μm，分辨率为240 m×240 m，仅由2个纤维单元构成。纤维单元后面有光学纤维将成像面接收的能量传递到探测器上。

④探测器。探测器的作用是将辐射能转化成电信号输出。它的数量与成像板上光学纤维单元的个数相同，所使用的类型与响应波长有关，Landsat-1～Landsat-3 MSS4～MSS6采用18个光电倍增管，MSS7使用6个硅光电二极管，Landsat-2、Landsat-3卫星上的MSS8采用2个汞镉碲热敏感探测器。探测器采用辐射制冷器制冷。经探测器检波后输出的模拟信号进入模数变换器进行数字化，再由发射机内调制器调制后，向地面发送或记录在宽带磁带记录仪上。

（2）成像过程。

多光谱扫描仪每个探测器的瞬时视场为86 μrad，卫星高为915 km，扫描瞬间每个像元的空间分辨率为79 m×79 m，每个波段由6个相同大小的探测单元与飞行方向平行排列，这样在瞬间看到的地面大小为474 m×79 m。又由于扫描总视场为11.56°，地面宽度为185 km，扫描一次每个波段获取6条扫描线图像，其地面范围为474 m×185 km。又因为扫描周期为73.42 ms，卫星速度（地速）为6.5 km/s，在扫描一次的时间里卫星往前正好移动474 m，所以扫描线恰好衔接。实际上，在扫描的同时，地球自西向东自转，下一次扫描所观测到的地面景象相对上一次扫描应往西移位。

成像板上的光学纤维单元接收的辐射能经光学纤维传递至探测器，探测器对信号检波后有24路输出，采用脉码多路调制方式，每9.958 μs对每个信道做一次采样。由于扫描反射镜频率为13.62 Hz，周期为73.42 ms，而自西向东对地面的有效扫描时间为33 ms（在33 ms内扫描地面的宽度为185 km），按以上宽度计算，每9.958 μs内扫描反射镜视轴仅在地面上移动了56 m，采样后的多光谱扫描仪像元空间分辨率为56 m×79 m（Landsat-4卫星的为68 m×83 m）。采样后对每个像元（每个信道的一次采样）采用6 bit进行编码（像元亮度值在0～63），24路输出共需144 bit，都在9.958 μs内生成。反算成每个字节（6 bit）所需的时间为0.3983 μs（其中同步信号约占0.3983 μs），每个字节所需时间为0.0664 μs，因此，速率约为15 Mbit/s（15 MHz）。采样后的数据用脉码调制方式以频率为2229.5 MHz或2265.5 MHz的馈入天线向地面发送。

（3）地面接收及产品。

遥感数据的地面接收站主要接收卫星传输的遥感图像信息及卫星姿态、星历参数等，将这些信息记录在高密度数字磁带上，然后送往数据中心，处理成可供用户使用的胶片和数字磁带等。发射卫星的国家除了在本土建立地面接收站外，还可根据本土和其他有关国家的需要，在其他国家建立地面接收站，这些地面接收站的主要任务就是接收遥感图像信息。本土上的地面接收站除了接收任务外，还负担发送控制中心的指令，以指挥卫星的运行和星上设备的工作，同时接收卫星发回的有关星上设备工作状态的遥感数据和地面遥测数据收集站发射给卫星的数据。每个地面接收站都有一根跟踪卫星的大型天线，地面接收站除了接收本国卫星发回的信息，还可以经其他国家允许，每年交纳一定费用，用于接收其他国家卫星发送的图像信息。

（4）图像特征。

Landsat-1～Landsat-5、Landsat-7均采用了多光谱扫描仪，其中除Landsat-2、Landsat-3卫星采用5个波段外，其余均采用可见光至近红外上的4个波段。

①MSS4：0.5～0.6 μm，为蓝绿色波段，对蓝绿色、黄色景物一般呈浅色调，颜色随着红色的增加而变暗；水体色调最浅，对水体有一定的穿透能力，可测一定水深（约10～20 m）的水下地形，并利于识别水体浑浊度、沿岸流、沙地、沙洲等。

②MSS5：0.6～0.7 μm，为橙红色波段，橙红色景物一般呈浅色调，颜色随着绿色成分的增加而变暗；水体色调最浅，对水体也有一定的穿透能力（约2 m），对水中泥沙流反应明显，对裸露的地表、植被、土壤、岩性地层、地貌现象等可提供较丰富的信息，为可见光最佳波段。

③MSS6：0.7～0.8 μm，为红外、近红外波段。

④MSS7：0.8～1.1 μm，为近红外波段。

MSS6、MSS7波段相关性较大，植被为浅色调，水体为深色调。尤以MSS7水陆界线清晰，明显地反映了土壤含水量对寻找地下水及识别与水有关的地质构造、隐伏构造、作物病虫害、植物生长状况、军事伪装、土壤岩石类型等很有利。

Landsat-2、Landsat-3卫星的多光谱扫描仪有5个通道，增加了1个热红外波段（10.4～12.6 m），编号为MSS8，空间分辨率为240 m，但由于记录仪出故障，工作不久便失效。多光谱扫描仪扫描宽度为185 km，空间分辨率为80 m。扫描反射镜每振动1次，有6条扫描线同时覆盖4个光谱带，约扫地面宽474 m，获得1幅图像约需扫390次，包含2340行（390次×6行/次）扫描线，每行扫描线为3240个像元，则1幅多光谱扫描仪图像的总数据量约为30 Mbyte（3240像元×2340行×4个波段），辐射分辨率分别为64个灰度级（MSS7）、128个灰度级（MSS4~6）。

3.专题制图仪

（1）结构。

Landsat-4、Landsat-5卫星上的专题制图仪是一台高级多波段扫描型地球资源敏感仪，与多光谱扫描仪相比，专题制图仪增加了一台扫描改正器，使扫描行垂直于飞行轨道，往返双向都对地面进行扫描，具有探测器100个，分7个波段（TM1~TM7），除TM6探测器为4个，其余每组探测器为16个，TM1~TM5和TM7每个探测元件的瞬时视场在地面为30 m×30 m，TM6为120 m×120 m。摄影瞬间16个探测器观测地面的长度为480 m，扫描线的长度仍为185 km，一次扫描成像的地面为480 m×185 km。半个扫描周期，即单向扫描所用的时间为71.46 ms，卫星正好飞过地面480 m，下半个扫描周期获取的16条图像线正好与上半个扫描周期的图像线衔接。它的太阳遮光板安装在指向地球的一个水平位置上，其上面装有扫描镜。扫描镜周围是驱动机构，即控制电子设备及扫描监视器硬件。主镜装在望远镜轴线的下方，在光学挡板和二次镜的后面。主镜的后面是扫描行改正器、内部校正器、可见光谱检测器、聚焦平面、安装硬件与对准机构。仪器的尾端安装有辐射冷却室（内装有冷焦平面装配件）、中继镜片和红外检测器。在望远镜上方的一个楔形箱体里，装有作为插件的电子设备、多路转换器、电源、信号放大器及各波道的滤波器。TM1~TM4用硅探测器；TM5和TM7各用16个锑化铟红外探测器，其排列与TM1~TM4相同；TM6用4个汞镉碲热红外探测器，也成2行排列，制冷温度为95 K。

（2）专题制图仪各波段的图像特征。

Landsat-4、Landsat-5卫星采用了专题制图仪传感器，其空间、光谱、辐射性能比多光谱扫描仪均有明显提高，使数据质量与信息量大大增加。专题制图仪的扫描镜可在往返两个方向进行扫描和获取数据（多光谱扫描仪只能单方向扫描），这样可以降低扫描速率，增加停顿时间，提高测量精度，专题制图仪的辐射分辨率从多光谱扫描仪的64个灰度级、128个灰度级提高到256个灰度级，有7个较窄的、更适宜的光谱波段。

①TM1：0.45~0.52 μm，蓝色波段，波段的短波相当于清洁水的峰值，长波段在叶绿素吸收区。这个波段对水体的穿透力强，对叶绿素与叶色素浓度反应敏感，有助于判别水深、水中泥沙分布和进行近海水域制图等。对针叶林的识别比Landsat-1~Landsat-3卫星的能力更强。

②TM2：0.52~0.60 μm，绿色波段。这个波段在两个叶绿素吸收带之间，对应于健康

植物的绿色，与MSS4（0.5 ~ 0.6 μm）相关性大；对健康茂盛植物反应敏感，对水的穿透力较强；用于探测健康植物绿色反射率，按“绿峰”反射评价植物生活力，可区分林型、树种和反映水下特征等。TM1和TM2合成，相似于水溶性航空彩色胶片SO-224，可显示水体的蓝绿比值，能估测可溶性有机物和浮游生物。

③TM3：0.63 ~ 0.69 μm，红色波段。这个波段为叶绿素的主要吸收波段，与MSS5（0.5 ~ 0.6 μm）相关性大，反映不同植物的叶绿素吸收、植物健康状况，用于区分植物种类与植物覆盖度。在可见光中，这个波段是识别土壤边界和地质界线的最有利光谱区，其信息量大，表面特征经常展现大的反差，大气的影响比其他可见光波段低，图像的分辨能力较好，广泛用于识别地貌、岩性、土壤、植被、水中泥沙流等。

④TM4：0.76 ~ 0.90 μm，近红外波段。这个波段对绿色植物类别差异最敏感（受植物细胞结构控制），相应于植物的反射峰值，为植物遥感识别通用波段，常用于生物量调查、作物长势测定、农作物估产等。

⑤ TM5：1.55 ~ 1.75 μm，短波红外波段。这个波段处于水的吸收带（1.4 μm、1.9 μm）内，对含水量反应敏感，叶面反射强烈地依赖于叶湿度，适用于干旱的监测和植物生物量的确定，可用于土壤湿度和植物含水量调查、水分状况研究、地质研究、作物长势分析等，从而提高了区分不同作物类型的能力，易于区分云、冰与雪。

⑥TM6：10.4 ~ 12.5 μm，热红外波段。这个波段来自表面发射的辐射量，根据辐射响应的差别，区分农、林覆盖类型，辨别表面湿度、水体、岩石，以及监测与人类活动有关的热特征，进行热测量与制图，对于植物分类和收成估算很有用。

⑦TM7：2.08 ~ 2.35 μm，短波红外波段。这个波段为地质学研究追加的波段，由于岩石在不同波段发射率的变化与硅的含量有关，可以利用这种发射光谱特征来区分岩石类型，为地质解译提供了更多的信息。该波段处于水的强吸收带，水体呈黑色，可用于城市土地利用与制图、岩石光谱反射及地质探矿与地质制图，特别适用于热液变质岩环的制图。

（二）推扫式扫描仪成像

要提高扫描成像系统的性能，最现实的方法是增加探测器的个数，这样会使扫描速度减慢，增加在每个敏感元上辐射的积分时间，提高信噪比，也能提高空间分辨率。

推扫式扫描成像类似于用扫帚扫地，它采用线阵列或面阵列探测器作为敏感元件。线阵列探测器在光学焦面上垂直于飞行方向做横向阵列，当飞行器向前飞行完成纵向扫描时，排列的探测器扫出一条带状轨迹，从而得到目标物的二维信息。光机扫描仪是利用旋转扫描镜逐像元进行采光，而推扫式扫描仪是通过光学系统一次获得一条线的图像，然后由多个固体光电转换元件进行扫描。

固体自扫描是用固定探测元件，每个探测元件对应地面的一个顺时像元，通过遥感平台的运动对目标地物进行扫描的一种成像方式。固体自扫描与其他扫描成像的区别是其探测器系统CCD。CCD是一种新兴半导体器件，利用电荷量表示信号，用耦合的方法进行信号传输。如果把CCD做成电极数目相当多的一个线阵列或面阵列，就可将其作为一维或二维的成像器件。受CCD的光谱灵敏度的限制，只能在可见光和近红外（1.2 μm以内）范围内响应地物辐射的电磁波，对于热红外区没有反应，但如果与多元阵列热红外探测器结合使用，则可使多路输出信号变成一路时序信号，它对电能的强度有响应。

四、成像光谱仪的成像原理

（一）成像光谱技术

通常多波段扫描仪将可见光和红外波段分割成几个或十几个波段。对遥感而言，在一定波长范围内，被分割的波段数越多，即光谱采样点越多，越接近地物连续光谱曲线，可以使扫描仪在取得目标地物图像的同时，也能获取该地物的光谱组成。这种既能成像又能获取目标光谱曲线的“谱像合一”技术，称为成像光谱技术。成像光谱技术将成像技术与光谱技术结合在一起，在对目标对象的空间特征进行成像的同时，对每个空间像元进行色散，形成几十个乃至几百个非常窄的、连续的光谱波段，覆盖了可见光、近红外、中红外和热红外区域全部光谱带，使图像中的每一像元均得到连续的反射光谱曲线。按该原理制成的扫描仪称为成像光谱仪。高光谱成像光谱仪是新技术，其对光谱分辨率较多光谱扫描仪有很大的提高，实现了遥感定量研究。

成像光谱就是在特定光谱域，以高光谱分辨率同时获得连续的地物光谱图像，这使遥感应用可以在光谱维上进行空间展开，定量分析地球表层的生物、物理、化学过程与参数。成像光谱仪主要性能参数是：①噪声等效反射率差，体现为信噪比；②瞬时视场，体现为空间分辨率；③光谱分辨率，直观地表现为波段多少和波段宽度。

成像光谱信息的图像处理模式的关键技术有：①超多维光谱图像信息的显示，如图像立方体的生成；②光谱重建，即成像光谱数据的定标、定量化和大气校正模型与算法，依此实现成像光谱信息的图像光谱转换；③光谱编码，尤其指关于光谱吸收位置、深度、对称性等光谱特征参数的算法；④基于光谱数据库的地物光谱匹配识别算法；⑤混合光谱分解模型；⑥基于光谱模型的地表生物、物理、化学过程与参数的识别和反演算法。

成像光谱遥感起源于地质矿物识别填图研究，逐渐扩展为植被生态、海洋海岸水色、冰雪、土壤及大气的研究。

（二）成像光谱仪的工作原理

1.面阵列探测器加推扫式扫描仪的成像光谱仪

面阵列探测器加推扫式扫描仪的成像光谱仪采用推帚式扫描成像方式，属推扫式成像。它利用线阵列探测器进行扫描，利用色散元件将收集的光谱信息分散成若干个波段后，分别成像于面阵列探测器的不同行。这种仪器利用色散元件和面阵列探测器完成光谱扫描，利用线阵列探测器及其沿轨道方向的运动完成空间扫描，具有分辨率高等特点。

2.线阵列探测器加光机扫描仪的成像光谱仪

线阵列探测器加光机扫描仪的成像光谱仪采用机械扫描反射镜成像和线阵列探测器元件接收各波段像元辐射，属掸扫式成像。它利用点探测器收集光谱信息，经分散元件后分成不同的波段，分别成像于线阵列探测器的不同元件上，通过点扫描镜在垂直于轨道方向的面内摆动及沿轨道方向的运动完成空间扫描，而利用线探测器完成光谱扫描，线阵列中探测器件的个数与光谱数相同。

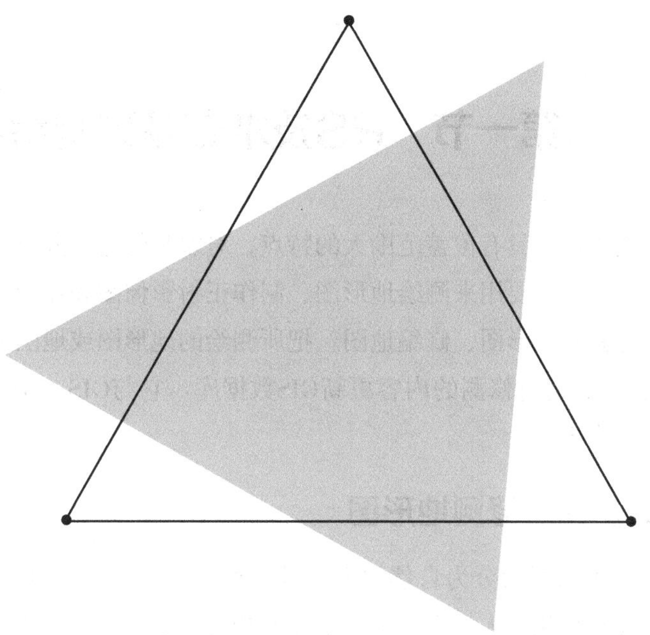

第九章

RS技术应用

第一节　RS技术在基础测绘中应用

卫星遥感信息具有覆盖范围大的特点，对宏观的定性分析具有重要作用与价值。在测绘中，遥感影像主要用来测绘地形图、制作正射影像图和编绘各种专题地图，也可用实时的遥感影像修测地形图、修编地图。把所测绘的地形图或地图以数字形式通过格式变换存入GIS数据库，通过修测的内容更新GIS数据库。它与GIS、GPS技术的结合，更对测绘起到了优化的作用。

一、测绘、修测地形图

地形图上的要素分为自然要素和社会经济要素，随着社会经济的飞速发展，地形图中的自然要素变化不大，而社会经济要素却发生了很大的变化。这种变化体现在地图上就是社会经济要素变化较大，如何实现地图的更新与经济发展同步是地图工作者当前面临的难题。

使用航空像片测绘地形图，是把航空像片与计算机和自动控制技术相结合，实现测图自动化。可是，航空像片覆盖面积小，不能大面积快速拍摄地面。而卫星像片在短时间内就能够快速地对全球摄影一次。现在世界上许多国家都在利用卫星图像测绘地形图。且利用卫星影像测绘、修测地形图成本低、速度快。地形一般都变化不大，主要对城镇、公路、铁路、水利设施等一些建设用地进行修测，还有变化了的一些地名进行更改。

遥感影像数据的选择直接影响到地形图制作的精度和质量，地形图的主要功能就是反映区域的地表起伏形态和地物位置。想要利用遥感数据制作地形图，首先需要从提取地貌信息和地物信息这两个方面来进行选择遥感数据。地形图中主要通过等高线表示地貌。用等高线表示地貌不仅能表示地面的起伏形态，还能科学地表示地面的坡度和地面点的高程。

二、遥感技术的专题地图制图

遥感技术的产生和发展，使专题地图制图从内容、形式到成图方法都有了根本性突破，其越来越能满足不同比例尺专题制图对资料提出的要求。所谓遥感专题地图的制图，即在计算机制图的环境下利用遥感资料编制出各类专题地图，这是遥感信息在地理研究和测绘制图中的重要应用之一。遥感信息的现势性、宏观性、多时相性和立体覆盖能力使其成为专题地图制图的重要信息源。

利用遥感信息编制专题地图是一项既能极大地提高成图的准确性，以保证其科学质量，又能大量节约人力、时间的工程。在此就其中一些关键性的技术环节作重点讲述。

（一）空间分辨率与制图比例尺

空间分辨率也就是地面分辨率，是指遥感仪器所能分辨出的最小目标的实际尺寸，也就是遥感图像上面一个像元相对应的地面范围的大小。因为遥感制图是利用遥感的图像提取专题的制图信息的，在选择图像空间分辨率时一定要考虑到下面两个因素：一是解译目标最小尺寸；二是地图成图比例尺。空间不同规模的制图对象的识别，在遥感图像的空间分辨率方面都有一定的要求。地图比例尺与遥感图像的空间分辨率有着密切的关系，在进行普通地图的修测更新和遥感专题制图时，对不同平台的图像信息源，应该结合研究宗旨、精度、成图比例尺和用途等要求，进行分析选用，以达到经济、实用的效果。

（二）波谱分辨率与波段

波谱分辨率是由传感器所使用的波段数目（通道数）、波长、波段的宽度决定的。通常情况下，各种传感器的波谱分辨率的设计都是有针对性的，这是因为地表物体在不同光谱段上有不同的吸收、反射特征。同一类型的地物在不同波段的图像上，不仅影像灰度有较大差别，而且影像的形状也有差异。多光谱成像技术就是根据这个原理，使不同地物的反射光谱特性能够明显地表现在不同波段的图像上。因此，在专题处理与制图研究中，波段的选择对地物的针对性识别非常重要。

在考虑遥感信息的具体应用时，必须根据遥感信息应用的目的和要求，选择地物波谱特征差异较大的波段图像，即能突出某些地物（或现象）的波段图像。实际工作中有两种方法：一是根据室内外所测定的地物波谱特征曲线，直观地进行分析比较，根据差异的程度，找出与之相应的传感器的工作波段；二是利用数理统计的方法，选择不同波段影像密度方差较大且相关程度较小的波段图像。

（三）时相与时间分辨率

遥感图像的时间分辨率差别很大，用遥感制图的方式显示制图对象的动态变化时，不但要弄清楚研究对象其本身的变化周期，还要了解到有没有与其相应的遥感信息源。例如，要研究森林火灾蔓延范围、洪水淹没范围或森林虫害的受灾范围等现象的动态变化时，必须选择相适应的超短期或短期时间分辨率的遥感信息源，只有气象卫星的图像信息才能满足这种要求。遥感图像是指某一瞬间内地面实况的记录，然而地理现象是不断变化的。所以，一系列按时间序列成像的多时相遥感图像中，必然存在着最能揭示地理现象本质的“最佳时相”图像。研究农作物的长势、植被的季相节律，目前以选择landsat-TM或SPOT遥感信息为佳。

三、数字正射影像图

测绘事业的飞速发展，已成为国家重要的基础地理信息产业，它的服务领域也已渗透社会的各个方面。它为国家管理和建设提供与地理位置有关的各种综合性和专题性的基础信息，其成果是进行水利、交通、农业建设、环境监测等城乡规划建设、大型工程建设、科学研究和重大灾害监测预报，以及国防建设等必不可少的基础资料。正射影像制作作为测绘工作的重要手段也发挥出越来越重要的作用，受到人们的重视。

数字正射影像图（Digital Orthophoto Map，DOM）是以航摄像片或遥感影像（单色/彩色）为基础，经扫描处理并经逐像元进行辐射改正、微分纠正和镶嵌，按地形图范围裁剪成的影像数据，并将地形要素的信息以符号、线画、注记、公里格网、图廓（内/外）整饰等形式填加到该影像平面上，形成以栅格数据形式存储的影像数据库。它具有地形图的几何精度和影像特征。

正射影像的制作一般是通过在像片上选取一些地面控制点，对影像同时进行投影差改正和倾斜改正，这是在利用获取的该像片范围内的数字高程模型（DEM）数据基础上进行的将影像重采样成正射影像的过程制作。正射影像图就是将多个像片正射影像镶嵌在一起，进行色彩平衡处理后，按照一定的范围裁切而成。正射影像图同时具有影像特征和地图几何精度，直观真实，信息丰富，在一定程度上是地理信息系统的表现形式，并可以作为地理信息系统的数据源。

DOM具有精度高、信息丰富、直观逼真、获取快捷等优点，可作为地图分析背景控制信息，也可从中提取自然资源和社会经济发展的历史信息或最新信息，为防治灾害和公共设施建设规划等应用提供可靠依据。DOM还可从中提取和派生新的信息，实现地图的修测更新。

DOM 的技术特征为数字正射影像，地图分幅、投影、精度、坐标系统与同比例尺地形图一致，图像分辨率为输入大于 400 dpi，输出大于 250 dpi。由于 DOM 是数字的，在计算机上可局部开发放大，具有良好的判读性能、量测性能和管理性能等。DOM 可作为独立的背景层与地名注名、坐标注记、经纬度线、图廓线公里格、公里格网及其他要素层复合，制作各种专题图。

DOM的优势主要表现在易用性强，使用DOM时，将把所有的XML文档信息都存于内存中，并且遍历简单，支持XPath，增强了易用性。

DOM的缺点主要表现在效率低，解析速度慢，内存占用量过高，对于大文件来说几乎不可能使用。另外，效率低还表现在大量的消耗时间，因为使用DOM进行解析时，将为文档的每个element、attribute、processing-instruction和comment都创建一个对象，这样在DOM机制中所运用的大量对象的创建和销毁无疑会影响其效率。

四、遥感技术的地籍测量

地籍测量是为获取和表达地籍信息所进行的测绘工作，其主要工作是调查土地及其附着物的位置、界线、质量、权属和利用现状等基本情况和测绘其几何形状和面积。数字地籍测绘包括数据采集和成图成果数字化两方面，即应用全站仪等测量仪器实地采集数据、编辑地籍图、建立地籍数据库、输出面积汇总表、进行地籍数据动态管理等，直接为土地、城建、规划等部门提供权威数据。伴随着经济的发展，土地利用状况日新月异，为保持土地利用数据的现势性，土地利用变更调查和动态监测成为地籍测量的一项重要任务。然而，传统土地利用动态监测方法由于其获取数据的速度慢、监测被动等缺点，给测量带来不便。随着遥感技术及计算机技术的发展，越来越多的人开始研究遥感技术在地籍测绘中的应用，并取得了显著效果，大大提高了经济效益和社会效益。

五、数字化地图测绘

数字化地图测绘是通过对全站仪、GPS技术以及影像技术等现代化技术的运用，对实地数据进行采集、解析的同时，使用计算机及其相关软件技术绘制出电子地图的全新地图测绘技术，实现地形和地理信息的数字化。用数字信息将地面上的地形和地理要素表现出来，然后在电脑里编辑出一种符合标要求的电子地图，再由显示器或者绘图仪等输出各种专题要素图形和地形图。

相对于传统地图，数字地图的优势是非常明显的，数字地图比传统地图要“活”的多。可以对普通或者专业地图的内容进行任意的拼接、组合、删减，那就需要数字化地图才能操作。而且数字化地图还能进行任意比例和范围的扩大或者缩小，更甚者还能裁切和绘图输出等。卫星遥感影像、其他电子地图和信息数据库可以和数字地图进行整合和连接等，从而产生各种新型地图。数字地图与传统纸介质地图相比，还具有如下优点。

（一）自动化程度高，制作工艺先进

数字化测绘将外业采集的数据自动记录在电子手簿中，自动计算处理，节约了人力、物力、财力，使成本降低，而且成图精确、美观、规范。传统的测绘方法，地物点的测定视距误差、方向误差、展绘误差、测定误差等会导致实际的图上误差较大。数字化测绘技术在记录关键点的时候均是采用地理坐标的方式，所以可以精确地记录地理信息，大大提高了测绘精度。

（二）信息量大，便于存储，保存时间长

数字地图包含的信息量几乎不受测图比例尺的限制，数据可分层存放，使地面信息的存放几乎不受限制。比如为了更加方便地获取所需要的测区的地籍图，就将通过关闭层和打开层等操作存在于不同层的道路、水系、植被、房屋、地貌等，从而获得相关的信息。点的定位信息和连接信息以及属性信息在数字测图时所采集的图形信息中是非常方便检索的。

第二节　RS和GIS技术在农业中应用

一、RS和GIS技术在农作物估产上应用

农作物产量常规估测方法是统计估产和气象模式估产，但由于耕地面积很大，要用地面上抽样调查的统计方法获取这些信息，以及气象模式估产中的有关因子信息并不容易。特别是国土辽阔、拥有很大耕地面积的国家，从国家决策角度获得农业方面的这些数据时，用地面调查的方法更感困难。这是因为地面调查方法中得到的仅是点数据，点的数量、点的分布直接影响地面调查效果的可信度。地面调查所需的人力、财力的投资也是值得认真考虑的问题。地面调查技术、人为的干扰、标准的不一等也是值得认真推敲的问题。因此，应用遥感技术获取农业产量信息是一种新的适用方法。遥感技术提供了面上的不受人为因素干扰的客观的信息，且在同一时间获取大范围这类信息的可能性方面具有地面调查方法无可比拟的优点。

遥感估产的两个关键问题：一是作物识别和面积估算；二是作物长势分析、单产模型构建。这两个问题解决都是通过遥感信息处理实现的。

（一）基于GIS和RS种植面积的确定

根据农作物估产的范围和遥感资料的特性，一般采用地理信息系统和遥感技术两者结合的方法来提取种植面积。下面是利用TM、SPOT、NOAA/AVHRR的各自优势，配合已建立的地理信息系统，获取作物种植面积的具体方法如下：

①将接收到的NOAA/AVHRR图像进行辐射校正、太阳高度角校正等处理，提取特征信息，经几何精纠正后，与TM、SPOT等遥感图像进行配准；

②根据作物长势状况，进行绿度分区，去除非耕地；

③根据分区结果进行空间数据统计，确定采样模块，确定相应的TM、SPOT上的采样模块，以TM为采样群体，在TM上提取作物种植面积，推算NOAA/AVHRR不同绿度等级代表的面积；

④外推整个估产区作物种植面积，再用地理信息系统中的遥感估产区划、土地利用、土地类型、作物历程等资料进行复合，并配以行政界线，最后给出相应行政界线内的作物种植面积。

（二）光谱估产模式

研究作物光谱特征与作物长势及其产量构成要素之间的联系、确定它们之间的数量关系是遥感估产的基础。尽管影响作物生长的因素很多，但它们都可以综合地体现在反映作物长势的光谱特征上。另外，光谱特征也是作物光合作用能量的度量。遥感估产就是利用这个原理来监测作物的生长状况并进行最终产量计算的。

（三）卫星遥感估产模式

作为农作物生长的主要背景的土壤光谱反射率在红光（RED）波段比农作物高，到了近红外（NIR）部分又比农作物低。因此，反映在卫星遥感资料上的光谱反射特征是：农作物长势越好，NIR的反射越强，而RED反射越弱；农作物长势超差，NIR的反射越弱，而RED的反射越强。利用农作物与主要背景土壤之间的这一光谱反射特性，把NIR和RED反射数据，组合成各种植被指数，以扩大不同长势农作物的差异，进而实施农作物遥感估产。

常用的植被指数有比值植被指数（RVI）、归一化植被指数（NDVI）、差值植被指数（DVI）和正交植被指数（PV）等。

卫星遥感估产，由于卫星距离地面很远，太阳光的辐射值经过来回运行受到极大影响。因此，要根据卫星遥感的特点作出特殊处理，然后建立估产模型。目前，国内研究提供的模型主要有以下几种。

1.遥感植被指数模型

遥感植被指数模型是利用卫星资料计算出水稻的穗分化期、齐穗期、灌浆期和乳熟期的RVI（或PVI）建立的估产模型。

2.遥感动态跟踪植被指数模型

遥感动态跟踪植被指数模型是一个根据光谱模型利用样本资料分别建立一维实产、二维实产和三维产量结构在分聚感期、幼苗分化期、抽穗期和齐穗期四个时期的动态跟踪模型。

3.遥感动力模型

遥感动力模型是通过气象卫星获得不同生育期的绿度值，再通过绿度—叶面积关系式

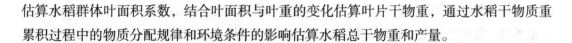

估算水稻群体叶面积系数，结合叶面积与叶重的变化估算叶片干物重，通过水稻干物质重累积过程中的物质分配规律和环境条件的影响估算水稻总干物重和产量。

（四）光谱遥感估产与作物生长模拟估产的复合模型

遥感估产是建立作物光谱与产量之间联系的一种技术，通过光谱获取作物的生长信息。在实际工作中，常常用绿度或植被指数作为评价作物生长状况的标准。植被指数中包括了作物长势和面积两方面的信息。光谱产量的模式的基本思想是将各种形式的植被指数与作物单产建立回归方程，筛选出方程拟合率高、相对剩余标准差小的估产模式。

农作物遥感估产的主要步骤为：

①遥感估产区划，将条件基本相同的地区归类，以便作物生长状况的监测与估计模型的构建。

②布设地面采样点，监测作物实际生长状况和产量，作为遥感信息的补充和检验。

③建立背景数据库系统，存储和管理估产区自然环境等方面的信息，如地形地貌、土地类型和肥力、种植制度、农业气候资料、灾情、历年的单产和总产、种植面积及人口和社会经济情况等，背景数据库一方面为遥感图像信息分类提供背景，使分类精度更高；另一方面在遥感信息难以获取时，数据库可以支持模型分析，从历史资料和实际样点采集的数据库综合分析，取得当年的实际种植面积和产量。

④农作物种植面积提取，如利用TM或SPOT图像自动分类、AVHRR资料混合像元分解、GIS支持下作物播种面积提取等。

⑤不同生长期作物长势动态监测，采用遥感影像获取不同期作物的植被指数，根据植被指数的变化与历年资料的对比，就可以及时获得各种作物在不同生长期的长势，由长势情况就能预测出作物的趋势产量。

⑥建立遥感估产模型，实现作物光谱与产量之间的联系，通过光谱获取作物的生长信息，目前常用的是根据“光谱—植被指数—产量”之间的关系建立估产模型。

⑦遥感估产精度的分析和确认，尽可能减少误差。

⑧遥感估产系统的建立，该系统通常包括遥感信息获取、建立背景数据库、估产模型生成工具库、空间分布图形系统等问题。

二、3S技术在农业监测中应用

（一）农业病虫害

病虫害对作物造成的影响主要有两种表现形式：一为作物外部形态的变化；二为植物内部的生理变化。无论是形态的变化还是生理的变化，都必然导致作物光谱反射和辐射特性的变化，从而使遥感图像光谱值发生变异。正常的植物一般都有很规则的光谱反射曲线，即在绿光区有一小反射阵（中心波长560 mm左右），在蓝光和红光区各有一吸收带，在670 nm处到达最低点，进入近红外区，反射率则急剧上升，形成极鲜明的反射峰，即绿色植物的近红外陡坡效应。当植物遭受病虫害时，光谱曲线的总体形状发生变化。首先是近红外区光谱反射率明显降低，即陡坡效应明显削弱甚至消失；接着绿光区的小反射峰位置逐渐向红光区漂移，叶色由绿变黄、变褐，以致枯死；如果害虫吞噬叶片或引起叶片卷缩、掉落、生物量减少同样会导致近红外与绿光区反射率的降低和红光区反射率的升高。这就是遥感技术能够探测到植物病虫害的理论依据。

应用遥感技术监测植物病虫害，主要是通过以下途径：

①应用遥感手段探测病虫害对植物生长造成的影响，跟踪其发生演变状况，分析估算灾情损失；

②应用遥感手段监测病虫害个体，即虫源或寄主基地的分布及环境要素变化来推断病虫害暴发的可能性；

③应用遥感技术直接研究害虫及其寄生病害行为。

此外，高光谱遥感的超多波段（几十、几百个）、光谱分辨率高（3～20 nm）的特点，使其可探测植被的精细光谱信息（特别是植被各种生化组分的吸收光谱信息），监测植被生长状况，特别是病虫造成的危害。

（二）农作物长势状态监测

植物在生长发育的不同阶段，其内部成分、结构和外部形态特征等都会存在一系列周期性的变化。植被的这种周期性变化从植物细胞的微观到植物群体的宏观结构上均有表现，这种变化必然导致单个植物或植物群体物理光学特性的周期性变化，也就是植物对于各电磁波谱的辐射和反射特性。由于遥感具有周期性获取目标电磁波谱信息的特点，可以用它监测农作物长势的动态变化。作物生长状态监测主要是通过植被指数、地面温度、土壤水分、作物氮营养等状况监测实现的。研究表明，应用NDVI和叶面积指数（LAI）的相关性，并考虑地面监测与农学模型，可以实现监测作物的长势。长势监测模型根据功能可以分为评估模型和诊断模型。

（三）草地资源监测

草地遥感科学是研究现代遥感技术和GIS系统与草地科学相结合而应用于草地生产全过程的一门新型边缘学科。它是草地科学和技术的一个分支，是草地信息科学的重要组成部分，具有农学、生物学和遥感科学的时间属性、空间属性和信息属性。

草地遥感按其功能和用途可分为草地资源遥感调查与评价、草地遥感动态监测和草地遥感预测三种类型。草地资源遥感调查与评价是利用遥感方法定期对草地资源进行调查和评价，所用遥感资料的空间分辨率要求越高越好，以便准确估算面积，对时间分辨率要求不高。草地遥感动态监测是利用遥感方法对生产外界条件及牧草的生长状况进行监测，作为监测用的遥感资料在时间分辨率与空间分辨率不可兼顾的情况下，首先要求时间分辨率要高，以便能在草地资源遥感调查与评价工作的基础上反映环境条件及作物本身生长状况的动态变化过程。草地遥感预测是通过研究遥感资料与草地环境条件及作物本身生长状况的关系，利用前期的遥感资料预测未来一定时期内草地环境条件及牧草生长状况，是草地资源调查和草地遥感动态监测的延伸与发展。随着遥感技术的发展和业务体系的完善，草地遥感预测必将成为牧业生产管理与决策的重要依据。

三、RS和GIS技术的精细农业

（一）精细农业概述

农业是一个国家的基本产业，依据农业地域分异规律，因地制宜地发展农业、合理利用农业资源、发挥地区优势，是农业生产的基本原则和规律。在信息社会，精准农业代表着农业发展的方向也是农业研究的重点。

精准农业（Precision Agriculture，Precision Farming或Farming in Inch）也被称为数字农业（Digital Agriculture），又叫信息农业（Information Agriculture）、智能农业（Intelligence Agriculture）、虚拟空间农业（Cyberfarm），是运用数字地球技术，包括多种分辨率的，在遥感、地理信息系统和全球定位系统技术支持下，进行抽样调查，获取作物生长的各种影响因素信息（如土壤结构、含水量、地形、病虫害等），通过进行农田小区作物产量对比分析影响小区产量差异的原因，获取农业生产中存在的空间和时间差异性信息，可以根据每个地块的农业资源特点，按需实施微观调控，以充分利用现代化和机械化，精耕细作，获取高的经济效益。

精细农业（数字农业）的基本内涵是将遥感技术、地理信息系统、全球定位系统、计算机技术、通信和网络技术、自动化技术等高新技术与地理学、农学、生态学、植物生理学、土壤学等基础学科有机地结合起来，实现在农业生产过程中对农作物、土壤从宏观到微观的实时监测，以实现对农作物生长发育状况、病虫害、水肥状况及相应的环境进行定期信息获取，生成动态空间信息系统，对农业生产中的现象、过程进行模拟，达到合理利用农业资源，降低生产成本，改善生态环境，提高农作物产量和质量，保证农业的可持续发展的目的。

精细农业（数字农业）具有如下三个特点：

①数字农业数据库中存储的数字具有多源、多维、时态性和海量的特点。数据的多

源是指数据来源多种多样，数据格式也不尽相同，可以是遥感、图形、声音、视频和文本数据等。数据高达五维，其中空间立体三维的时空数据必然导致数据库中的数据是大规模的、海量的。

②对于这种多维、海量数据的组织和管理，特别是对时态数据的组织与管理，目前现有的商业化数据库管理软件是无法胜任的，需要研究新一代时态数据库管理系统，并形成时态空间信息系统。这种时态空间信息系统不仅可以有效地存储空间数据，同时能够形象地显示多维数据和时空分析后的结果。

③数字农业要在大量的时空数据基础上，对农业某一自然现象或生产、经济过程进行模拟仿真和虚拟现实。例如，土壤中残留农药的模拟和农作物生长的虚拟现实，农业自然灾害及农产品市场流通的虚拟现实。

简单地说，精细农业（数字农业）就是把数字地球技术与现代农业技术相结合的综合农业生产管理技术系统。数字农业是农业现代化、集约化的必由之路。

（二）RS和GIS、GPS技术在精细农业上的应用

1.RS在精细农业上的作用

（1）农作物播种面积遥感监测与估算。

搭载传感器的卫星或飞机通过田地时，可以监测并记录下农作物覆盖面积数据，通过这些数据可以对农作物分类，在此基础上可以估算出每种作物的播种面积。目前，商业销售的遥感图像已经达到0.50 m空间分辨率，在这种高分辨率图像中可以进行精确的农作物播种面积的估算。

（2）遥感监测作物长势与作物产量估算。

利用遥感技术在作物生长不同阶段进行观测，获得不同时间序列的图像，农田管理者可通过遥感提供的信息及时发现作物生长中出现的问题，采取针对措施进行田间管理（如施肥、喷施农药等）。管理者可根据不同时间序列的遥感图像，了解不同生长阶段中作物的长势，提前预测作物产量。自20世纪80年代初开始，我国有关研究部门与高校合作，利用陆地卫星和气象卫星进行大面积作物长势和产量监测的研究与试验，这为我国作物产量的提前预报奠定了科学基础。

（3）作物生态环境监测。

利用遥感技术可以对土壤侵蚀、土地盐碱化面积、主要分布区域与土地盐碱化变化趋势进行监测，也可以对土壤水和其他作物生态环境进行监测，这些信息有助于田间管理者采取相应措施。

（4）灾害损失评估。

气候异常对作物生长具有一定影响，利用遥感技术可以监测与定量评估作物受灾程

度，作物受旱涝灾害影响的面积，对作物损失进行评估，然后针对具体受灾情况，进行补种、浇水、施肥或排水等抗灾措施。

2.GPS在精准农业中的作用

近年来，GPS产业发展很快，一些美国大公司提供了用于农田测量、定传信息采集和与智能化农业机械配套的GPS产品。这类产品动态定位精度一般可达分米和米级，并具有与地理信息系统和农机智能监控装置的通用标准接口。GPS接收机在精准农业中的作用包括精确定位、田间作业自动导航和测量地形起伏状况。为了实现以上功能，GPS接收机需要与农田机械结合，随着农田机械在田间作业，同时进行精确定位、田间作业自动导航和测量地形起伏。目前，在美国和一些欧洲国家已经试用一种新型联合收割机，这种联合收割机的一个重要特点是在机器上安装全球定位系统接收机和地理信息系统。它通过差分GPS系统进行精确定位和高度测量，利用GPS记录与显示联合收割机当前作业位置和土地单位面积产量与微地形起伏状况。由于具有精确的定位功能，农业机械可以将作物需要的肥料送到准确位置，也可以将农药喷洒到准确位置。这不仅有助于提高作物产量，也可以降低肥料和农药的消耗。

3.GIS在精准农业中的作用

地理信息系统可以被用于农田土地数据管理，查询土壤、自然条件、作物苗情、作物产量等数据，并能够方便地绘制各种农业专题地图，也能采集、编辑、统计分析不同类型的空间数据。目前，GIS在标准农业中的应用包括以下两方面。

（1）绘制作物产量分布图。

安装GPS导航仪的新型联合收割机，在田间收割农作物时，每隔1.2 s记录下联合收割机的位置，同时产量计量系统随时自动称出农作物的重量，置于粮仓中的计量仪器能测出农作物流入储存仓的速度及已经流出的总量，这些结果随时在驾驶室内的显示荧屏上显示出来，并被记录在地理数据库中。利用这些数据，在地理信息系统支持下可以制作农作物产量分布图。在产量分布图上描绘出每个地块在空间的分布轮廓和单位面积土地上农作物产量。

（2）农业专题地图分析。

通过GIS提供的复合叠加功能将不同农业专题数据组合在一起，形成新的数据集。例如，将土壤类型、地形、作物覆盖数据采用复合叠加，建立三者在空间上的联系，可以很容易分析出土壤类型、地形、作物覆盖之间的关系。地理信息系统与传统地图相比其最大的优点是能够很快地将各种专题要素地图组合在一起，产生出新的地图。将不同专题要素地图叠加在一起，可以分析出土地上各种限制因子对作物的相互作用及影响，从中可以发现它们之间的关系，如土壤pH与产量的关系。这对于指导农业生产是很有意义的。

4.虚拟现实（VR）技术在精细农业上的应用

VR技术是指创建一个能让参与者具有身临其境感，具有完善的交互作用能力的虚拟现实系统。它为人类观察自然、欣赏景观、了解实体提供了身临其境的感觉，可以利用虚拟现实技术演示农作物受病虫害侵袭的情况、农作物生长的虚拟、农业自然灾害的虚拟现实、土地中残留农药迁移的模拟等。

5.3S技术在精准农业中的综合应用

全球定位系统的优势是精确定位，地理信息系统的优势是管理与分析，遥感的优势是快速提供各种作物生长与农业生态环境在地表的分布信息。它们可以做到优势互补，促进精准农业的发展。具体而言，GPS和GIS结合提供了科学种田需要的定位和定量进行田间操作与田间管理的技术手段。GPS特点是可以确定拖拉机和联合收割机在田间作业中的精确位置。GIS特点是对各种田间数据进行处理和定量分析，二者结合可以提供科学种植需要的定位和定量技术手段，进行田间操作与田间管理。例如，地理信息系统能够根据地块中土壤特性（土壤结构与有机质含量）和土地条件（土地平整度与灌溉），结合GPS接收机提供的位置数据，指挥播种机进行定量播种，播种的疏密程度与土地肥力和土壤质地等作物生长环境相适应。在GIS和GPS指挥下，农药喷洒机可以去病虫害发生地自动喷洒农药。

RS和GIS结合提供了多种数据源，这为建立农田基础数据库奠定了基础。农田基础数据库是农田科学管理的基础。搭载在拖拉机和联合收割机上的地理信息系统可以记录下各种农田操作过程中获得的数据，如作物品种、播种深度、喷洒农药类型、施肥和灌溉及收获产量，同时记录下田间作业时的位置与范围、灌溉量、化肥使用量、农药喷洒量、喷施部位、使用时间和当时天气状况，日积月累，形成农田基础数据库。此外，也可以通过观察将作物生长情况、田间管理措施和生态环境等数据输入数据库。农田基础数据是农业生产辅助决策支持系统的重要科学依据。

第三节 环境遥感应用

一、大气环境遥感监测

由遥感的物理基础可知，电磁辐射的大气传输在遥感中发挥着重要影响，特别是由于大气吸收、折射和散射，导致遥感可用的大气窗口比较少，而且会减弱进入传感器的能量，容易得出大气只能对遥感产生负面影响的结论。事实上，正是大气的这一特性使得遥感监测大气环境成为可能。无论是航天遥感还是航空遥感都会因为大气影响而使信息有所衰减，此传感器接收的信息就会“失真”，这种“失真”信息研究就成为遥感监测大气环境污染的基础。

（一）大气臭氧层

由于臭氧层吸收太阳紫外线而增温，如果臭氧含量多则增温高，反之则低。因此，可用红外波段探测。如用7.75～13.3 μm热红外探测器在卫星上测定臭氧层的温度变化，参照臭氧浓度与温度的相关关系，推算出臭氧浓度的水平分布。美国科学院已探测出在南极有一个臭氧洞，并正在进一步研究其造成的影响。

（二）大气气溶胶

溶胶是指悬浮在大气中的各种液态或固态微粒，通常来说，烟、雾、尘等都是气溶胶。气溶胶本身是污染物，又是许多有毒、有害物质的携带者，它的分布在一定程度上反映了大气污染的状况。

火山爆发、森林或草场火灾、工业废气等具有烟尘和火柱，可直接在遥感图像上确定污染的位置和范围，并根据它们的运动发展规律进行预测、预报。此外，这些污染会形成落尘，在低空漂浮，可以通过探测植物的受害程度间接分析或降雪后探测雪层光谱变化和污粒含量。

（三）大气有害气体监测

有害气体通常是指人为或自然条件下产生的二氧化硫、氮化物、乙烯、光化学烟雾等对生物有害的气体。对它们的研究通常采用间接解译标志进行，即用植物对有害气体的敏感性推断某地区大气污染的程度和性质。植被受到污染后，对红外线的反射能力下降，颜色、形态、纹理及动态标志都不同于正常植被，如在彩红外图像上颜色发暗、树木郁闭度下降、树冠径围减小、植被个体物候异常、植被群落演替异常等，利用这些特点就可以分析污染情况。

有害气体在微波波段也具有特征吸收带。例如，CO_2在2.59 mm波长处有吸收带，N_2O在2.4 mm处有吸收带。探测不同吸收带可以识别毒气的种类和性质，但这种探测效果还需进一步研究改善。

此外，在对城市大气有害气体的监测过程中，要结合环境监测站点的资料进行分析，以获取定量化的大气污染指标。

二、生态环境的遥感监测

生态环境遥感包括自然生态环境遥感和城市生态环境遥感，本章节主要侧重于自然生态环境监测的内容。自然生态环境遥感监测的主要内容包括土地利用/土地覆盖监测、植被监测、湿地监测、荒漠化监测、生态环境综合评价等。对于土地利用、荒漠化和水土流失的遥感监测，前面已经做了一定的论述，本节以具体的实例主要探究植被监测、湿地监测和生态环境综合评价。

（一）湿地遥感监测

湿地是地球上最重要的生态系统之一，具有很高社会效益、经济效益和科学研究价值。然而，由于各种自然因素和人为因素的影响，越来越多的湿地转化为农业用地和城市用地，这种湿地质量和数量的变化已引起人们的广泛关注。湿地是人类赖以生存的三大生态环境（湿地、森林、海洋）之一，保护和恢复湿地是目前世界上一个重要的研究课题。随着全球人口的持续增长，对土地利用提出了更高的要求，湿地资源面临巨大压力，需要对这一有价值的生态系统进行科学的管理和保护，采用新技术、新方法，实时、动态监测其变化。在这方面，遥感技术扮演着一个重要的角色。

遥感技术具有观测范围广、信息量大、获取信息快、可比性强等优点，近20年来已广泛用于湿地资源调查、识别等研究中。而我国对湿地保护的研究起步相对较晚，加强湿地的遥感监测研究，准确掌握各类湿地的分布状况及动态变化趋势，为湿地的保护、管理和退化湿地的生态恢复提供科学决策依据，从而实现湿地资源的可持续发展。为此，有必要了解国内外基于遥感的湿地监测技术，以促进我国在这一领域的发展。湿地时空格局演变是指在时间维上湿地空间格局的变化情况，是建立在新的调查、监测手段（新的数据获取、处理工具）的出现和发展上。3S技术，即地理信息系统（GIS）、全球定位系统（GPS）、遥感技术（RS）是目前对地观测系统中空间信息获取、存储管理、更新、分析和应用的三大支撑技术。

土地利用是自然基础上的人类活动的直接反映，土地利用特征具有显著的空间特点和时间特点，通过遥感技术能快速获取周期性土地利用数据和GIS的强大的空间分析功能，为重现土地利用空间信息奠定了坚实的基础。景观空间格局与动态演变分析是景观生态学研究的核心之一，景观格局变化主要表现为土地利用/土地覆盖变化，其实质上是土地利用格局动态变化、土地利用动态变化，是人类为满足社会经济发展需要，不断调配各种土地利用的过程，反映了人类利用土地进行生产、生活活动的发展趋势。

（二）生态环境综合评价

可持续发展是目前国际社会积极倡导并努力实施的长远目标。从1992年联合国首次召开的人类环境与发展大会，到近年频频举行的与生态环境有关的国际学术活动，均表明了这一点。但是，随着人口的增长和社会经济的快速发展，生态环境的退化已经悄然出现，明显地影响到社会经济的可持续发展。虽然自20世纪90年代以来，国内外对生态环境退化而引起的脆弱生态环境展开了广泛而深入的研究，得出了许多重要的结论，但关于生态环境脆弱度的定量评价目前尚处于起步阶段。

在生态环境脆弱度的定量评价中，所选用的方法主要有模糊综合评判法、综合指数法等，所选用的指标则涉及脆弱生态环境的成因和表现特征的各个方面，如地质、地貌、气候、水文、植被、土壤、灌溉、垦殖、资源、工农业现代化水平、人均GNP、恩格尔系数、人口素质等，多的可达十几个甚至几十个。事实上，这些方法本身存在着一定的缺陷，如模糊综合评判法需要对每个指标人为地给定一个权数，并且由于指标数量多，无法突出主要指标的作用，同时增加了评价工作量。此外，它采用取小取大的运算法则，还会使一些有用的信息遗失，并且评价指标越多，遗失的有用信息也越多，误判的可能性也就越大。生态环境综合评价是综合应用遥感技术对区域（或流域、城市）的各项生态环境指标与因子进行监测、反演，以实现对生态环境现状的调查，为生态环境治理提供决策依据。

土地利用/覆被变化（LUCC）已经成为全球变化研究的前沿和热点课题，LUCC改变了全球生态系统格局与结构，对区域生态风险起着决定作用。研究区域生态风险就是对生态系统的资源生产能力及服务价值下降、生态环境污染和退化给社会再生产造成的短期和长期不利影响（损失）和不确定性的评价。随着土地利用不断向纵深发展，其程度和复杂性随之增加，并由此产生更复杂的土地利用格局和功能的演变过程，如土壤性质、地表径流与侵蚀等，进而影响到区域土地利用格局的生态安全状况。因此，基于土地利用格局的生态风险研究对区域生态安全的维护和保障极为重要，已成为国内外学者关注的热点问题之一。虽然基于土地利用的生态风险做了一定的研究，但对于大城市，特别是城市化进程较快的流域区域，相关研究还不多见，尤其东北地区则更显稀少。

三、沙漠化遥感监测

沙漠化（Desertification）是由于干旱少雨、植被破坏、大风吹蚀、流水侵蚀、土壤盐渍化等因素造成的大片土壤生产力下降或丧失的自然（非自然）现象，有狭义和广义之分，起源于20世纪60年代末70年代初非洲西部撒哈拉地区连年严重干旱造成的空前灾难，“荒漠化”名词于是开始流传。荒漠化最终结果大多是沙漠化，中国是世界上荒漠化严重的国家之一。

荒漠化是当今全球关注的一个重大社会、经济和环境问题，它严重威胁人类的生存，阻碍资源、环境、社会和经济的可持续利用与发展。《联合国防治荒漠化公约》明确指出，荒漠化是指包括气候变异和人类活动在内的种种因素造成的干旱、半干旱和亚湿润干旱地区（湿润指数在0.05～0.65）的土地退化。

荒漠化包含了三层含义：一是造成荒漠化的原因，既有自然因素，又有人为因素；二是荒漠化的范围，是指年降水量与蒸发量之比在0.05～0.65的地区；三是表现形式，包括土地盐渍化和盐碱化、土地沙化、草场退化、水土流失等。

自然因素包括干旱（基本条件）、地表松散物质（物质基础）、大风吹扬（动力）等。

人为因素既包括来自人口激增对环境的压力，又包括过度樵采，过度放牧，过度开垦，矿产资源的不合理开发，以及水资源不合理利用等人类的不当活动。

人为因素和自然因素综合地作用于脆弱的生态环境，造成植被破坏，荒漠化现象开始出现和发展。荒漠化程度及其在空间扩展受干旱程度和人畜对土地压力强度的影响。荒漠化也存在着逆转和自我恢复的可能性，这种可能性的大小及荒漠化逆转时间进程的长短受不同的自然条件（特别是水分条件）、地表情况和人为活动强度的影响。

（一）荒漠化监测

荒漠化监测是人类采取某些技术和手段对全球或某一地区的土地退化现象进行定期或不定期的观测。

通过荒漠化监测，可以及时、准确地了解和掌握荒漠化土地的现状、动态变化、发展趋势、危害及其防治效果所需要的信息，向各级政府的计划部门提供宏观决策的依据，为防治荒漠化及防沙治沙的政策、计划和规划的制订和调整，保护、改良和合理利用国土资源，实现可持续发展战略等提供基础数据。同时，荒漠化监测也是履行《联合国防治荒漠化公约》，开展国际交流与合作的需要。

1.荒漠化监测的内容

荒漠化监测的对象主要是与荒漠化的特征、范围及与消长等密切相关的荒漠化组成或影响因素，其监测内容可以归纳为土壤、植被、水文、地质和地貌、气候和气象、社会经济状况六个方面。

（1）土壤监测。

土壤监测包括土壤类型、土层厚度、土壤结皮、土壤质地、土壤结构、土壤pH、土壤含水率、土壤含盐量、土壤有机质含量、土壤营养元素含量和土壤风蚀量等。

（2）植被监测。

植被监测包括植被类型、生产量、指示性植物、盖度、分布等。

（3）水文监测。

水文监测主要是指对地表水分布与变化、地下水分布与水位变化、水源补给能力、沼泽化程度、排水能力等的监测。

（4）地质和地貌监测。

地质和地貌监测内容包括地貌类型、坡向、侵蚀与切割程度、土壤含水量、基岩出露与类型、沉积物质等。

（5）气候和气象监测。

气候和气象监测包括日照时数、无霜期、温度（平均温度、极端温度、积温）、湿度、风（平均风速、起沙风速、沙尘暴、风向）降水（平均降水量、降水变率、大雨或暴雨）、蒸发等。

（6）社会经济状况监测。

社会经济状况监测包括土地利用状况（农林牧业、灌溉方式、耕作方式、城市化、旅游、开矿活动、工程建设项目等）、土地利用强度（土地利用率、土地生产力、人口密度、载畜量、土地垦殖率等）、能源条件、交通条件、人民生活水平、受教育程度等。

2.荒漠化监测方法

荒漠化监测可以分为地面监测、空中监测和卫星监测三种方法。地面监测又称人工监测，后两种方法又称遥感监测。

（1）人工监测。

地面采样技术主要是通过人工地面观察、测量和建立生态监测站的方法进行。人工方法的优点是能够提供详细的信息以及较精确的测定结果，其结果可验证飞机和卫星提供的大部分遥感数据的准确性。人工方法的缺点是需要动用大批人力、物力，时间长、进度慢、受主观影响较大。

（2）遥感监测。

荒漠化的遥感监测是根据确定的荒漠化土地程度分级及监测判读标志，利用不同时期遥感影像，结合野外考察，进行动态分析和判读。

（二）荒漠化监测的技术体系

荒漠化监测采取定位监测站、重点监测区与一般监测区相结合，遥感、全球定位系统、地理信息系统和专家预测预报系统等高新技术综合应用的技术路线，对荒漠化状况进行高效、准确、及时、长期的动态监测和对比分析。荒漠化监测技术体系是以3S技术为核心的技术体系，RS技术提供信息，GIS技术的存储、分析、表达、输出等功能贯穿始终。根据我国各级行政区划的技术和经济状况，目前比较可行的监测技术体系从下至上分为定位监测站、县级、地区级、省级和国家级监测，其方式为地面调查和3S技术相结合。

（三）全球定位系统与荒漠化监测

鉴于发生荒漠化的地理区域面积广大，遥感技术（遥感监测）和抽样技术（地面监测）是荒漠化监测中采用的主要方法。为准确获取荒漠化土地面积的动态变化数据，设立固定样地进行连续观测是较为可靠的方法。GPS是荒漠化监测中主要的样地定位手段，它能全天候实时确定所在地点的大地坐标，并导航至目的地。

（四）地理信息系统与荒漠化监测

荒漠化是一个空间现象，而GIS从广义上说，是存储和处理与地理空间分布有关信息的集合。GIS的分析功能为空间相互关系及模型的建立提供了可能，GIS的空间数据管理功能促进了多源数据的全面综合，GIS强大的制图能力可以满足荒漠化制图的需要，这些都为荒漠化评价提供了条件。将荒漠化环境参数按空间分布特点输入计算机，建立荒漠化空间数据库，可有效地存储和管理数据，进行信息的查询、检索、更新、分布和预测，为荒漠化全面规划、管理决策、动态监测与评价、综合治理提供资料和动态信息。

（五）沙漠化的一般解决措施

①保护现有植被，加强林草建设。在强化治理的同时，切实解决好人口、牲口、灶口的问题，严格保护沙区林草植被。通过植树造林、乔灌草的合理配置，建设多林种、多树种、多层次的立体防护体系，扩大林草比重。在搞好人工治理的同时，充分发挥生态系统的自我修复功能，加大封禁保护力度，促进生态自然修复。由于飞播具有速度快、用工少、成本低、效果好的特点，对地广人稀、交通不便、偏远荒沙、荒山地区恢复植被意义更大。

②在荒漠化地区开展持久的生态革命，以加速荒漠化过程逆转。关键是合理调配水资源，保障生态用水。如不合理的水资源调配制度，是造成我国西北河流缩短、湖泊萎缩甚至干涸、地下水位下降、土地荒漠化的直接原因。

③不断提高人口素质。通过开展环保意识的宣传教育，提高全民族的思想认识水平。关心、爱护环境，自觉地参与改造和建设环境，形成全社会的风尚。同时，国家要有计划地对局部荒漠化非常严重、草地和耕地几乎完全废弃、恶劣的自然环境已经不适于人类生存的地区实行生态移民。

④扭转靠天养畜的落后局面，减轻对草场的破坏。要落实草原承包责任制，规定合理的载畜量，大力推行围栏封育、轮封轮牧，大力发展人工草地或人工改良草地，舍饲畜牧业。加快优良畜种培育，优化畜种结构。

⑤加快产业结构调整，按照市场要求合理配置农、林、牧、副各业比例，积极发展养殖业、加工业，分流农村剩余劳动力，减轻人口对土地的压力。还可利用荒漠化地区蕴藏着的多种独特资源，如光热、自然景观、文化民俗、富余劳动力等资源优势开发旅游、探险、科考产业等。

⑥优化农牧区能源结构，大力倡导和鼓励人民群众利用非常规能源，如风能、光能、

沼气等能源，以减轻对林、草地等资源的破坏。

⑦做好国际履约工作的同时，加强防治荒漠化的国际交流与合作，争取资金与外援。

防沙治沙，事关中华民族的生存与发展，事关全球生态安全。当前，要落实上述目标，既需要全社会的广泛参与，更需要从制度、政策、机制、法律、科技、监督等方面采取有效措施，处理好资源、人口、环境之间的关系，促进荒漠化防治工作的有序发展。

四、土壤侵蚀遥感监测

（一）土壤侵蚀

土壤侵蚀是指在水力、风力、冻融、重力、人为活动等内外力共同作用下，土壤、土壤母质及其他物质被破坏、分散、剥蚀、搬运和沉积的全部过程。土壤侵蚀会导致土壤退化、土地生产力降低及生态环境恶化等一系列问题，严重影响社会经济的健康发展以及自然环境的生态平衡。而且，人口膨胀、经济高速及土地利用强度的持续加大，迫使土壤侵蚀现象日益严峻。土壤侵蚀及其导致的水土流失已是全球生态环境问题之一，在全世界范围内引起了高度的重视。

土壤侵蚀是降雨、地形、植被、土壤、土地利用、人类活动等众多因素共同作用的结果。由于自然因素的时空分布不均及人类活动的复杂性和不确定性，土壤侵蚀过程呈现非线性发展的特征。而土壤侵蚀模型能够基于土壤侵蚀的过程和机理开展相关研究，对于土壤侵蚀的定量研究和有效预报具有重大意义。同时，土壤侵蚀模型也是评估水土保持措施效益的有效手段，对推动土壤侵蚀综合防治及环境效应评价、促进水土保持管理工作科学化和定量化来说尤为关键。

（二）土壤侵蚀的类型

土壤侵蚀是地理环境诸因素相互作用和相互制约的结果。土壤侵蚀判定涉及侵蚀营力、方式、形态及下垫面性质等条件，因而应有统一的分类系统，根据水土流失特点和自然条件区域分异特征，按遥感监测技术规程要求，侵蚀类型采取两级划分法：一级类型主要依据起主导作用的侵蚀外营力类型与性质划分，如水力、风力、冻融等；二级类型采用侵蚀强度为指标划分，构成土壤侵蚀类型组合分类系统。

1.水力侵蚀

在降水、地表径流、地下径流的作用下，土壤、土体或其他地面组成物质被破坏、搬运和沉积的过程，即为水力侵蚀，简称水蚀。水力侵蚀广泛分布于坡面和沟壑，是土壤侵蚀的基本形式，它与降雨量的多少、降雨强度的大小、地面坡度的陡缓、土壤结构的好坏、地面植被的疏密等因素有关。降雨多、强度大、坡度陡、土质松、植被稀，水力侵蚀就严重；反之，则轻微。根据水力作用于地表物质形成不同的侵蚀形态和景观，水力侵蚀可进一步分为溅蚀、面蚀、沟蚀、潜蚀等。

我国地域辽阔，自然条件复杂，各地区成土速率不同，水力侵蚀相应划分为西北黄土高原区、东北黑土地区、北方土石山区、南方红壤丘陵区和西南土石山区五个二级类型区。

2.风力侵蚀

在气流冲击作用下，土粒、沙粒或岩石碎屑脱离地表被搬运和堆积的过程叫风力侵蚀，简称风蚀。由于风速和地表组成物质的大小和质量不同，风力对土、沙、石粒的吹移搬运出现扬失、跃移和滚动三种运动形式。此类风蚀在我国北方地区比较严重，原因就在于土质疏松、气候干燥、风力较大，特别在强风季节，刮蚀表土、损坏青苗、土地沙化或落沙、流沙压盖农田，形成沙垄、沙丘和沙坡，出现小面积沙漠化。

3.重力侵蚀

地面岩体或土体物质在重力作用下失去平衡而产生位移的侵蚀过程叫作重力侵蚀。如山坡和陡崖的岩石或土体在自身重力作用下，失去稳定而产生位移。根据其形态分为崩塌、崩岗、滑坡、泻溜等。

4.冻融侵蚀

在高寒区由于寒冻和热融作用交替进行，使地表土体和松散物质发生蠕动、滑塌和泥流等现象，这些由于地表温度变化而冻融交替所产生的土壤侵蚀过程叫冻融侵蚀。

5.工程侵蚀

工程侵蚀是指伴随资源开发和经济建设行为所造成的土壤侵蚀现象，主要是指如开矿、采石、筑路等工程建设产生的弃土、尾砂、矿渣等产生的土壤侵蚀。

（三）土壤侵蚀的监测方法

遥感监测以卫星遥感数据（Landsat TM影像）为信息源，提取广域、多时相、多光谱、具有事实依据的地表信息作为解译背景值。以GIS地理信息软件为交互式技术平台，通过GPS空间定位，并与技术成果和观测资料相结合，进行土壤侵蚀强度类型的综合评价，根据3S技术在土壤侵蚀模型的应用可以分成三种：一是以GIS为工具，利用GIS提取模型所需因子，然后按照模型要求，利用GIS图形运算和地图代数运算，最后得到计算结

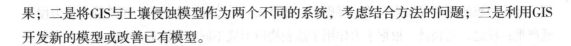

果；二是将GIS与土壤侵蚀模型作为两个不同的系统，考虑结合方法的问题；三是利用GIS开发新的模型或改善已有模型。

1.基于GIS的土壤侵蚀判读方法

遥感监测以微机环境下地理信息系统GIS软件为操作平台，GIS软件选用工具软件ARC/INFO，其强大的数据编辑、查询统计和空间分析功能可以支持复杂的图形库和属性库管理。ARC/INFO主模块用于图形操作、查询管理等基本GIS功能，扩展模块包括表面分析模块（TIN）、栅格分析、处理模块（GRID）、网络分析模块（NETSWORK）、扫描矢量化模块（ARCSCAN）、数据库管理模块（ARCSTORM）、数字测量和工程制图模块（GOGO）及图形输出模块（ARCPRESS）等。

GIS平台可为土壤侵蚀数字解译提供全程解决方案，包括专题图层的数字化和标准化处理、坐标转换、图形配准、叠置分析以及基于专家知识创建CIS解译模型，进行土壤侵蚀强度级别的自动解译，并对解译成果进行复合集成、数据库管理和可视化输出。

2.RS-GIS集成卫星影像解译方法

以GIS视窗软件ARCVIEW为操作环境，对TM影像数据进行目视解译，提取具有事实依据的现势性信息，用于土地利用和土壤侵蚀强度判定，是遥感监测的重要内容。

具体应用遵循如下原则：一是遥感资料与地学资料相结合，通过卫星影像与地学资料的特征对比，建立侵蚀要素解译标志，指导内业解译；二是综合分析与主导分析相结合，既要突出土壤侵蚀主导因子，又要兼顾各要素之间相互作用、相互制约关系；三是分层分类判读，对参与判读各要素按统一规程编辑数据词典，提取到GIS环境下生成不同专题的数字图层；四是内业判读与野外验证相结合，内业判读成果需经野外校核，以验证其准确性；五是对比分析方法，对遥感影像不同时相的光谱特征进行对比，作为景观判读的辅助指标，对遥感影像不同时期的物理差异进行对比，以判断环境要素及其作用于土壤侵蚀的动态变化。

3.3S集成的土壤侵蚀解译

RS、GIS、GPS在水土保持工作中的应用取得成功，使水土保持工作从传统的定性分析发展为定性、定量和定位分析，从单一要素分析过渡到多要素、多变量综合分析，从静态分析发展到动态研究，极大地推动了水土保持事业的发展。

3S 不是 GPS、GIS、RS 的简单组合，而是将其通过数据接口严格地、紧密地、系统地集合起来，使其成为一个更具有应用价值的大系统。目前，两两结合的系统相继应用，为3S 集成积累了丰富的经验。如土壤侵蚀的遥感调查工作就是联合应用 RS 及 GIS 技术手段，采用人机交互方式，以多专题综合分析方法实现全国土壤侵蚀状况的快速调查，初步查清了我国水土流失类型、强度的分布与面积。交通、公安及消防等导航技术是GPS与GIS的联合应用，也是较为普及、易于实现的集成，把GPS接收的数据在GIS的电子地图上显示，方便地告诉用户当前所在的位置、速度及行走的路线，指引用户完成自己的任务。它在水土保持领域可建成实时监测系统，可以测定防护林、地块的位置，计算其周长、面积、体积、坡度等要素，也可在GIS图中将水土保持设施一一标出，为水土保持工作提供便利。

为实现21世纪人口、资源、环境的协调发展，需要对大量的数据进行及时的处理、分析，以便对问题及时作出决策，显然单“S”已不能很好地适应水土保持形势发展的要求，必须进行“3S”集成应用。

4.基于USLE方程的定量监测

传统的土壤侵蚀监测方法是采用野外定位观测，这种方法只能从点的观察和测量记录着手，把它连接成线，再延展到面，归纳形成宏观的区域概念，即从局部到整体，从微观到宏观，这需要较长时间的数据积累和处理过程，这一过程往往落后于自然变化过程的周期。所以，在缺乏强有力的空间规划决策支持工具和适时的信息收集手段时，往往会造成预测结果的随意性、不确定性和滞后性。

3S技术的突出特点使其在具有时空特征的土壤侵蚀研究中得到了越来越广泛的应用。一些与3S技术相结合的土壤侵蚀模型已广泛应用于实践。

五、水环境污染遥感监测

（一）水环境污染

水环境是遥感应用的一个主要领域。在江河湖海的各种水体中，随着工农业生产的发展，其受污染的程度不断加重。水环境污染主要包括生活污水污染、泥沙等悬浮固体污染、石油污染、重金属污染、富营养化污染和热污染等。

1.水污染监测

生活污水多为混合型污水，其水体为黑褐色，影像呈黑色。在工业污染中，一般分有色透明和无色透明两类，前者图像上视污水的色度不同而深浅各异；后者图像上与无污染纯水色调类似。有色和无色浑浊工业废水图像上均呈现一定的色调，应根据污染物、水色、排污口及取样等具体情况加以分析。另外，水体污染单凭水温有时难以区分，还应分析其排污水的物质成分及其污水颜色，其反映在图像上往往复杂多变。因此，需视水污染的具体状况，采样对比方法来鉴别其污染体。

2.泥沙污染监测

水体悬浮固体（如泥沙）含量与水中散射光的强度有密切关系，含沙量多、混浊度大的水体有较大的散射强度。利用波长0.65～0.85 μm的图像，对水体悬浮泥沙浓度的识别分类较为理想。

3.石油污染监测

石油污染是港口海面常见的一种污染现象。由于油膜与水面存在辐射温度差，油膜反射率比水体高，故在卫星图像上呈浅色调。在热红外图像上，因油膜发射率远低于水体，故呈深色调。可见，利用多光谱图像能有效地监视港湾和海面的石油污染。

4.固体漂浮物监测

凡是漂浮在水面的动植物残骸、矿渣、灰烬都可当作垃圾。一般垃圾随流水漂浮，目标分散、体积很小，不足以形成污染。但当漂浮垃圾在回水区、静水区集聚，腐烂发酵使水质变质时就会造成污染，用航空摄影很快就可以发现垃圾集聚的地区、分布的面积，并估算垃圾的数量。

5.水体富营养化

生物体所需的磷、氧、钾等营养物质在湖泊、河流、海湾等缓流水体中大量富集，引起藻类及其他浮游生物迅速繁殖、水体溶解氧含量下降、水质恶化、鱼类及其他生物大量死亡的现象叫作水体富营养化。当水体出现富营养化时，由于浮游植物导致水中的叶绿素增加，使富营养化的水体反射光谱特征发生变化。

①水体叶绿素浓度增加，蓝光波段的反射率下降，绿光波段的反射率增高。

②水面叶绿素和浮游生物浓度高时，近红外波段仍存在一定的反射率。

进行水体富营养化解译应选择红外波段或者是红外与可见光波段的组合。在红外影像上富营养化水体不呈黑色，而是灰色，甚至是浅灰色；在彩色红外影像上，富营养化水体呈红褐色或紫红色。

水温探测：水体的热容量大，在热红外波段有明显特征。白天，水体将太阳辐射能大量地吸收储存，增温比陆地大，在遥感影像上表现为热红外波段辐射低，呈暗色。在夜间，水温比周围地物温度高，辐射强，在热红外影像上呈高辐射区，为浅色。因此，夜间热红外影像可用于寻找泉水，特别是温泉。根据热红外传感器的温度定标，可在热红外影像上反映出水体的温度。

（二）水环境信息管理系统

水环境信息管理系统从整体结构来讲，主要包括三个方面，即水环境信息数据库、水环境信息数据库的维护及水环境信息的网络发布。由于水环境信息中有大量的空间信息，GIS技术在水环境信息系统中便发挥独特的功能，主要包括图形库的采集、编辑、管理、维护、空间分析及Web发布等。

1.系统中的水环境信息

从数据内容来看，水环境信息系统中的信息主要包括以下几个方面。

（1）水质监测站信息。

水质监测站信息包括测站名称、测站编码、测站类别、测站坐标、水文分管站、水系、河名、监测河段、流入何处、至河口距离、断面名称、测站运行情况、始监测时间、监测单位等信息。

（2）水质标准与指标信息。

水质标准与指标信息包括根据地面水环境质量标准，将地表水体按照水质划分为五级水质指标信息，其主要包括了这五类水的每项水质指标的标准上限、标准下限、指标数值上限、指标数值下限、参考标准、分级。

（3）水质动态监测信息。

水质动态监测信息包括历史监测数据和实时监测数据。

（4）水质综合评价信息。

水质综合评价信息包括如水质级别、超标物及超标倍数等。

（5）水质特征值统计信息。

水质特征值统计信息主要是指按月、季度、年等时间范围对水质指标进行统计得到的数据，如指标的实测范围、超标率、检出率、实测范围（最大值、最小值）等。

（6）背景信息。

背景信息包括水系信息，如河流分布、水库分布、湖泊分布；行政区划信息，如省级行政区划界、市县级行政区划界、流域界、社会经济数据等。

（7）其他信息。

其他信息包括排污口、面污染等，水利部、国家生态环境部等发布的与水环境相关的法律法规、标准等。

从数据的格式来分，包括空间图形数据与非图形数据。空间图形数据一般以GIS格式存储与管理，其他数据以二维数据表的形式放入关系数据库中进行统一管理。

2.水环境信息数据库的设计与建设

数据库设计是信息系统建设的关键。水环境数据库是比较复杂的。首先，水环境数据是多维的。对于每一个水质监测数据，都有个时间戳，记录了数据采集的时间。同时，每个数据还有个地理戳，记录了数据采集的具体位置。这样，时间维、空间维和各个主题域（水质指标）一起构成水质多维数据。其次，水环境数据是有粒度的。水质监测原始数据在采样时间上精确到分钟（采样时间），在取样位置上又精确到测点（测站、断面、测线、测点）。因此，数据量是很庞大的，为了方便更好地查询和分析数据，需简要对原始监测数据进行综合，按时间形成不同粒度的数据。

（1）关系数据库。

①数据库描述。

数据库描述是对数据库的内容、结构概况、资料来源、管理平台等有关数据库的基本信息进行概括性的描述。

②代码设计。

代码设计包括水质监测站编码、水文分管站编码、流域编码及行政区划编码等。如果已经有国家或行业统一标准规范的，应该尽量依据这些标准与规范对这些测站信息进行统一编码，便于数据交换与共享。

③数据库管理平台。

目前，可供选用的数据库管理系统平台较多，从小型数据库管理软件如Foxpro、Access，到大型数据库管理平台如Oracle、SQL serve等。

④数据字典。

数据字典是数据库的重要组成部分之一。数据字典里存有用户信息、用户的权限信息、所有数据对象信息、数据表的约束条件、统计分析数据库的视图等。数据字典中最基础的信息是所有数据表中所有字段的名称、解释和标识等。

⑤数据库表结构。

根据关系数据库的设计规范，每个数据表都有自己的关键字段，相关数据表之间的关键字段作为连接纽带。

（2）图形库。

①图层内容。

按照图形数据的内容以GIS数据格式分层组织，主要包括以下一些图层：

a.水系：河流（双线河面状、单线河线状）、湖泊（面状）、水库（面状）。

b.行政区划：省级行政区划界（面状）、市县级行政区划界（面状）。

c.流域：流域界（面状）。

d.地名：省会所在地、市区驻地、县级驻地、乡镇驻地及其他，均为点状要素。

e.水质监测站：水质监测站点位置。

f.其他。

每个图层除了图形要素外，都有自己的注记层，如河流名、水库名、水质监测站名等。

②GIS平台。

选用适当的GIS系统处理图形数据，包括图形的输入、编辑、管理、维护、空间分析、专题制图、输出等。选用的GIS系统要具备较好地与其他GIS系统进行数据交换的能力。

（3）水环境信息系统维护。

水环境信息数据库包括关系数据库与图形数据库，相应的维护系统也主要由两部分组成，即数据库维护子系统（指关系数据库）与图形库维护子系统（空间数据库）。

（4）水环境信息系统Web发布。

在水环境信息系统中，由于绝大多数水环境信息如水体质量信息、污染源信息及与水环境有关的自然地理、社会经济信息等都是与空间地理位置相关的信息，引进以空间信息处理和分析见长的GIS技术是必然的，建立一个基于WebGIS、运行于Internet上的水环境信息系统可极大地方便用户通过Internet方式图形化地浏览、查询、操作和分析各类水环境相关信息，将为水环境管理决策提供科学依据。此外，基于WebGIS的水环境信息系统为水环境的信息共享提供技术支持，并有利于公众及时了解周边环境质量状况，监督污染物治理，以便环境管理。

六、灾害遥感

（一）洪涝灾害遥感监测

我国是世界上暴雨洪水频繁的国家，防洪减灾是我国一项艰巨而持久的任务。遥感技术是防洪减灾的重要技术手段，可以对洪涝灾害进行实时监测、预测和评估，为制定防洪减灾对策提供可靠的依据。

洪灾遥感中所使用的遥感信息包括NOAA/AVHRR、Landsat TM/ETM+、SPOT、气象卫星、RADARSAT和其他雷达影像数据及航空遥感影像等。气象卫星提供超短期航天遥感资料，用于监测洪水，有很大的潜力，特别是在暴雨洪水时天空为云层覆盖，应用气象卫星加雷达网可以进行监测。高时相分辨率NOAA影像虽然地面分辨率较低，但具有昼夜获取信息的能力，能够记录洪水发生、发展的过程。TM和SPOT图像具有多波段多时相的特点，分辨率适中，可有效获取地面覆盖信息和洪水信息，是洪水淹没损失估算、模拟分析的有效资料。机载侧视雷达可全天候获取洪水动态信息，是洪峰跟踪、实时监测的最

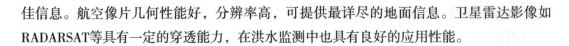

佳信息。航空像片几何性能好，分辨率高，可提供最详尽的地面信息。卫星雷达影像如RADARSAT等具有一定的穿透能力，在洪水监测中也具有良好的应用性能。

1.河口动态监测

河口是具有周期性动态特征的自然环境综合体。卫星影像全面地记录着它的形态特征及结构信息，能直观地显示各种河口峰的形态。河口变化包括河口平面形态的变化、水沙运动变化及滩槽冲淤变化。本小节着重论述平面形态变化和水沙运动变化遥感监测的技术方法。

（1）河口平面形态变化。

河口平面形态是指水陆交界线所形成的水面形状。对于潮汐河口而言，由于受潮汐的影响，水陆边界线处于不断变化之中。但在河口区，由于受人类活动的影响，近岸滩涂被围垦筑堤，形成堤岸线。为了防止围内不受海水入侵，堤岸高程都在高潮水位之上。对于一些没有筑堤的河口，则可以用大潮高潮时的水陆边界线定为岸线。因此，监测河口平面形态的变化，实质上是监测河口岸线的变化。

（2）水沙运动变化。

河口水沙运动的变化因受径流、潮汐、风及地形边界等动力因素的相互作用和影响而显得十分复杂。长期以来，运用水动力学、水文学、动力地貌学研究河口水沙运动规律，这是传统的方法。利用长系列的卫星遥感信息监测分析水沙运动的时空变化同样需要上述的理论作为指导，充分发挥遥感影像信息的宏观性、综合性、时效性和空间连续性的优势，结合常规的水文泥沙实测数据，监测一段时期内水沙运动过程因地形边界的改变（如河口围垦工程、河口整治工程和航道、港口变化，揭示和发现河开发工程等），而使水沙运动及水动力结构改变。

2.河势动态监测

河势是指河道在水流的作用下形成的主河槽走向及发展趋势，是研究河道整治的重要依据。归顺的河势形态，有利于河道的行洪排沙；不归顺的河势形态，将严重影响河道整治工程及堤防安全，甚至在汛期遭遇大洪水时发生堤防决溢。

由于遥感图像数据覆盖范围广、数据重复周期短、运行成本低等诸多特点，特别适宜监测像黄河下游这样的宽长型河道。

基于遥感影像监测河势的技术内涵主要是通过对获得的遥感数据进行处理，在专业图像处理软件的支持下，结合一定的野外调查的技术手段，完成河势等相关信息的提取和解译结果的精度修正。

3.水库库容动态监测

修建水库能调节天然径流以满足防洪、水力发电、灌溉用水、水产养殖等综合利用的需求，而水库的调节性能又与水库的面积和容积有着直接关系。因此，水库的面积曲线和容积曲线是水库的两项重要特性资料。

应用卫星遥感技术复测水库库容曲线，关键在于水位与水面面积关系的推求。由于水体在近红外波段上是充分吸收的，图像上反映为黑色，而陆地、植被等地物是强漫射反射物体，都不同程度地反射近红外波段，足以形成与黑色水面的强烈反差，这就为识别水体面积提供了极其有利的条件。因此，只要收集到不同水位条件下的卫星资料及同步的实测库水位资料，用计算机分别求出各水位的水面实际面积，根据这些对应关系，即可绘出水位—面积曲线，从而准确推算水位—库容曲线。

（二）地质灾害遥感监测

常见的地质灾害主要包括地壳变动类（火山爆发、地震）、岩上位移类（崩塌、滑坡、泥石流）、地面变形类（地面沉降、地裂缝、省溶塌陷、采矿塌陷等）和其他灾害（如地下煤层自燃、冻裂等）。

滑坡、泥石流遥感解译的主要内容包括：定性识别滑坡、泥石流；微地貌结构解译；灾害体要素估算；灾害特点分析与形成机理探讨；灾情调查损失评估。遥感应用于滑坡、泥石流调查的主要方法包括基于目视特征的直接解译法、应用多时相遥感资料的动态对比法和遥感信息综合分析法。

应用遥感监测地面沉降目前主要从两方面开展：一是对地面沉降范围的确定；二是对地面沉降范围和程度（沉降值）的确定。目前，较多采用能够确定地面变形/沉降值的遥感监测方法，同时确定范围和程度，如基于SPOT5立体像对建立数字地面模型。发现地面沉降，利用干涉合成孔径雷达（INSAR）监测地面沉陷是一项极具发展前景的技术，也是目前研究的热点。

（三）火灾遥感监测

目前，大多是利用对地观测卫星对火灾进行监测，主要集中在对森林火灾的监测方面。通常用于林火监测的主要有热红外数据、TM数据、MODS和NOAA/AVHRR气象卫星数据。火灾监测实际上是对卫星观测到的下垫面高温目标的识别。气象卫星用于林火监测时覆盖面积大，发现火灾及时，而且能记录火灾发生、发展的整个过程，具有敏感度高、时效好、速度快、成本低的优点。Landsat TM影像能监测林火温度很高的特大林火灾害，T6（9.8 ~ 12.6 μm）在夜间能提供热图像，对暗火、残火有一定的探测作用。

参考文献

[1] 张雷，金建平，解国梁.建筑工程管理与材料应用[M].长春：吉林科学技术出版社，2022.

[2] 戚军，张毅，李丹海.建筑工程管理与结构设计[M].汕头：汕头大学出版社，2022.

[3] 胡凌云.建筑工程管理与工程造价研究[M].长春：吉林科学技术出版社，2022.

[4] 杨方芳，李宏岩，王晶.建筑工程管理中的BIM技术应用研究[M].北京：中国纺织出版社，2022.

[5] 万连建.建筑工程项目管理[M].天津：天津科学技术出版社，2022.

[6] 张迪，申永康.建筑工程项目管理（第二版）[M].重庆：重庆大学出版社，2022.

[7] 赵军生.建筑工程施工与管理实践[M].天津：天津科学技术出版社，2022.

[8] 肖义涛，林超，张彦平.建筑施工技术与工程管理[M].北京：中华工商联合出版社，2022.

[9] 林环周.建筑工程施工成本与质量管理[M].长春：吉林科学技术出版社，2022.

[10] 杜常华，张志强，刘惠.建筑工程招投标与合同管理[M].北京：航空工业出版社，2022.

[11] 张瑞，毛同雷，姜华.建筑给排水工程设计与施工管理研究[M].长春：吉林科学技术出版社，2022.

[12] 贾炳，娄全，彭荣富.建筑工程施工安全性综合评价与应急管理研究[M].哈尔滨：东北林业大学出版社，2022.

[13] 王胜，杨帆，刘萍.建筑工程质量管理[M].北京：机械工业出版社，2021.

[14] 殷勇，钟焘，曾虹.建筑工程质量与安全管理[M].西安：西安交通大学出版社，2021.

[15] 任雪丹，王丽.建筑装饰装修工程项目管理[M].北京：北京理工大学出版社，2021.

[16] 高云.建筑工程项目招标与合同管理[M].石家庄：河北科学技术出版社，2021.

[17] 方菁，蒋瑛，覃如琼.建筑安装工程施工组织与管理[M].北京：知识产权出版社，2021.

[18] 潘三红，卓德军，徐瑛.建筑工程经济理论分析与科学管理[M].武汉：华中科技大学出版社，2021.

[19] 袁志广，袁国清.建筑工程项目管理[M].成都：电子科学技术大学出版社，2020.

[20] 杜峰，杨凤丽，陈升.建筑工程经济与消防管理[M].天津：天津科学技术出版社，2020.

[21] 李红立.建筑工程项目成本控制与管理[M].天津：天津科学技术出版社，2020.
[22] 蒲娟，徐畅，刘雪敏.建筑工程施工与项目管理分析探索[M].长春：吉林科学技术出版社，2020.
[23] 王俊遐.建筑工程招标投标与合同管理案头书[M].北京：机械工业出版社，2020.
[24] 柳志刚，三利鹏，张鹏.测绘与勘察新技术应用研究[M].长春：吉林科学技术出版社，2022.
[25] 张保民.工程测量技术[M].北京：中国水利水电出版社，2022.
[26] 苏中帅，江培华，李佳慧.建筑工程测量技术与应用[M].北京：中国建筑工业出版社，2022.
[27] 程景忠，徐晓明，边航天.建筑工程测量[M].成都：西南交通大学出版社，2022.
[28] 梅玉娥，郑持红.建筑工程测量[M].重庆：重庆大学出版社，2021.
[29] 田江永，姚文驰，程和平.建筑工程测量[M].北京：机械工业出版社，2021.
[30] 孔繁慧，蒋康宁，胡晓雯.建筑工程测量[M].哈尔滨：哈尔滨工程大学出版社，2021.
[31] 王梅，徐洪峰，郑学芬.建筑工程测量[M].北京：北京理工大学出版社，2021.
[32] 杨守菊.工程测量[M].北京：中国电力出版社，2021.
[33] 李少元，梁建昌，冯燕萍.工程测量[M].北京：机械工业出版社，2021.
[34] 王晓军，康荔，姚光飞.工程测量学[M].哈尔滨：哈尔滨工业大学出版社，2021.